博雅 西方语言学教材名著系列

ACOUSTIC AND AUDITORY PHONETICS

(Third Edition)

声学与听觉语音学

（第三版）

〔美〕基思·约翰逊（Keith Johnson） /著

王韫佳 /译

李智强 /审校

著作权合同登记号 图字：01-2018-2310
图书在版编目 (CIP) 数据

声学与听觉语音学：第三版 /（美）基思·约翰逊著；王韫佳译. —北京：北京大学出版社，2021.9
（西方语言学教材名著系列）
ISBN 978-7-301-32448-6

Ⅰ. ①声… Ⅱ. ①基… ②王… Ⅲ. ①声学—高等学校—教材②语音学—高等学校—教材 Ⅳ. ① 042 ② H01

中国版本图书馆 CIP 数据核字 (2021) 第 176713 号

Acoustic and Auditory Phonetics 3rd Edition by Keith Johnson
ISBN: 978-1-4051-9466-2

书　　名	声学与听觉语音学（第三版） SHENGXUE YU TINGJUE YUYINXUE（DI-SAN BAN）
著作责任者	〔美〕基思·约翰逊（Keith Johnson） 著 王韫佳 译
责任编辑	崔 蕊
标准书号	ISBN 978-7-301-32448-6
出版发行	北京大学出版社
地　　址	北京市海淀区成府路 205 号 100871
网　　址	http://www.pup.cn 新浪微博：@ 北京大学出版社
电子信箱	zpup@pup.cn
电　　话	邮购部 010-62752015 发行部 010-62750672 编辑部 010-62754144
印 刷 者	大厂回族自治县彩虹印刷有限公司
经 销 者	新华书店
	650 毫米 ×980 毫米 16 开本 17.25 印张 236 千字
	2021 年 9 月第 1 版 2023 年 1 月第 2 次印刷
定　　价	78.00 元

目　录

第一部分　基础知识

第二部分 语音分析

致 谢

1993 年我在俄亥俄哥伦布举办的语言学暑期班时开始写作这本书,我很感谢美国语言学学会,特别感谢 1993 年暑期班的几位主任(Brian Joseph,Mike Geis 和 Lyle Campbell)给予我的授课机会。我也感谢在那次课程中以及后来我在俄亥俄州立大学讲授的语音学课程中向我提供反馈意见的学生们。

Peter Ladefoged 与本书的出版有着极为重要的关系(原因之一,他把我介绍给 Blackwell 出版社的 Philip Carpenter)。我也很珍惜我们关于教材写作理念以及关于盎格鲁-萨克逊和罗曼词汇相对优点的交流。John Ohala 以他特有的智慧和洞察力对我早期的草稿提出了全面的意见,Janet Pierrehumbert 给我写过 10 封很长的电子邮件,详述了她的修改建议和她的学生对这本书手稿的反馈意见。我感谢他们的慷慨相助,当然本书存在的任何错误都与他们无关。

在俄亥俄州立大学,我很幸运地供职于一个对工作极其支持和激励的环境之中。Mary Beckman 不但给予我鼓励,而且对这本书的每一章都作了全面而宝贵的批注。此外,Ilse Lehiste,Tsan Huang,Janice Fon 和 Matt Makashay 对"语音感知"一章提出了意见(感谢 Megan Sumner 对这一版"语音感知"一章的修改给我的建议和鼓励),Beth Hume 与我讨论了第 6－9 章中感知研究的数据。Osamu Fujimura 与我讨论了第 9 章的声学分析(他并不完全同意我在这一章的阐述)。

我的兄弟 Kent Johnson 为本书制作了最好的插图(图 4.1、4.5a 和 6.7)。

关于其他意见和建议,我要感谢 Suzanne Boyce,Ken deJong,

Simon Donnelly, Edward Flemming, Sue Guion, Rob Hagiwara, SunAh Jun, Joyce McDonough, Terrence Nearey, Hansang Park, Bob Port(他给我分享了他的数字信号处理的笔记), Dan Silverman 和 Richard Wright。我也要感谢花费时间参加 Blackwell 出版社"使用者调查"的人员,这些匿名的评价都极为有用。非常感谢 Blackwell 出版社帮我完成第二版的 Tami Kaplan 和 Sarah Coleman 以及帮我完成第三版的 Julia Kirk, Anna Oxbury 和 Danielle Descoteaux。

谨将此书献给我的诸位恩师:Mary Beckman, Rob Fox, Peter Ladefoged, Ilse Lehiste 和 David Pisoni。

K. J.

序言

这本书是一个简短的、非技术性的导论(适合作为普通语音学或语音科学教材的补充),它涵盖声学语音学领域的四个重要话题:(1)语音主要类别的声学特性;(2)语音产生的声学理论;(3)语音的听觉表达;(4)语音感知。我写这本书主要是面向学习入门课程的学生,这些课程包括语言学语音学、语音和听觉科学以及电子工程和认知心理学那些关涉语音的分支学科。

这本书的前5章介绍了基础声学知识、语音产生的声学理论、数字信号处理、听觉和语音感知。其余4章概述了语音的主要类别,回顾了用语音产生的声学理论进行预测所得到的这些语音类别的声学属性以及它们的听觉特点和感知属性。每一章的结尾部分都有推荐阅读书单和一些课后作业。作业突出了该章中以**黑体字**呈现的一些术语(列入“重点术语”清单),并鼓励读者运用书中介绍的概念。作业中有些问题主要是用于复习,但也有不少问题延伸至教材没有直接介绍的议题或话题中。一些简答题的答案可在本书结尾部分找到。

我在书里也加入了一些人们不大注意的信息。(1)本书的语音样本取自各种各样的语言和发音人,这是因为声道的声学输出结果仅仅取决于它的大小、形状以及相关的空气动力学噪声产生机制。语音的这些特性由解剖学和生理学决定,因此与文化习惯或个人习惯无关。(2)这是一部关于声学*和*听觉[①]语音学的教材,因为标准的声学分析只会揭示部分语言学真相。听觉系统以某些非常有趣的方式扭曲了

---

① “声学和听觉”原文为“acoustic *and* auditory”,作者将“and”用斜体呈现(实际上全书都是用斜体来突出某些内容的),或是为了强调这部教材同时含有听觉方面的内容,翻译时按照原文体例处理,下同。

语音信号。如果我们企图理解语音声学的语言学意义(或者是缺乏语言学意义的情况),我们就必须关注听觉系统。声学语音学的语言学意义同样被认知层面的感知加工过程所影响,所以,本书后半部分的每一章都突出强调了语音感知某方面的特性。(3)本书中有一些公式。实际上,每一章后边都有一些练习需要使用计算器。对我来说这也许算是一种逃避——数学的语言常常比我所能想到的任何文字都优雅得多。要是可以为自己辩解一下,我想说我只使用了两个基本公式(求两端封闭和一端封闭一端开口的声管的共鸣频率),况且,声学语音学最有趣的部分就始于你拿出计算器的时刻。本书中用到的数学知识(内容极少)也是非常容易的。(4)本书使用 IPA(国际音标)。我假定本书的读者对于使用国际音标标准集中的符号来转写语音至少达到了基本熟悉的程度。

“闲话”匣子中的半相关讨论

围绕本书各章的主题有各种各样有趣的相关话题,因此本书偶尔会用这样的“闲话”匣子跑一下题,以一种轻松的方式有选择地(被提问最多的)讲解我的学生曾经问过的问题。这些话题的范围从水下的语音到反共振峰的感知,涵盖数位化数字和高速公路上的空气动力学。我将这些离题的内容列入书中,是因为不应该因问题过于简单而不把它提出来。你也许发现本书中一些最有意思的内容其实就在这些“闲话”匣子中。

第三版的改进

我要感谢许多读者、老师和同学,他们对如何改进本书给予了反馈意见。老师们需要注意的主要变化有:(1)对章节重新排序——将语音产生的声学理论放到本书前面进行介绍,并在较早的部分引入了听觉和语音感知的知识。我知道有足够的理由将听觉和语音感知章节放在本书的后面介绍,我也清楚我所选择的陈述顺序给老师们带来了麻烦。我希望,这个回报——在第6-9章的每一章中都能将语音的声学、听觉和感知数据集中在一起——足以作为对这些麻烦的补偿。(2)更新了数字信号处理这一章,以便与目前可用的硬件和软件更为兼容。线性预测编码分析小节也进行了改写。(3)增加了关于语音感知的新章节,这一章阐释了理论问题和第二版中作为主导内容的实践问题。在该章中我采用了一种某些教师不一定赞同的特殊观点。但我依然尝试敞开大门,让教师参与到与本书(并且与学生)对于这个话题的理论争辩中来。(4)对介绍语音产生和元音声学原理的章节进行了修改,以便对声道中的共鸣和驻波给予更加清晰(且更加准确)的阐释。(5)在听觉基础一章中加入了关于饱和与掩蔽的一个新的小节。(6)替换了书中的许多语图,这些语图比之前版本中见到的更易解读。(7)现在每一章都以推荐阅读文献选辑结束。

学生们不会注意到第三版和第二版之间的变化——除非你特别书呆子气,查阅了旧版教材;或者你特别不幸,需要在这一版出版之后重修这门课程。与往常一样,我对使用这部教材的学生的期待是,有本书相伴的声学语音学学习比没有本书陪伴时更为有趣且令人神往。

译 序

关于本书的写作框架，Keith Johnson 教授在原书序言里已经有了非常清楚的阐述，兹不赘言。对于语音学研究者来说，Keith Johnson 是一个如雷贯耳的名字。即便是没有听说过这个名字的刚入门的学生，在网络上也很容易搜索到他的学术成就，所以我也不打算对之加以专门介绍，相信读者在认真阅读这部教材之后，对于 Johnson 教授的学术成果和学术思想会有更深的了解。关于本书特别是第三版有别于其他同类教材的特点，封底若干语言学家的推荐语虽然简短，却已经能为读者提供足够的信息。鉴于上述原因，在这里我只想对本书翻译中的一些基本原则加以说明，捎带谈谈我在学习这部教材时的一点粗浅体会。

第一，关于脚注。原著没有脚注，为方便读者特别是学生更好地理解相关内容，对书中出现的一些具有影响力的人物、影视剧、一些不具有广泛知名度的语言用脚注加以简略介绍。原著中一些用直译方式不大容易理解的地方以及由于各种原因导致的讹误（包括参考答案的讹误），也都在脚注中加以说明。

第二，关于术语。一些术语在汉语中有不同的翻译版本，译文尽量保持前后翻译的一致性，为了照顾在特定上下文中的易懂度以及汉语表达的习惯，偶尔也会有临时变通，但这些变通不会造成读者理解上的困惑。

第三，关于插图。为了保持插图的清晰度，译文中的插图保留了原著的形式，因此图中出现的英文没有加以翻译，对图中出现的少量讹误或与正文相应叙述有明显不一致之处用脚注加以说明，读者从正文以及插图文字说明中基本上可以理解图中的英文表达。由于技术层面难以逾越的障碍,原著中的一幅荷兰地图被删除。

从读者的角度来说,我认为这本教材对于文科背景且有志于学习语音学的高年级本科生和研究生是最合适的。学生在纯语言学理论课程或者入门级的语音学课程中学到的一些知识,可能仅仅是知其然而不知其所以然,比如圆唇元音的共振峰低于相应的非圆唇元音,唇齿擦音常见而双唇擦音罕见,软腭塞音[k]在[i]之前腭化后通常变为龈后塞擦音[ʧ]或硬腭前塞擦音[ʨ]而不是声道收窄处接近[i]的硬腭塞音[c]。这部教材通过声学或听觉分析阐释了人类语言出现这些现象之"所以然"。文科背景的学生在进行声学语音学的测量时,往往对语音分析软件中的各种参数设置(例如加窗的类型和窗长)以及各种声学分析目的的不同(例如二维功率谱和三维语图的差异)感到困惑,也不大理解语音分析软件在提取某些声学参数时为什么会出错(例如基频测量中的半频和倍频),通过学习这部教材第 3 章"数字信号处理"的内容,可能很多同学回想以往的困惑时会有一种豁然开朗之感。这部教材虽然名为"声学与听觉语音学",但是其中的一些内容也与音系学理论相关,比如元音大转移是推链还是拉链模式,理论界存在争议,Johnson 教授在分析元音的被动鼻化现象时对这一问题提出了自己的看法。对于有意进行更深程度学习的读者,这部教材正文所引用的文献以及每章之后的推荐阅读也提供了足够丰富的信息。好了,我不应该在译序中"剧透"更多书中的内容,相信每一位认真学习了本书的学生都会有所收获,这些收获对于语言学的学生来说可能是惊喜级别的。

这是我第一次做学术翻译的工作,因此对我来说,除了在学习本书时遇到一些知识层面的困难(特别是数字信号处理部分),还有翻译技巧的巨大障碍。Keith Johnson 教授的语言表达亦庄亦谐,用网上流行的说法,他的有些文字仿佛都带上了语音,可以说这是我读过的最为生动活泼的专业教材。这样的文字风格对于学生来说是极为友好的,但却给我这种翻译新手带来了严峻的考验,我为我不能很好地传达原著的语言风格向读者致歉。

在这里，我要向为我的翻译工作提供了无私帮助的前辈、朋友和学生表示诚挚谢意。在我翻译第3章"数字信号处理"遇到困难的时候，我敬仰的前辈、中国科学院声学研究所研究员吕士楠老师不厌其烦地给我这个工科门外汉讲解DSP的基本原理。我在南京大学求学时的两位老同学——中国科学院声学研究所李晓东研究员、同济大学声学研究所毛东兴教授在我翻译声学方面的术语时一直为我答疑解惑。江苏师范大学的陈卫恒教授帮我查找了书中涉及的中古法语和Breton语名词复数形式的相关资料。我在北大求学时的同门学妹、美国夏威夷大学东方语文学系的王海丹教授为我翻译某些英文表达提供了重要的参考意见。我的博士生刘雅琦同学在我把译稿提交给出版社之前对全书译文做了最后的查漏补缺工作。

我要特别感谢的是本书的译校专家、美国旧金山大学语言文学文化系的李智强教授。他在审校译稿时提出了许多宝贵的意见，也纠正了我的一些讹误；对于若干难以确认原著意义之处的翻译，我也得益于与他的多次讨论。

最后，我要深深地感谢本书的责任编辑崔蕊博士。她的编辑工作非常认真细致，译稿中的每一句话、每一个术语、每一个符号她都逐一与原著核对并提出了不少建设性意见，她的辛苦工作使得译稿在文字表达的严谨规范方面有了明显的进步。同时也要向分别负责本书复审、终审工作的王铁军博士和杜若明编审致以深深的谢意，他们不仅对译稿的一些细节提出了中肯的意见，甚至还帮我发现了原著一些容易被忽略的讹误。

当然，译稿中出现的所有错误都由译者本人承担，恳请读者批评赐正。

王韫佳

2021年8月15日

第一部分

基础知识

第1章

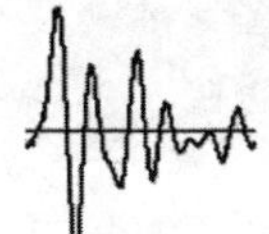

基础声学和声滤波器

1.1 语音的意识

在这个世界上，有若干类型的事件会导致声音感觉的产生，其例子包括猛力关门、弹拨小提琴琴弦、风在角落处呼啸以及人类说话。所有这些例子，以及我们能想到的任何其他例子，都涉及某种运动。这些运动导致周围空气（或其他一些**声介质**）的压强波动。当压强波动到达鼓膜时，会导致其运动，听觉系统把这些运动转化为神经脉冲，我们将这些神经脉冲体验为声音。因此，当压强波动冲击鼓膜时，就会产生声音。**声学波形**是对声音产生中随时间变化的压强波动的一种记录。[Ladefoged(1996)、Fry(1979)、Stevens(1999)对本章涵盖的话题给出了更详细的讨论。]

声介质

通常来说，被听成声音的那种压强波动是在空气中产生的，但声音也有可能通过其他声介质传播。所以可以举个例子，当你在水下游泳时，你可以听到人们在水面上含混的叫喊声，也可以听到你在水中吹泡泡时发出的噪声。与之类似，空气以外的气体也能传递产生声音的压强波动。例如,当你从气球中吸入氦气后说话时,你的声音通过氦气传播,这会使此刻的声音与正常的声音不同。这些例子说明,声音的特性在一定程度上取决于声介质、压强波动在介质中穿行的速度以及介质对这种波动的阻抗。

1.2 声音的传播

压强波动撞击在鼓膜上产生声音的感觉,不过声音可以在相对长一点儿的距离上传送。这是因为在某处产生的声音会生成可以通过声介质传送的**声波**。声波是一种移动的压强波动,它会通过任何有足够弹性的介质传播,足够大的弹性可以使介质中的分子聚集然后又分离。举个例子,你往湖面扔一块石头之后,湖面上就会泛起涟漪。石头的冲击会传送出相当远的距离。水中的粒子并未移动,但压强波动却会传播出去。

对于声波来说,人们排队进入电影院是个合适的类比。当排在队伍最前面的人移动时,队伍中的第一个人和下一个人之间就产生了一个“真空”(他们的间隙增大),这样第二个人就会向前走。现在第二个人和第三个人之间出现了真空,因此第三个人就向前走。最终,队伍中的最后一个人也开始移动。因为压强波动(队伍中的间隙)发生了传递,所以最后一个人受到了发生在队伍最前面的移动的影响,尽管队伍中的每个人都移动得很少。这个比喻是有缺陷的,因为在大多数情况下,你最终会走到前面去。为了使其成为声音传播的一个恰当类比,我们就得想象一下第一个人倒回来向第二个人挤去,这种拥挤或压强增加(像真空一样)沿队伍下行传递。

图 1.2 显示了图 1.1 中星号所示位置的压强波形。横轴表示时间过程,纵轴表示拥挤程度(在声波中对应于气压)。在时间点 3,因第二人向前走而在队列中产生了一个空档,所以拥挤度突然下降。在时间点 4,当第三人向前走去填补第二人留下的空档时,拥挤度恢复正常。

Time	1	2	3	4	5	6	7	8	9	10	11	12	13	14	15
		1	1	1	1	1	1	1							
	1		2	2	2	2	2	2	X	1	1	1	1	1	1
*	2	2		3	3	3	3	3	3	X	2	2	2	2	2
	3	3	3		4	4	4	4	4	4	X	3	3	3	3
	4	4	4	4		5	5	5	5	5	5	X	4	4	4
	5	5	5	5	5		6	6	6	6	6	6	X	5	5
	6	6	6	6	6	6		7	7	7	7	7	7	X	6
	7	7	7	7	7	7	7								7

图 1.1　等候观看演出的七人队列中波的移动。时间在图的顶部从前(时间点 1)到后(时间点 15)显示,时间单位任意。

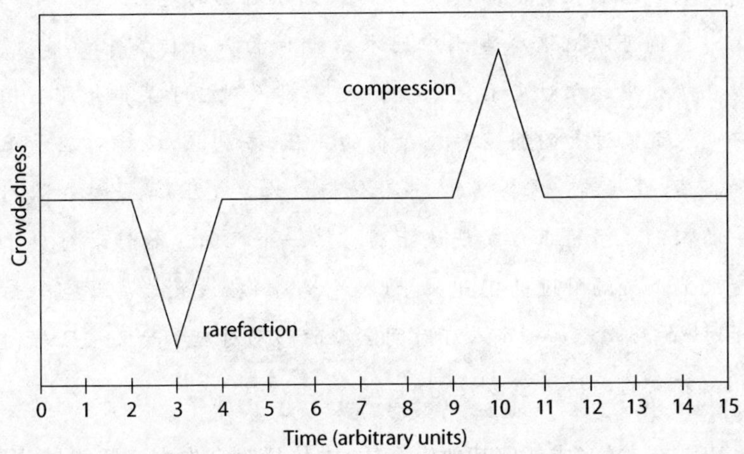

图 1.2　图 1.1 所示波动的压强波。时间依然显示在横轴上,纵轴显示的是人与人之间的距离。

在时间点 10,第二人往回走撞上第三人时,拥挤程度突然增加。图1.2 中的图形是一种表达图 1.1 所示**膨胀**行波和**压缩**行波的方法。在均匀声介质条件下,我们可以由图 1.2 重建图 1.1(不过要注意下一段关于声能耗散的讨论)。像图 1.2 中所示的这种图形在声学语音学中更为典型,因为这是麦克风产生的声波的一种视图——它显示的是经过空间中某特定点的振幅波动。

声音传播的一个类比

图 1.1 显示的是七个排队观看表演的人(用数字表示)。在时间点 2,第一人向前行进而在队列中留下空隙。这样,第二人就在时间点 3 前进,队列中的第二人和第三人之间出现空隙。空隙沿队列向后移动到时间点 8 为止,此时队列中的每个人都向前移动了一步。在时间点 9,队列中的第一人被推回到队列位置上,并和第二人撞在一起(其碰撞用 X 表示)。自然而然地,第二人就在时间点 10 离开了第一人的位置,并和第三人撞在一起。就像空隙沿队列返回一样,现在相邻者之间的碰撞也沿队列返回,直到时间点 15,每个人都回到了自己的起点。

我们可以把这个类比中的术语翻译为声音传播中的术语。站在队列中的人对应于空气粒子,这一群人对应于某声介质。相邻两人之间过大的间隙对应于负的声压,或膨胀,碰撞对应于正的声压,或压缩。零声压(在声音传播中为大气压)就是站在队列中的人们之间的正常或默认距离。第一个人的起始移动对应于音叉某个叉端附近的空气粒子(举个例子)在该叉端离开空气粒子时[①]的移动。第一个人在时间点 9 的移动对应于音叉该叉端向相反方向的运动。

声波在空气(或任何其他声介质)中传播时会失去一些能量,因为移动其中的分子会耗费能量。也许你在排长队时注意过类似的现象。如果第一个人向前走然后又走回来,队列中只有少数人会受到影响,因为队列后面离得更远的人会有惯性:他们会容忍拥挤度(人与人之间的距离)的一点变化,然后才对变化做出反应而有所移动。因此,队列前部的骚动可能不会对长队尾部的人产生什么影响。此外,人总是

① 指音叉的叉端受到外界激励力打击之后开始振动的动作。

容易躁动的，所以，如果动程较小，沿队列向后传播的运动和固有躁动（信噪比）之间的差异可能很难检测到。空气中的声音消散率不同于队列中的运动消散率，因为声音从声源处以三维形式辐射（球体中的辐射形式）。这意味着，随着声波从声源处辐射出去，被声波移动的空气分子数量会大幅度增加。因此，当波从声源处向外扩散时，可用于移动球体表面上每一个分子的能量就会减少；这样一来，粒子的移动量就以与声源之间距离的函数方式（3 次幂）衰减下去。这就是重金属乐队的歌手会把话筒紧靠嘴边放置的原因，否则的话他们会被林林总总的嘈杂声淹没。这也是在录制语音样本时，你应该把话筒放得靠近说话者嘴部的缘故（不过，重要的是得把话筒放在说话者唇部的一侧，以免出现[p]等声音中的吹气声）。

1.3 声音的类型

声音的类型有两种：周期性的和非周期性的。**周期性的声音**呈定期重复的模式，分为两种类型：简单型和复杂型。

1.3.1 简单周期波

简单周期波也称为**正弦波**：它们是由简谐运动产生的，例如单摆的摆动。我们人类唯一能够产生近似周期波语音的时段是年幼时期。儿童的声带振动接近正弦变化，女性的声带振动通常比男性的更具有正弦特性。尽管语言中实际上很少有简单周期波出现，但简单周期波依然很重要，因为更复杂的声音可以描述为正弦波的组合。要定义一个正弦波，只需要知道三个特性即可，图 1.3 和图 1.4 说明了这些特性。

首先是**频率**：单位时间内正弦模式重复的次数（显示在横轴上）。该模式的每一次重复为一个**循环**，一个循环的时长就是其**周期**。频率可以表示为每一秒的循环次数，按照惯例称为**赫兹**（简写为 Hz）。因此，若以 Hz 为单位求一个正弦波的频率（每秒的循环次数），就用 1 秒除以周期(一个循环的长度)。即,频率(Hz)等于 $1/T$,其中 T 是以秒为单位的周期。例如,图 1.3 中的正弦波在 0.01 秒内完成了一个循环,此波 1 秒钟内完成的循环次数就是 100[即,1 秒除以每次循环所需时间(秒),或 1/0.01 = 100]。于是,这个波形的频率就是每秒 100 次循环(100 Hz)。

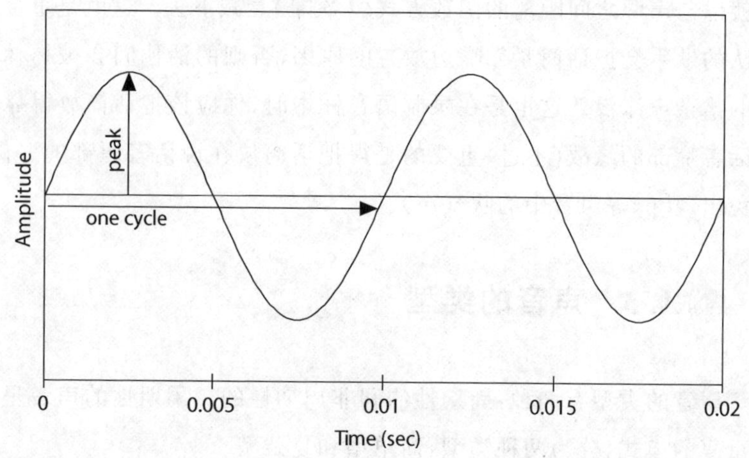

图 1.3 一个 100 Hz 的正弦波,标出了此波的一个循环长度(周期)和振幅峰。

简单周期波的第二个特性是其**振幅**:压强波动与常态位置即大气压之间偏差的峰值。在声压波形上,声波的振幅显示在纵轴上。

正弦波的第三个特性是其**相位**:声波相对于某个参考点的时间定位。你可以取一组刚好包纳在一个圆内的直角三角形的振幅值(见本章结尾部分的练习 4),然后用这些振幅值画出一个正弦波。绕圆一周就等于在纸上画出的一个正弦波。因此,我们可以通过绕圆时的旋转角度来确定正弦波中的位置。如图 1.4 所示。图中所显示的两个正弦波在该正弦循环中均从 0°开始。在两个正弦波上振幅峰值都出现在 90°,下行(负向)过零点位于 180°,负峰位于 270°,循环结束于 360°。但是,这两个具有完全相同的振幅和频率的正弦波,在它们的相对时间定位(或相位)上仍然可以不同。在这个例子中,它们有 90°的相位差距。

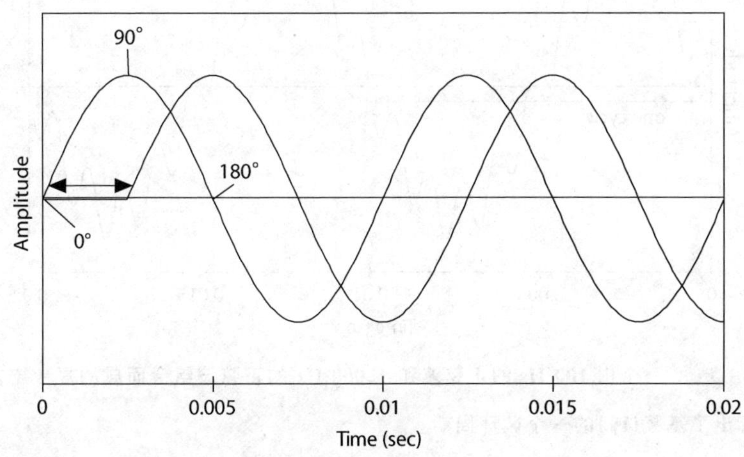

图 1.4　两个频率和振幅相同但相位相差 90°的正弦波。

1.3.2　复合周期波

复合周期波与简单周期波的相像之处在于，它们都包含重复的波形模式，因而都具有循环周期。但是，复合周期波至少由两个正弦波组成。例如，考察一下图 1.5 所示波形，如图 1.3 和 1.4 所示的简单正弦波一样，此波形在 0.01 秒(即 10 毫秒)内完成一个循环周期。但是，它还有另外一个成分，该成分在相同的时间内完成了 10 次循环。注意此波形中的"波纹"。你可以在一个波形周期内数出 10 个小的正向峰值，每个峰值对应于复合波中另一个频率成分的每一个循环周期。我通过叠加一个 100 Hz 正弦波和一个 1,000 Hz 正弦波(较低振幅)来制作这个示例。因此，1,000 Hz 的波与 100 Hz 的波组合就产生了一个复合的周期波。此复合模式重复的频率称为**基频**(简写为 F_0)。

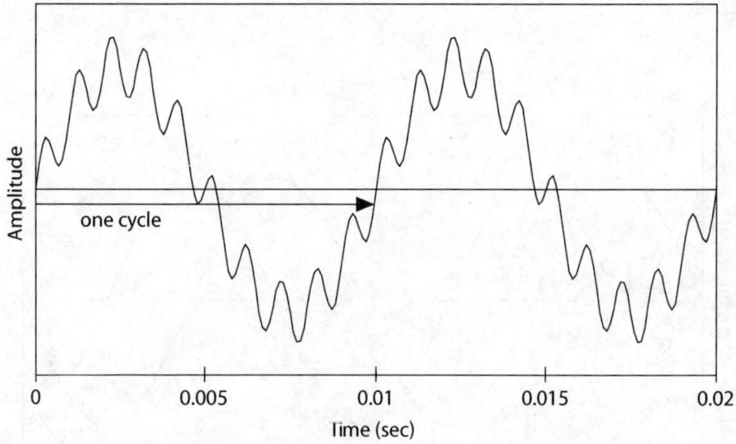

图 1.5 一个由 100 Hz 的正弦波和 1,000 Hz 的正弦波组合而成的复合波，图中标出了基频(F_0)的一个循环周期。

基频和最大公分母

图 1.5 所示的波的基频为 100 Hz，也有一个 100 Hz 正弦波的分音。令人意外的是，复合波的基频是所有正弦波分音频率的最大公分母。例如，一个包含 400 Hz 和 500 Hz 分音的复合波的基频(F_0)为 100 Hz。如果画一个由 400 Hz 正弦波和 500 Hz 正弦波叠加而成的复合周期波，你自己就可以看到这一点。我们将使用图 1.3 中的正弦波作为起点来绘制这个图。作图过程如下：

1. 取一些坐标纸。

2. 计算 400 Hz 正弦波的周期。因为频率等于 1 除以周期(数学上就是 $f=1/T$)，我们就知道了周期等于 1 除以频率($T=1/f$)，所以 400 Hz 正弦波的周期就是 0.0025 秒。以毫秒(ms)为单位(1 秒的千分之一)就是 2.5 ms(0.0025 乘以 1,000)。

3. 计算 500 Hz 正弦波的周期。

4. 现在我们要推导出两个数字表格，作为对绘制 400 Hz 和 500 Hz 正弦波的指导。为此要在图 1.3 的时间轴上添加一些新刻度，为400 Hz正弦波增加一次，为500 Hz正弦波增加一次。因为400 Hz正弦波在2.5 ms内完成一个循环，所以在400 Hz时间轴上，2.5 ms将代替0.01 sec。在原先0.005 sec的地方，400 Hz时间轴就会是1.25 ms。400 Hz正弦波的峰值出现在0.625 ms，谷值出现在1.875 ms。这些结果就产生了一个400 Hz波的时间和振幅值的表(在表中我们假设峰值为1，谷值为－1，在时间点3.125给出的振幅值是第二周期中的峰值)：

ms	0	0.625	1.25	1.875	2.5	3.125
amp	0	1	0	－1	0	1

波形中相邻点之间的间隔(每个点之间为90°)为0.625 ms。在500 Hz正弦波中，相应点之间的间隔为0.5 ms。

5. 现在在坐标纸上以1 ms的间隔标出20 ms，再标记一个从1到－1的幅度范围，令其为1英寸左右。

6. 在坐标纸上标出上表所列出的坐标交点，画出400 Hz和500 Hz正弦波。例如，400 Hz正弦波中的第一个点将在时间轴0 ms和振幅轴0的位置，第二个点在时间轴0.625 ms和振幅轴1的位置，以此类推。请注意，你也许希望将表扩展到20 ms(我在3.125处终止，以保持时间点正好适合400 Hz的波)。为400 Hz的波标出了所有的点之后，徒手画出一个正弦波来连接这些点。然后使用相同的时间轴和振幅轴，以相同的方式绘制500 Hz正弦波。你会得到一幅正弦波重叠的图形，有点像图1.6的样子。

7. 现在把两个波相加。在每隔0.5 ms的时间点上取两个正弦波的振幅之和，得到新的复合周期波的振幅值，然后通过目测画出平滑的波形。

看一下通过叠加400 Hz正弦波和500 Hz正弦波而得到的复合周期波。它的基频是否为100 Hz？如果是这样，你应该能在20 ms长的复合波中看到两个完整的循环；从10 ms到20 ms的波形模式完全重复了你在0 ms到10 ms之间看到的模式。

图 1.6 显示了另一个复合波(以及叠加在一起产生此波的正弦波中的四个成分),此波形近似锯齿模式。与先前那个例子不同,通过观察此复合波模式无法识别出其正弦波成分。请注意,这四个成分的正弦波在复合波一个循环周期的早期都有正峰值,在循环趋近结束时都有负峰值。这些峰叠加在一起,在复合波循环周期的早期产生了一个锐峰,在周期的末期产生了一个陡谷,并在周期的其余部分相互抵消。我们看不到对应于各**成分波**循环周期的单个峰值。然而,该复合波*的确是*由简单成分波叠加而成的。

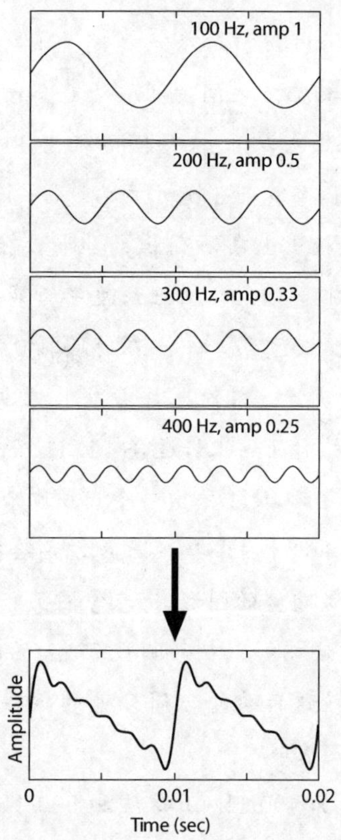

图 1.6 一个近似“锯齿”的复合波的波形以及生成此复合波的一组简单周期波中频率最低的四个正弦波。

现在我们来看看如何表示构成复合周期波的频率成分。当复合波的正弦波成分在复合波自身的波形中不易看到时，我们要寻找一种方法把这些正弦波成分显示出来。一种方法是列出正弦波成分的频率和振幅，如下所示：

frequency (Hz)	100	200	300	400	500
amplitude	1	0.5	0.33	0.25	0.2

在这里的讨论中，我跳过了一个复杂的问题。我们可以用许多不同的测量标度来描述正弦波的振幅，这些测量标度与波的幅度、强度或感知响度有关(关于这方面的更多讨论，参见第 4 章)。在本章中，我以相对关系来表示声波的幅度，这样我就不必介绍振幅的度量单位了。(取而代之的是我必须加上这个冗长的道歉!)这样的话，200 Hz 分音的幅值就是 100 Hz 分音的一半，以此类推。

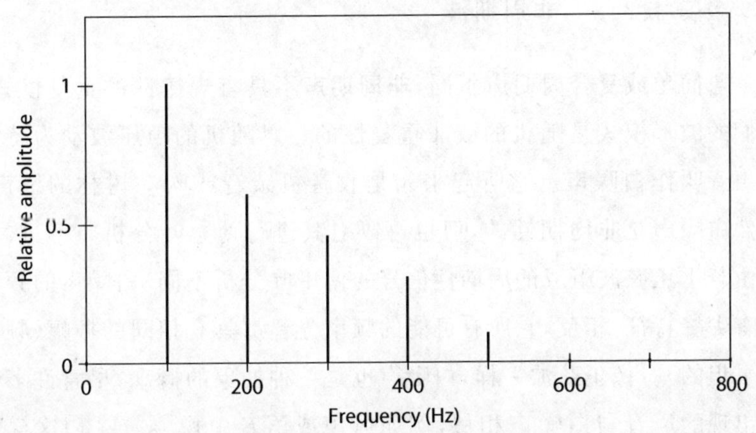

图 1.7　一个复合波中简单周期波成分的频率和振幅，这些成分在图 1.6 中以图形格式呈现。①

图 1.7 给出的是上述数值的图示，横轴上为频率，纵轴上为振幅。分音频率的图示是说明复合周期波中简单周期波成分的最佳方法，由于

① 原文图 1.7 中 200 Hz 及以上的谐波振幅数值都与正文中的数值有出入。

复合周期波通常是由许多频率成分组成的,因此用表来显示并不实用。展示复合波中简单正弦波分音的振幅和频率关系的图叫作**功率谱**。复合周期波可以通过叠加正弦波来构造,这一原理为何重要就在于此:通过组合具有不同频率、振幅和相位的正弦波,就能产生无限多种复合波的波形。声波与之相关的一个特性是,任何复杂的声学波都可以以生成它的正弦波成分为单位进行分析。也就是说,任何复杂的波形都可以分解成一组具有特定频率、振幅和相位关系的正弦波。声波的这种性质被称为**傅里叶定理**,以十七世纪发现这一定理的数学家的名字命名。[①]

在**傅里叶分析**中,我们取一个具有任意数量分音的复合周期波,推导出这些分音的频率、振幅和相位。傅里叶分析的结果为类似于图1.7所示的功率谱。(我们忽略了成分波的相位,因为它们对声音的感知只有很小的影响。)

1.3.3 非周期波

与简单或复合周期声不同,**非周期声**不具有规律性的重复模式;它们的波形模式是随机的或非重复性的。以随机的声压波动为特征的声音叫作**白噪声**。它听起来像是收音机杂音或吹动树林的风声。虽然白噪声是非周期性的,但也可以对其进行傅里叶分析。不过,与仅由若干正弦波组成的周期性信号的傅里叶分析不同,白噪声的频谱没有尖峰特征,相反,它所有可能的频率分音都具有相同的振幅(频谱是平坦的)。像正弦波一样,白噪声也是一种抽象的概念,尽管许多自然出现的声音与白噪声相似,例如风声或语音中像[s]或[f]这样的擦音。

图1.8和1.9分别显示的是白噪声样本的声学波形和功率谱。注意,图1.8所示的波形是不规则的,没有明显的重复模式。同样要注意,图1.9所示频谱在顶部从头到尾是平坦的。我们在第3章(数

---

① 傅里叶(Joseph Fourier, 1768—1830),法国数学家和物理学家。傅里叶定理实际上是十九世纪早期形成的,原文年代有误。

字信号处理)会看到,对波形中的一小段(称为“分析窗口”)进行的傅里叶分析会导致所得频谱不甚精确。这就是此频谱有一些峰和谷的缘故,尽管理论上白噪声的频谱应该是平坦的。

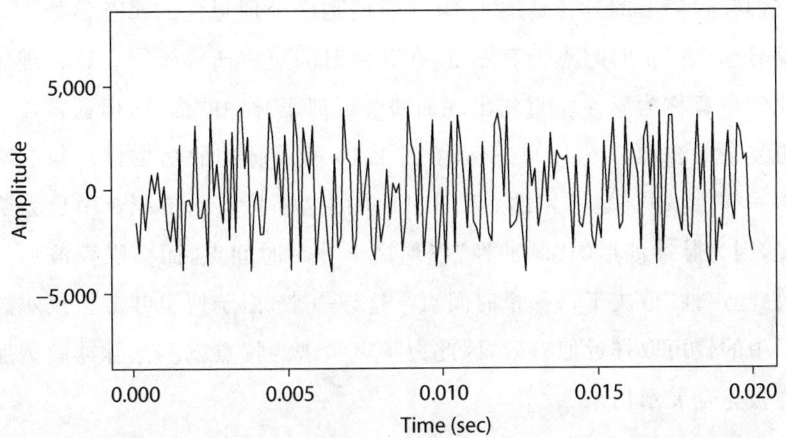

图 1.8　一段 20 ms 白噪声的声学波形。任意给定时间点上的振幅都是随机的。

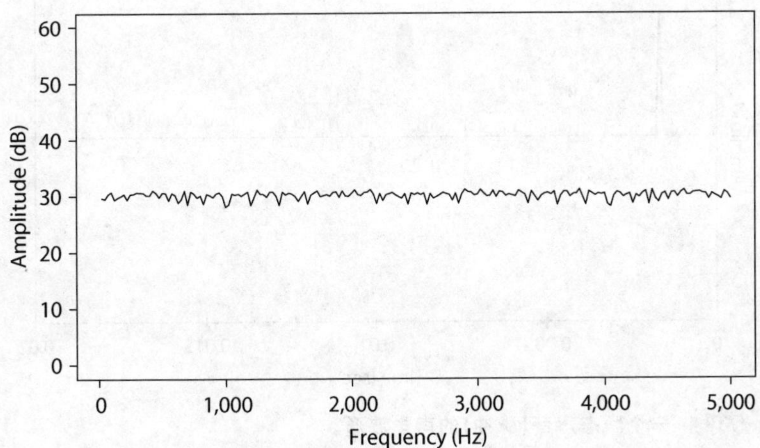

图 1.9　图 1.8 所示白噪声的功率谱。

非周期声的另一种主要类型是**瞬音**。有各种各样会产生突发声压波动的叮当声和爆裂声,突发的声压波动不会随着时间持续或重复。关门的砰砰声,气球炸裂的啪啪声,还有放电时的咔嗒声,都是瞬态声音。像非周期噪声一样,可以使用傅里叶分析将瞬态声音解析为它们在频谱上的分音。图 1.10 显示的是一个理想化的瞬态信号。该信号仅在一个时间点上有能量,在其他时间点声压等于零。这种理想化的声音称为**脉冲**。自然出现的瞬音近似于脉冲的形状,但通常具有更复杂的波动。图 1.11 显示了图 1.10 所示脉冲的功率谱。与白噪声一样,此频谱是平坦的。图 1.11 中的这一特点比图 1.9 中更为明显,因为脉冲波形的"脉冲性"仅取决于一个时间点,而白噪声波形的"白噪声性"取决于每一个时间点。这样一来,由于傅里叶分析仅对波形中的较短取样近似有效,因此白噪声频谱的特点就不像脉冲频谱那样被完全展示出来。

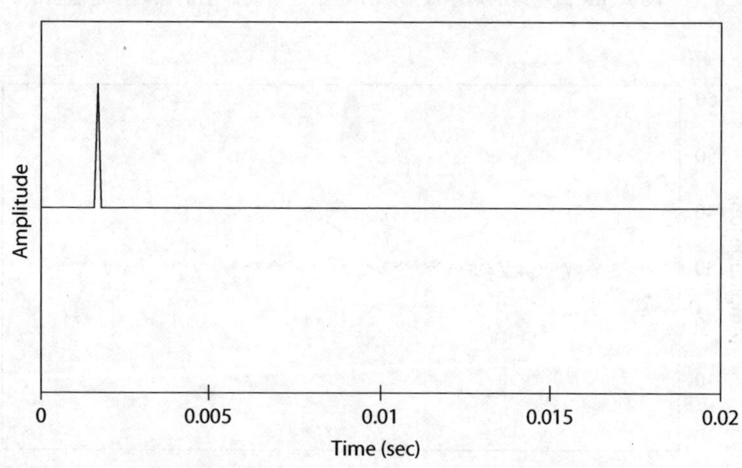

图 1.10 一个瞬态声音(脉冲)的声学波形。

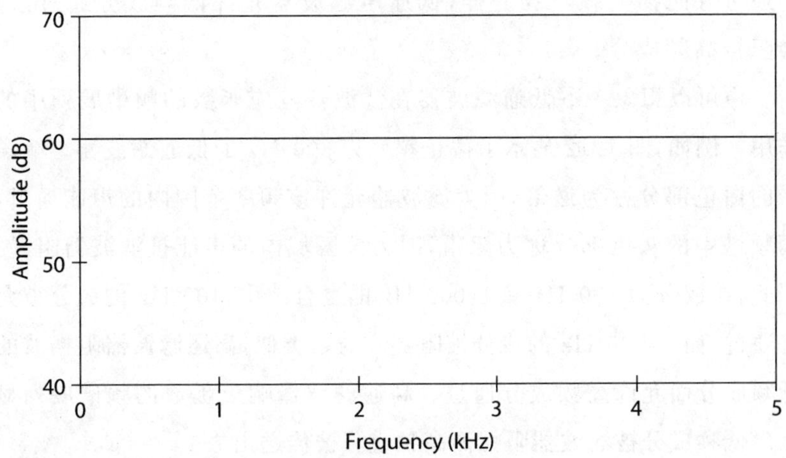

图 1.11　**图 1.10 所示瞬态信号的功率谱。**

1.4　声滤波器

我们都很熟悉过滤器具的工作原理，比如用滤纸把咖啡渣从咖啡中过滤掉，或者用滤茶器把茶叶从茶汤中过滤掉。这些日常例子说明了声滤波器的一些重要特性。例如，咖啡过滤器和滤茶器的实际区别在于，滤茶器允许较大的颗粒进入茶汤，而咖啡过滤器则会滤去较小的颗粒。因此，这些过滤器具之间的差别可以从它们允许通过的粒子大小的角度加以描述。

声滤波器允许通过或加以阻挡的是不同频率的声音成分，而不是像咖啡过滤器那样允许通过或阻挡不同大小的颗粒物。例如，**低通滤波器**阻挡波的高频成分而让低频成分通过。我在前文中说明简单周期波和复合周期波之间的区别时，把一个 1,000 Hz 的正弦波叠加到一个 100 Hz 的正弦波上来产生一个复合周期波。要是使用一个可以滤除 300 Hz 以上所有频率成分的低通滤波器，我们就可以从复合波中去除 1,000 Hz 的波。就像咖啡过滤器允许小颗粒物通过并阻挡大颗粒物一样，低通声滤波器允许低频成分通过，但会阻挡高频成分。

你可以想象一下低通滤波器在滤波器响应函数的频谱展列中的作用。例如，图 1.12 显示了截止频率为 300 Hz 的低通滤波器。频谱中的白色部分称为**通带**，因为滤波器允许该频率范围内的声能通过，而频谱中的灰色部分称为**阻带**，因为该区域内的声能被滤波器阻遏。因此，在成分为 100 Hz 和 1,000 Hz 的复合波中，100 Hz 的成分被允许通过，而 1,000 Hz 的成分被阻挡。与之类似，**高通滤波器**阻挡波的低频成分而允许高频成分通过。高通滤波器响应函数的频谱展列显示出低频成分被滤波器阻挡而高频成分被传送出去。

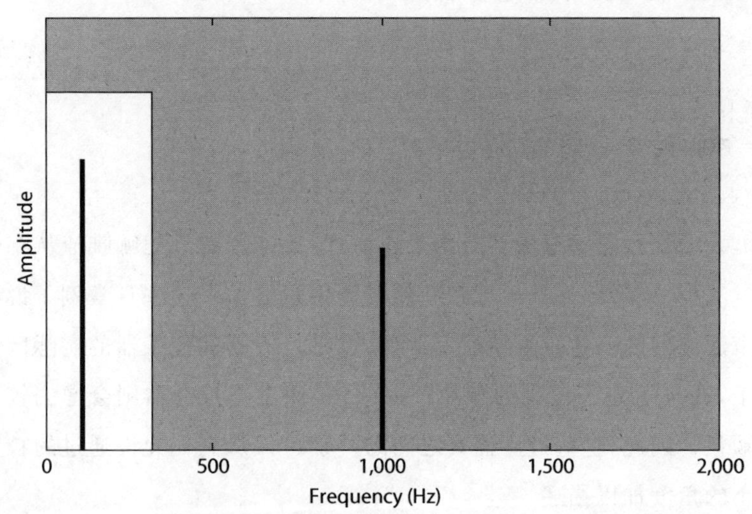

图 1.12 一个低通滤波器的频谱图解。

滤波器斜率

图 1.12 所示的低通滤波器在滤波器所阻止的频率和允许通过的频率之间的 300 Hz 处具有非常清晰的边界。滤波器对截止频率以下(或以上)的每个成分都具有相同效应；将通带与阻带分

开的垂直线的陡度为无穷大。在现实生活中，声滤波器并没有如此鲜明的边界。例如，通带和阻带之间的过渡通常会在某个频率范围内持续（如图1.13所示的**带通滤波器**）而不是瞬间发生（像低通滤波器的图示那样）。滤波器斜率极大就好比是一个滤茶球中有一些大小非常均匀的孔。**滤波器斜率**较小就像滤茶球中有很多种大小不同的孔一样，一些颗粒会被较小的孔阻挡，但一旦碰到较大的孔，它们就得以通过。

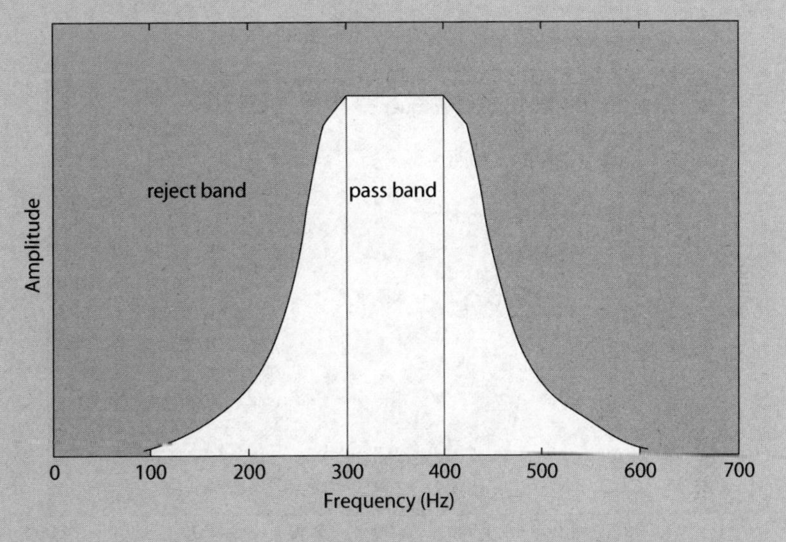

图 1.13　带通滤波器图解。注意滤波器在通带两侧都有边缘延展。

带通滤波器非常重要，因为我们可以用这些滤波器的功能来模拟发音和听觉的某些特性。与低通或高通滤波器只有单一截止频率不同，带通滤波器具有两个截止频率，一个为通带的最低端点，另一个为通带的最高端点（如图 1.13 所示）。带通滤波器类似于低通滤波器和高通滤波器的组合，其低通滤波器的截止频率高于高通滤波器的截止频率。

当带通滤波器的高截止频率和低截止频率相等时[①],所得到的滤波器可以由其**中心频率**和滤波器**带宽**(取决于滤波器斜率)来表征。带宽是滤波器峰值的宽度(Hz),滤波器中声能的一半在带宽规定的宽度内。也就是说,对于滤波器拱形曲线下的总面积来说,带宽就是在中心频率左右将这个总面积围住一半的频率范围。在实践中,求半功率带宽的方法是,测量滤波器中心频率处的振幅,然后在低于振幅峰值三分贝(dB)的振幅位置求得滤波器的带宽(分贝将在第 4 章定义)。图 1.14 所示的这种特殊类型的带通滤波器在声学语音学中十分重要,因为它一直被用来模拟声道和听觉系统的滤波作用。

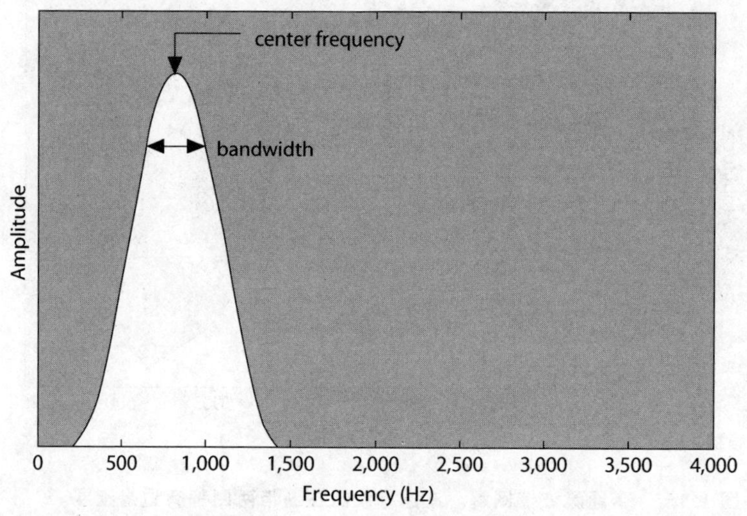

图 1.14 一个呈现了中心频率和带宽的带通滤波器。

推荐阅读

Fry, D. B. (1979) *The Physics of Speech*, Cambridge: Cambridge

① 即低通滤波器的高截止频率和高通滤波器的低截止频率重合了。

University Press. 声学语音学基础知识导论，年代较久远但依然实用。

Ladefoged, P. (1996) *Elements of Acoustic Phonetics*, 2nd edn., Chicago: University of Chicago Press. 通俗易懂的声学语音学导论，关于声学波形和频谱展列关系的阐述，其可读性尤为突出。

Stevens, K. N. (1999) *Acoustic Phonetics*, Cambridge, MA: MIT Press. 语音产生的声学理论导论，是一部权威性的、工科角度的著作。

练习

【重点术语】

给下列术语下定义：声音，声介质，声学波形，声波，膨胀(波)，压缩(波)，周期声，简单周期波，正弦波，频率，循环，周期，赫兹，振幅，相位，复合周期波，基频，成分波，功率谱，傅里叶定理，傅里叶分析，非周期声，白噪声，瞬音，脉冲，低通滤波器，通带，阻带，高通滤波器，滤波器斜率，带通滤波器，中心频率，带宽。

【简答题】

1.“当空气分子从声源处移动到你的鼓膜时，你感知到了声音”，这一陈述有何错误？

2. 将下列时间以秒(sec)表示：1,000 ms，200 ms，10 ms，1,210 ms。

3. 如果正弦波的周期分别是 0.01 sec、10 ms、0.33 sec 和 33 ms，它们的频率分别为多少赫兹？

4. 画出一个正弦波。首先，画一条间距均等且为 45 的时间轴，令第一个刻度为 0，右侧的下一个刻度为 45，再下一个是 90，以此类推到 720。这些刻度意味着围绕圆周的旋转角度，如图 1.15 所示(720° 为绕圆周两次)。现在，将正弦波中的振幅值标记为图中垂直条的高度，此高度是与穿过圆心的 0° 到 180° 的直线相对的。这样，0° 处的振幅值为 0,45° 处的振幅是中心线到圆周 45° 处的垂直距离,依次类推。如果直线从中心线处下降(如 225° 的情况),则将振幅标记为负值。现在徒手把这些点连接起来,尽量让你的正弦波看上去像这一章所示的正弦波一样。

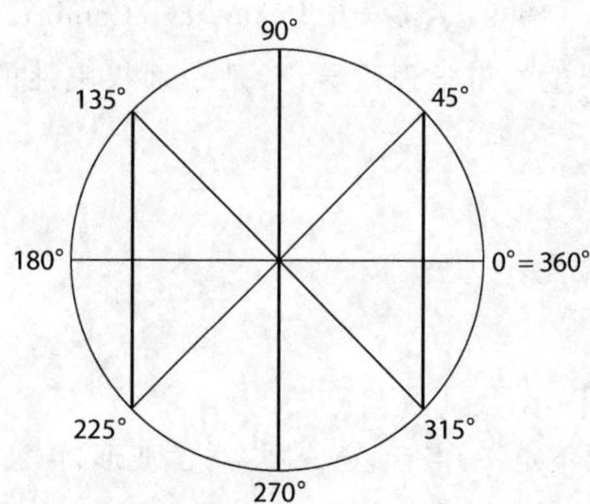

图 1.15　绕圆一周的旋转角度。

5. 画出将 300 Hz 和 500 Hz 的正弦波(振幅峰值都是 1)叠加所产生的复合波的波形。

6. 画出由 100 Hz 和 700 Hz 的成分波(振幅峰值都是 1)组成的复合周期波的频谱。

7. 画出通过叠加两个带通滤波器所产生的声滤波器的频谱,滤波器 1 的中心频率为 500 Hz ,带宽为 50 Hz ,滤波器 2 的中心频率为 1,500 Hz,带宽为 150 Hz。

第 2 章

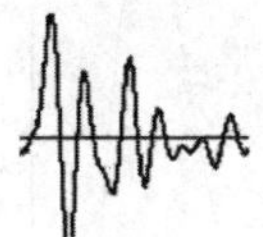

语音产生的声学理论：中央元音的产生

声带振动是元音常见的声源，而声道是一个声滤波器，它可以修饰由声带发出的声音。语音声学的这一阐释被称为**语音产生的声源-滤波理论**(Fant,1960;Flanagan,1965)。本章对声带振动产生的声音加以描述，顺带介绍一下 Stevens(1972,1989)的语音量子理论，然后讨论声道在中央元音产生过程中的滤波作用。顾名思义，语音产生的声学理论并不仅仅是为阐释中央元音的，本章介绍的概念也将在本书的第二部分中反复出现。

2.1　嗓音的产生

当声带周而复始地在声门下气压的作用下彼此分离、又在声带肌的弹性张力作用下迅速闭合时，就会产生复合周期波。图 2.1 显示了由语音合成器(听上去非常自然)产生的**嗓音**波形。注意，嗓音波形具有非正弦的重复模式。此复合周期波每秒重复的次数决定了它的**基频**(F_0)，且与听者对语音音高的感知相关。在本例中，每个循环的长度为 6.66 ms，因此基频为 150 Hz(1 秒/0.0066 秒)。

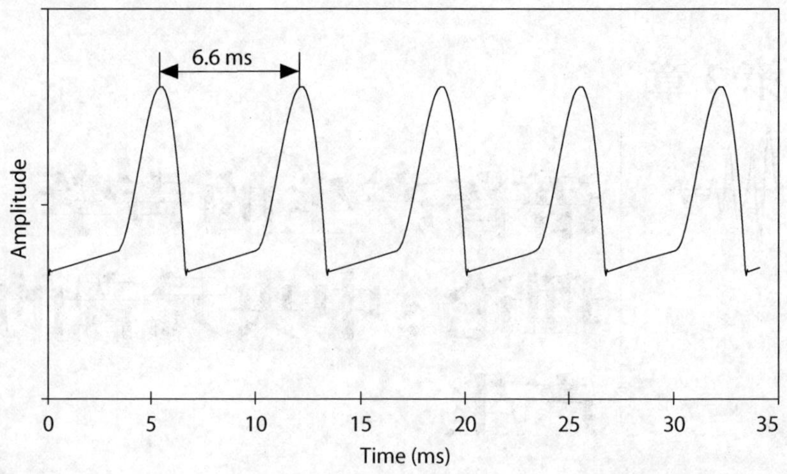

图 2.1　语音合成器产生的嗓音声源中的五个循环(Klatt and Klatt,1990)。该波形用于输入声道声学模拟器来产生合成元音。其基频为 150 Hz,每个循环用时 6.6 ms[①]**。**

对嗓音波形的傅里叶分析会产生功率谱,它显示了分音频率和它们的振幅(图 2.2)。基频是功率谱中的第一个(最低频率)峰值,频谱中的其他所有峰值都位于基频倍数位置。因此,举例说明的话,频谱中的第二峰值就出现在 300 Hz,第三峰值出现在 450 Hz,第十峰值出现在 1,500 Hz。嗓音频谱的成分波叫作**谐波**。注意,第二个频率以上每个谐波的振幅都比仅次于其频率的那个谐波的振幅小。(一次和二次谐波的相对振幅与发声类型有关;气嗓音发声往往具有更大的一次谐波和较弱的二次谐波,而在嘎裂发声中出现相反的情况,二次谐波比一次谐波更强,参见图 8.3。)

① 正文为 6.66 ms,数值的精度与此处不同。

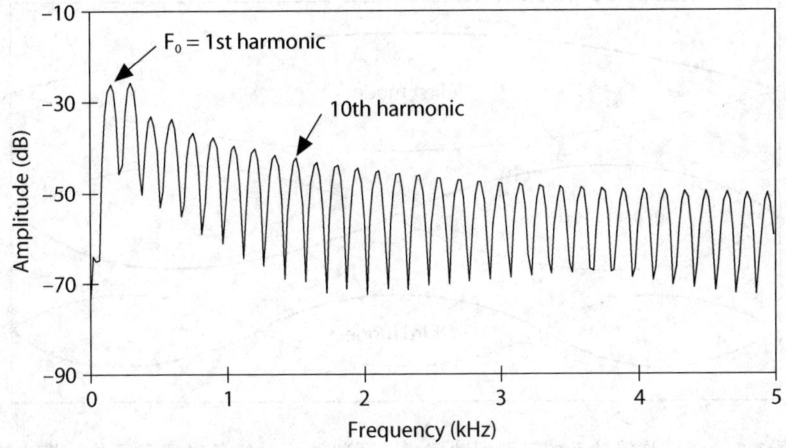

图 2.2　图 2.1 所示声带振动的功率谱。第一谐波(与嗓音的基频相同)出现在 150 Hz,因此第十谐波就出现在 1,500 Hz。

现在对谐波为何物加以图解。(John Ohala 反对这种阐释,因为声带振动像汽笛一样通过调节气流而产生声音。然而我一直无法想出一种更好的方法来阐明各谐波是如何成为振动的各种模式的,即使对于一根振动的琴弦,其各种振动模式也的确就是此弦的各种共振频率。所以我要读者小心,这里的阐释并不完全恰当。)拨动一根吉他弦,它就会振动,产生一种在某些方面类似于嗓音的声音。吉他弦的振动是一种具有基频和高频谐波成分的复合周期声,高频谐波成分的频率是基频的倍数。一个音符上的谐波(包括基频)是由吉他弦振动的多种模式产生的。图 2.3 说明了其中三种振动模式。图中最上部的线条显示了最低频率的振动模式。整根弦上下振动的频率由弦的长度决定。这个模式决定了吉他弦的基频,因而也决定了音符的音高。

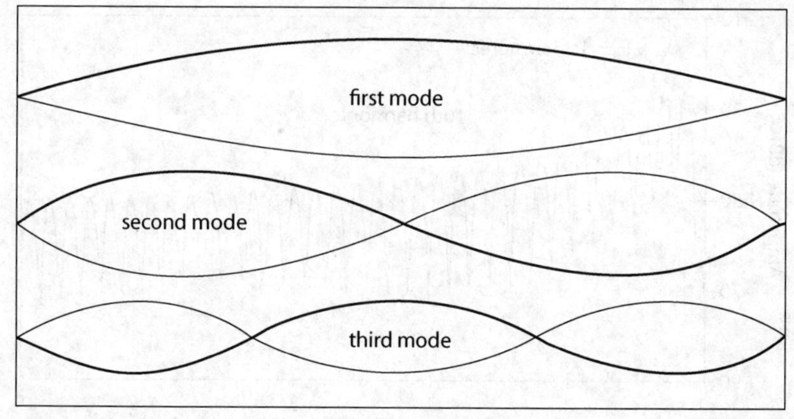

图 2.3　琴弦被拨动后的三种振动模式。顶部的一对线条对显示了第一模式的最大位移样式,下一对显示了第二模式的最大位移样式,底部的线条对显示了第三模式的最大位移样式。

图中的第二个轨迹显示了第二种振动模式。与第一种模式一样(吉他弦的任何振动模式亦如此),弦的末端不会移动;不过在这种模式下,弦的长度被分成了两段。当吉他弦的一半向某一边移动时,另一半则向相反的方向移动,而且,在弦的中间有一个被称为波节的点根本不移动。由于弦的振动频率取决于其长度,而且在第二种振动模式中,弦被分成了两半长,因此第二模式的频率是第一模式的两倍——即基频的两倍。

图 2.3 中底部的轨迹显示了吉他弦的第三种振动模式。在这种模式下,琴弦被分成三部分。如前所述,弦的末端不会移动(这叫振动模式的"边界条件",当我们讨论声道的滤波作用时,我们会再次看到这一概念)。由于琴弦每个振动段的长度是弦的总长度的三分之一,因此第三振动模式产生了频率为基频三倍的一个分音(三次谐波)。

有一种方法可以听到吉他弦的二次谐波。你可以拨动一下琴弦,然后轻轻地碰一下弦的中央。当你这样做的时候,声音有两方面的变化:振幅减小,音高加倍。当你接触弦的中央(第一和第三振动模式中的最大位移点)时,一次和三次谐波会被抑制,而来自第二振动模式的二次谐波则不会被抑制。当你触摸琴弦的中央时，所有的奇数次谐波都会被抑制，这样一来只有偶数次谐波仍然保留。

吉他弦的振动模式简单说明了基频和复合周期波的谐波之间的关系。声带振动较为复杂，但嗓音波形中成分波之间的关系与吉他弦模式基本相同。声带振动产生一个复合周期声，它的谐波的频率是基频的整数倍。

2.2　嗓音量子

声带的动作为语音的量子理论提供了最明晰的案例之一，因此这里我们将暂时转而讨论一下量子理论。Stevens（1972）提出了量子理论来解释这样的现象：语言并没有使用可能出现的语音发音动程[①]的全部范围。在语言中用无数种可能的发音动程来区分单词的现象，即便存在，也是罕见的。他认为这是因为发音动程和声学之间的映射是**非线性的**。声带的运动状况就是说明这种非线性的一个很好的例子。在说话时，声带之间的开度（声门）从大开（如深呼吸时）变化至紧闭（如喉塞音）。声门宽度的连续变化范围显示在图 2.4 的横轴上。

量子理论和收音机旋钮

量子理论的思想基础是，发音动程和声学之间的非线性映射决定了语言中所使用的区别性特征。这就提出了一个问题："非线性是什么意思？"

线性控制就像收音机上的音量旋钮。转动旋钮，音量变强（或变弱）。旋钮转动越大，音量变化就越大。非线性控制就像收音机的调频旋钮。当你转动这个旋钮时，收音机就收到不同的电

---

① 这里的"发音"，原文为"articulation"，一般特指声门上的发音动程，但本章所讨论的发音动程也包括了声带的动作。

台。因此,旋钮的一个小转动可能会导致收音机发出的声音产生很大的变化,而旋钮的大幅度转动可能只会引起非常小的变化(全是静态噪声①)。

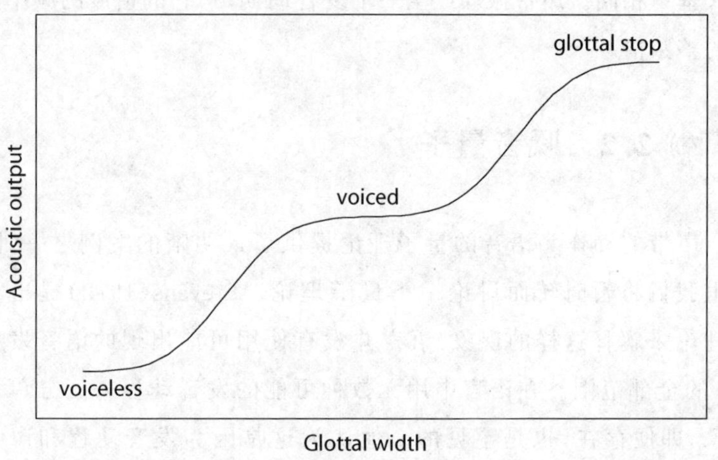

图 2.4 声门宽度和声门声学输出关系中的量子区域,以曲线上的平坦段表示。

图 2.4 中的纵轴上显示了从打开到闭合过程中逐渐改变声门宽度的声学结果(假设声带之下声压是恒定的)。这个例子中的发音动程维度,即声门宽度,是个抽象的概念,因为它包含了声门的面积以及关闭声门的肌肉和声带本身的张力。最初,当声带张开时,会产生擦音[h];但接下来,在某个临界宽度处,声学输出会发生量子变化,声带开始振动。声带的振动可能带一点气嗓音(像 *ahead* 中的[ɦ]),但是产生的声音类型与以前完全不同。当声门关闭时,声学输出会发生另一个突然的变化,从而产生喉塞音。因此,声门宽度就像收音机上的调频控制而不是音量控制,一个微小的变化就能产生较

① 括号中的内容,原文为"all static",是指旋转调频旋钮寻找电台时,在两个电台之间全是嗞嗞的噪声。

大的效应。

Stevens认为,语言利用了诸如此类的发音动程和声学之间的非线性关系。图2.4中的曲线上标识为"清音""浊音"和"喉塞音"的平坦部分是发音–声学映射[①]中的*稳态区域*。例如,发音人可以选择几种可能的声门宽度中的任意一种,所发出的总是浊音。发音中一定程度的含混是可容忍的,因为不同声门宽度所占据的整个变化范围实际上产生了相同的输出。这样,从发音到声学输出映射中的自然非线性就导致了语音自然类别的产生。在Stevens看来,发音–声学映射中的一份完整的非线性关系的清单就能表达一个在语言中可以用来区分意义的语音区别性特征库。在声带活动的这个案例中,稳态区域(**量子区域**)很容易识别。我们将看到另一些情况,其中的论据比此案例中的稍难察觉一些。

2.3　声道滤波

声道可以作为滤波器把图2.1所示的嗓音波形改变为图2.5所示的复合周期波形。我用通过一组带通滤波器播放图2.1所示的合成嗓音分音的方法来制作这个图。由此产生的合成元音听起来像中央元音[ə],即美式英语中*ahead*的第一个音节中的元音。这里的基音频率仍是6.6 ms的周期,因此其波形模式每秒重复150次,但在这种波形中,可以识别出其他一些显著的振动成分。例如,在每个周期内,有一个成分每2 ms重复一次,因此具有500 Hz的频率。还需要注意的是,有一个最容易识别的、移动速度更快的振动,以双峰模式叠加在一些2 ms的尖峰上。此振动每0.666 ms(双峰之间的距离)重复一次,因此频率为1,500 Hz。

① 原文为"articulation-to-acoustics mapping",直译的意思是"发音到声学的映射"。

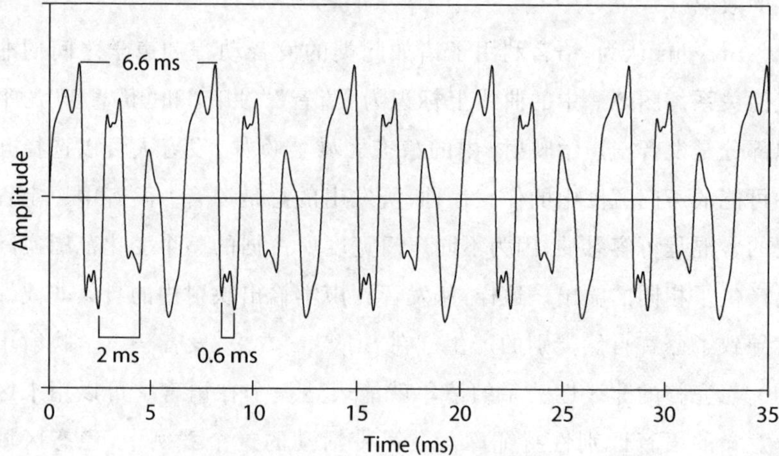

图 2.5 一个合成的中央元音的声学波形图,标出了三个较凸显的分音的周期长度。

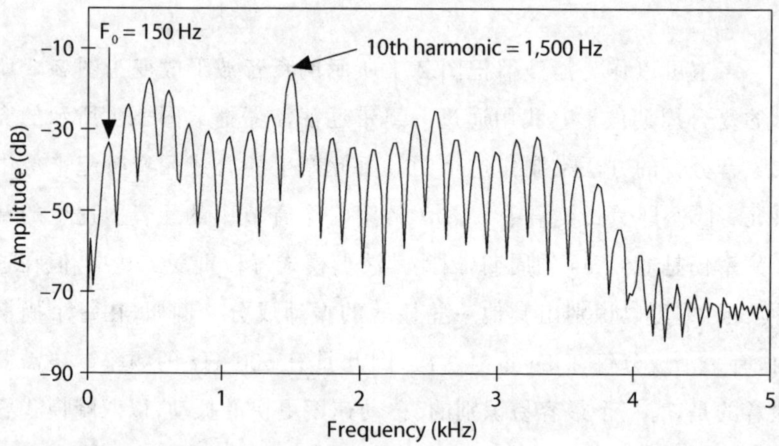

图 2.6 图 2.5 所示元音的功率谱。注意,此处的谐波和它们在噪音频谱(图 2.2)中的频率是相同的——例如,第十谐波的频率为 1,500 Hz。但是,这些谐波的相对振幅并不相同:在中央元音的频谱中,500 Hz、1,500 Hz、2,500 Hz 和 3,500 Hz 左右出现了较宽的谱峰。

嗓音声源的频谱(图 2.2 所示)和图 2.6 所示中央元音的频谱具有相同的基频(150 Hz、300 Hz、450 Hz 等处有谐波表明了这一点)。因此,这两种声音由相同的谐波组成,但谐波的相对振幅不同。在嗓音声源谱中,谐波在振幅方面随频率的增加而不断地减小,而在中央元音的频谱中,500 Hz、1,500 Hz、2,500 Hz 和 3,500 Hz 左右的谐波比其他频率的谐波具有更高的振幅。正如我们在图 2.5 中看到的波形那样,这些谐波在相对振幅上的微弱变化对波形的形状具有很大的影响。

在这个案例中(即这个合成的中央元音),频谱宽峰是通过一组中心频率分别为 500 Hz、1,500 Hz、2,500 Hz 和 3,500 Hz 的带通滤波器播放声源波形而产生的,我们在波形和频谱中都有证据来说明这些宽峰。这样的语音合成方法产生了一种能被辨识的元音,这个过程表明,声道也会如同一组带通滤波器一样发挥作用。

2.4　单摆、驻波和元音共振峰

由于声道具有**共鸣频率**,因此中央元音的声学特性可以用一组带通滤波器来模拟。嗓音声源中具有近似声道共鸣频率的谐波会被增强(仿佛它们处于滤波器的通带),声源中那些频率不在声道共鸣频率附近的分音则受到抑制。

单摆的共振频率

中央元音中的共鸣频率是由声道中的驻波产生的。单摆的振动说明了共鸣的某些特性,这些特性在此处值得仔细思忖。试试这个实验。把一件重物固定在一根绳子上,看它如何摆动(你可以利用一根鞋带和一把勺子)。如果用一只手握住绳子的一端,另一只手把重物拉到一边而后松开,它就会来回摆动一段时间。注意,摆动一个来回循环所需的时间与摆动的幅度无关。你也可以通过摇摆手腕使重物摆动。如果你在合适的时间内把手腕从一侧摇摆到另一侧,单摆最终会在一个很长的弧线上摆动。注意,弧的长度要比你手腕的移动距离大得多,但只有当你以合适的节奏来摆动手腕时才会如此。如果你的手腕摇摆得太快或太慢,重物就会趋向于静止不动而非来回摆动。

为什么摇动单摆的快慢程度很重要呢?请注意,完成一次摆动所需要的时间是不变的,每一个循环都需要相同的时间来完成,无论你是以很小的腕部运动幅度让单摆开始摆动,还是用手臂的大幅度运动用力摇摆它,或者只是简单地用一只手轻推重物,同时保持绳子的另一端静止不动。这就表明单摆有一个特定的共振频率。留意一下,如果你把绳子变短,周期的时长就会变小。你也可以通过比较重量不同的单摆的共振频率来验证绳子长度的重要性(比如,将勺子和锤子相比)。综上所述,单摆具有一个自然的共振频率。如果你以接近共振频率的方式将能量(腕部运动)带入该振动系统,那么系统将通过添加被连续带入系统的每一点能量来增强该能量(如果节奏安排得当,你腕关节的运动也将彼此叠加);但是如果你以其他频率带入能量,系统将会使能量衰减,因为该能量会被先前的能量脉冲所抵消。

如上所述,你腕部的每次运动都向单摆注入了少许能量。运动的节奏就是能量引入系统的频率,单摆的摇动(或者停止摇动)就是能量源和共振系统之间耦合的结果。

这里是关于共振的一个声学案例。假设你取一根管子,在其一端放置一个扬声器,另一端盖上盖子,然后通过扬声器播放正弦波。图2.7说明了当正弦波开始从扬声器中播出时声管的响应。图中的气压用阴影表示,灰色表示大气压强,黑色表示压缩,白色表示膨胀。该图中的阴影是一个重要的提示,它表明语音声学波形是一种纵波(粒子的运动方向与波的行进方向在同一轴线上)而不是横波(粒子的运动方向垂直于波的行进方向)。把正弦变化的气压波动表示为在平面上上下运动的正弦波,这种做法虽然简单多了,但重要的是切记声音是作为纵波传播的。那种被称为"slinky"的弹簧玩具可以用来说明纵波和横波的关系。如果你握着"slinky"的一端,让自由端朝向地板晃来晃去,你就可以通过在水平方向来回移动你的手发送一个横波。通过上下移动你的手,可以发送一个纵波,在这个纵波中,弹簧的线圈彼此靠得更近或离得更远——这就是声波的压缩和膨胀!

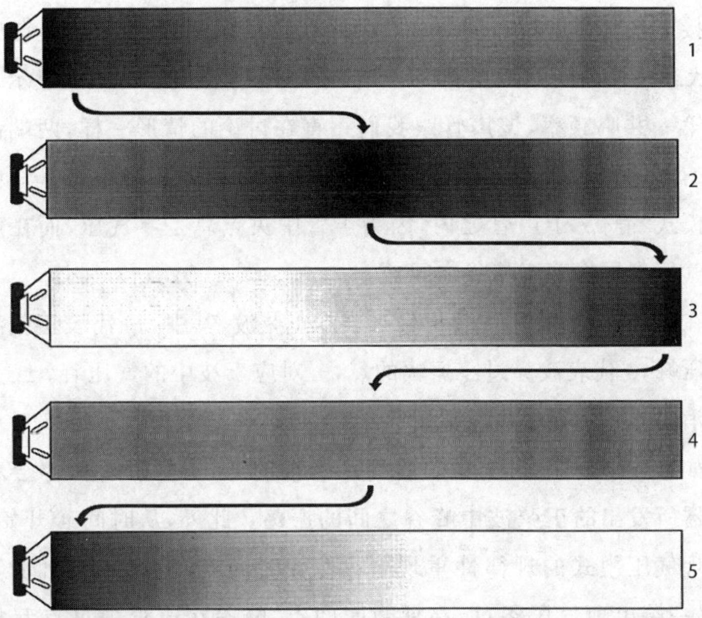

图 2.7　正弦波在两端封闭的声管中播放的第一个循环周期(其中一端由扬声器封闭)。标记为 1—5 的条带显示了五个不同的时间点上管内的气压。气压大小由灰度表示,黑色表示压缩,白色表示膨胀,灰色表示零(大气)气压。

一个气压压缩的峰值在时间 1 从扬声器外部移动进来,在时间 3 到达管的末端(这叫"入射波")。在时间 4,气压峰从管盖一端反射("反射波"),而扬声器处在时间 3 出现的气压谷已经行进到管的中央,二者相互抵消,因此管内各点的气压等于大气压。在时间5,气压正峰返回到扬声器位置,而气压谷到达对面的管盖端。现在,如果从扬声器出来的正弦波频率正好合适,新的压缩波将叠加到第一个波的反射波上。(实际上,正弦波的频率对时间3处气压谷的时间定位也至关重要。)如此,在时间5,声管的扬声器端就出现一个气压峰,它是反射峰和扬声器发出的新的气压峰之和——就像推孩子荡秋千一样。伴随着正弦波的每次循环,气压峰的振幅都会有所增高,气压谷也都有所下降。实际上我并没有捣鼓出这样一个装置,不过人家会嘀咕这玩意儿会不会在循环几次之后就要爆炸。

接下来将会出现时间3和5所示状态的振荡,两者之间是与时间4的状态一样的间隔。在图2.8a中可以看到这一现象,该图显示了声管的第一共鸣频率,该声管跟我们一直在讨论的情形一样,两端都是封闭的。标记为1到5的时间对应于图2.7中的阴影条带。管中的振动模式"静伫"于声管之内,因为声管中央点总是零气压,而在声管两端气压来回振荡于峰谷之间。

在图2.8中,我用一套记号来表示正弦波,其中 + 代表正弦波中的气压峰,0代表波穿过零振幅的点,−对应于波中的气压谷,± 是峰谷相消时导致的零气压结果。

如果往下看图2.8a中声管扬声器端的那一列气压值,你会看到扬声器所发出的正弦波中峰谷之间的振荡。此外,从时间4开始,管内出现气压模式的规律性重现。在奇数时间点,声管一端出现气压峰,另一端出现气压谷;而在偶数时间点,峰谷在声管中央点互相抵消。因此,在声管中央点,气压保持为零,与大气压相等,而在声管两端,气压在正负峰之间振荡。这种模式就是众所周知的**驻波**。画在图2.8中声管里的波形就是驻波的标准形式,它显示了以声管长度为函数的粒子位移量。例如,我们将声管中点确定为声管中气压始终为零的位置,因为入射波和反射波在声管中的这个位置上相互抵消。有趣的是,当声波穿行时,这个位置保持零气压,每个粒子都会移动很多,以便粒子之间的平均距离(大气压强)维持恒定。所以,声管中点是粒子位移最大的位置点。与之类似，在声管两端，我们看到声压波动很大，但在这些位置上，粒子的运动受到声管封闭端的阻碍，所以在声管末端我们得到粒子的最小位移点。声管中点，即气压保持为零的位置，被称为粒子位移驻波中的**波腹**，而声管两端气压达到正负极值的点被称为**波节**。图 2.8a 中画在声管里的正弦波对应于粒子位移的分布。在这种描述方式中，波节由正弦波的交点表示，而波腹由它们的峰表示。

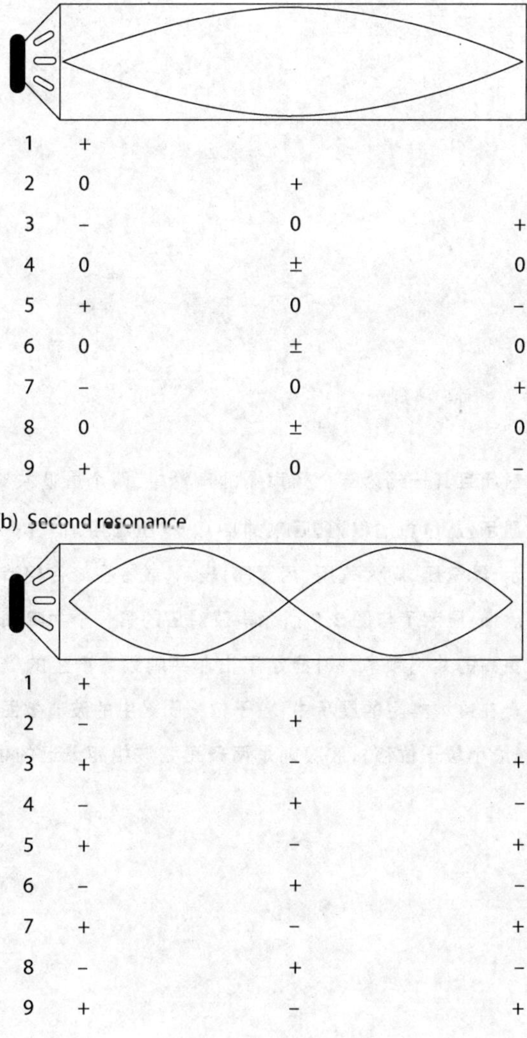

(c) A nonresonant frequency

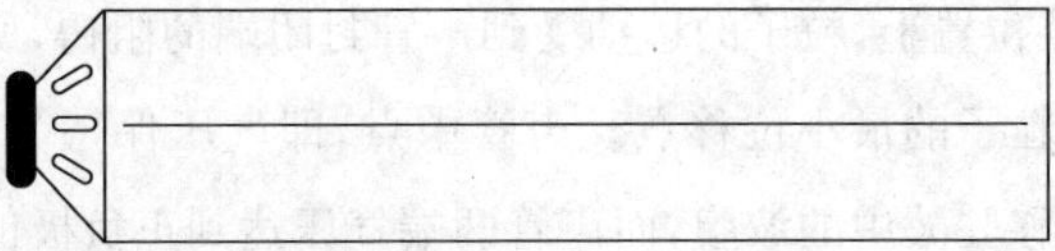

1	+				
1.5		+			
2			+		
2.5	−			+	
3		−			+
3.5			−	+	
4	+		+	−	
4.5		+			−
5	+		+	−	
5.5	−	+	−	+	
6		−	+		+
6.5	−		−	+	
7	+	−	+	−	+
7.5		+	−	+	−
8	+		+	−	
8.5	−	+	−	+	−

图 2.8 两端封闭且其一端为一个扬声器的声管中,两个最低共鸣频率的驻波。时间在纵轴上显示,从早先的(1)到后来的(9)。气压峰用加号(+)表示,气压谷用减号(−)表示,零气压,即大气压,用零(0)表示,或者在峰谷相消的情况下用加减号(±)表示。(a)显示了与图 2.7 所示声波对应的第一个共鸣频率,(b)显示了该声管下一个更高的共鸣频率,(c)显示了由非共鸣频率产生的模式。管内的正弦波表示驻波。在这种类型的展示中,粒子位移图式中的波节被图解为正弦波相互交叉的位置(最小粒子位移),波腹则是两条正弦波相距最远的位置(最大粒子位移)。

单摆因为只有一个共振频率而被称为**简谐系统**,与单摆不同,声管有许多共振频率。在图 2.8 中,(a)和(b)显示了两端闭合的声管中两个最低的共鸣(共振)频率,其中(b)显示的声管所响应的正弦波频率是(a)所示共鸣频率的两倍。所以,若向下看第一列的正负号,你可以看到,在第一个共鸣(a)中,当正弦波的谷出现在时间 3 时,在第二个共鸣(b)中,正弦波此时已完成了一个循环。注意,扬声器播放出的声压峰在两种共鸣频率中以相同的速度传播;在时间 3,声压峰到达声管的盖端,到时间 5,它返回至扬声器。还要注意的是,声波传送到声管盖端而后返回所需的时间,决定了声管内发生共鸣的频率值。第一共鸣频率和第二共鸣频率都要求扬声器产生的正弦波在时间 5 出现声压峰。如果声管更长,那么声波传送到盖端而后返回所需的时间也会更长,声管只会与扬声器产生的具有更长周期(更低频率)的正弦波发生共鸣,因此扬声器发出的声压峰将出现在比如时间 6 这样的位置而不是时间 5。

我们来看看当扬声器所放正弦波的频率与声管的共鸣频率不匹配时,会发生什么情况。图 2.8 中的(c)就显示了这样一个例子。我们在这里看到的是用频率介于(a)和(b)所示频率之间的一个正弦波驱动扬声器的结果,其周期是四个时间单位(注意,与其他案例不同,时间分辨率是先前所用时间单位的一半)。在(c)中,有几个点上的反射峰与扬声器新发出的峰叠加在一起,同样在这些点上,管内反射声压谷也与入射谷叠加在一起。不过,它们总是朝着相反的方向运动——也就是说,它们永远不会叠加在一起形成一个比扬声器发出的声波振幅更大的驻波。这个例子表明,为了使输入声波在管内形成驻波,扬声器发出的正弦波必须在时间 5(反射波即将完成返回扬声器路程的时间点)出现一个声压峰。

波长

如果你想知道一个正弦波是否会在一根管子里发生共鸣,你就需要知道它在一个周期内传播的距离。这个距离叫作**波长**。设想图 2.7 所示的波并没有从管子的末端反射出去,而是一直沿着一根长管子传播下去,你可以借此想象**波长**的概念。我们从正弦波的周期时长开始来计算波长。回忆一下,波形中两个相邻的波峰之间的时间间隔(例如,图 2.7 中的时间 1 和 5 之间的间隔)就是周期(T)。波长(λ)取决于声管内的**声速**。(你可以用一种略有不同的方式来认识这个问题:如果你的速度是每小时 30 英里,而你以这种速度旅行的时间是 1 小时,你能走多远?)在温暖潮湿的空气中,声速(c)约为 35,000 厘米每秒(cm/s)。所以波长就是一个周期的时长乘以声速($\lambda=cT$),或者等效地说,由于频率是周期的倒数($1/T=f$),波长等于声速除以正弦波的频率($\lambda=c/f$)。例如,1,000 Hz 正弦波的周期时长为 1 毫秒或0.001秒,所以它的波长为 35,000 × 0.001=35,000/1,000=35 cm。也就是说,1,000 Hz 正弦波中的相邻波峰相距 35 cm,因此,如果将两个话筒相距 35 cm,并在其附近播放一个 1,000 Hz 的正弦波,则两个话筒将在任何时间内都接收到波形在相位上的相同点;而如果两个话筒相距17.5 cm,则一个话筒将在此时采到波峰,另一个则采到波谷。两个话筒都会接收到正弦波,但由于波长的关系,它们接收到的正弦波的相对相位取决于它们之间的距离。

根据上述分析,我们一直在讨论的这个例子(两端封闭的管子)中,管内会产生驻波的正弦波就是那些“适合”于此管的正弦波。也就是说,合适的正弦波将在管内来回传播,其传播方式为:它们在声管扬声器端具有声压压缩峰或膨胀谷的同时,扬声器正在发出与之匹配的声压值。若已知声管长度和大气中的声速,则可以计算产生驻波的频率(即声管的共鸣频率)。第一共鸣频率的波长(λ)是声管长度的两倍($2L$),一半长度为从扬声器端到盖端的传播距离,另一半为回程。因此,共鸣频率就是声速除以波长($f=c/2L$)。例如,如果声管长 8 cm,那么第一个共鸣的波长就是 16 cm,因此其频率为 35,000/16=2,187.5 Hz。声管所有更高的共鸣频率都是第一共鸣频率的倍数。

例如，第二个共鸣的波长（见图 2.8b）是第一个的一半，因此长8 cm的声管的第二个共鸣频率为 $f=c/L$。一般来说，两端封闭的声管的共鸣频率可以通过下面的公式（2.1）计算，其中 n 为共鸣数，c 为声速，L 为声管长度。这样，一根两端封闭、长 8 cm 的声管的共鸣频率分别为 2,187.5 Hz、4,375 Hz、6,562.5 Hz，以此类推下去。

$$f_n=nc/2L \tag{2.1}$$

现在假设扬声器发出的是一个复合波而不是正弦波。正如我们在第一章中所看到的，复合波是许多成分正弦波的组合。因此，图 2.8 中我们一直在考察的这个例子和复合波之间的唯一区别是，后者有许多正弦波同时射入管中。这样一来，我们就可以将图 2.8 所示的波和其他更多的波组合起来，而不是通过依次测算声管对不同正弦波的响应来考虑管的共鸣特性。我想不出如何用波在管内反射的方式来解释这个过程，因为这里的情况太复杂了。但是，我们可以做一些预测。我们首先预测，如果复合音声源包含接近声管共鸣频率的频率成分（如图 2.8 a 和 b 中所示的两个频率），那么声源中这些分音的振幅将被增强。其次，我们预测，如果复合音声源包含的频率成分与声管共鸣频率不相近，那么这些分音的振幅将会衰减。因此，尽管本节通过讨论正弦波在声管中的表现来阐释驻波，但这里的讨论依然与语音的声学分析相关，因为复杂的嗓音波形可以解析为一组正弦波。

上文所给出的对驻波的阐释与常规的语音产生过程还存在另一方面的不同。为了便于解释，我假设声管两端都是封闭的。显然，在中央元音以及大多数其他语音中，我们感兴趣的是一端开口的声管。两端封闭的管子和一端封闭的管子之间唯一的声学差别在于声波如何从管子的开口端反射。我们可能很难凭直觉意识到声音是从管子的开口端反射的，但事实的确如此。这种情况之所以发生，是因为声波会撞击到一个巨大的静止大气团，而这个大气团恰好位于声管的端口之外。你可能在无意中体验过这种声音反射现象，比如，有人斜靠在汽车座椅上,通过打开的车窗与你交谈。车窗就像声管的开口端,语音信号中的大部分声能会被反射回车内而不是向外传播。虽然那个人说话可能很清楚,但你几乎听不见。

如上所述,声波会从开口端反射回声管内。但是,开口端的反射类型与封闭端的不同。差别在于声波的信号发生了变化,使得波峰从声管的开口端反射为一个波谷。甩起牛鞭(系在短柄上的编织皮质长条)令其噼啪作响,就是这种**极性变化**的一个例子。要甩响鞭子,你会甩出一个顺着其长度传下去的波浪。当波浪到达鞭子末端时,情况就像声波到达管子的开口端,由于此波没有附着在任何东西上,它就会经历一个突然的极性变化,从而产生一个响亮的噼啪声!声波在声管开口端反射的极性变化不会产生很大的噪声,但它的确会从根本上改变管子的共鸣频率。

图 2.9 演示的是一端开口的声管中两个最低的共鸣频率,其图解方式与图 2.8 一样。先看第二个共鸣频率(a)。跟踪扬声器在时间 1 发出的压缩峰,我们会看到它在时间 4 到达声管末端(为便于说明,我在此图中使用了与图 2.8 不同的时间标度),并且经历了从+到-的极性转变。该变化导致的一个结果是,在这个驻波中,声管开口处的气压总是为零,因为在该点上波峰变成一个波谷,且两者相互抵消。因为声管开口端的极性转变,在时间 1 处由扬声器发出的声压峰在时间 7 作为声压谷返回至扬声器,又传送回开口端,再次经历极性转变,并且在时间 13 返回到扬声器。这样,声管最低共鸣频率的周期就是 12。图 2.9b 对这个过程进行了演示,该图的时间标度被压缩。为了与从声管开口端发射的声压峰或谷匹配,扬声器发出的正弦波必须具有(b)中第一列所示的频率;反射波在以声压峰的形式返回扬声器之前,必须在声管长度上穿行四次。这就意味着第一共鸣频率的波长是管子长度的四倍($4L$)。

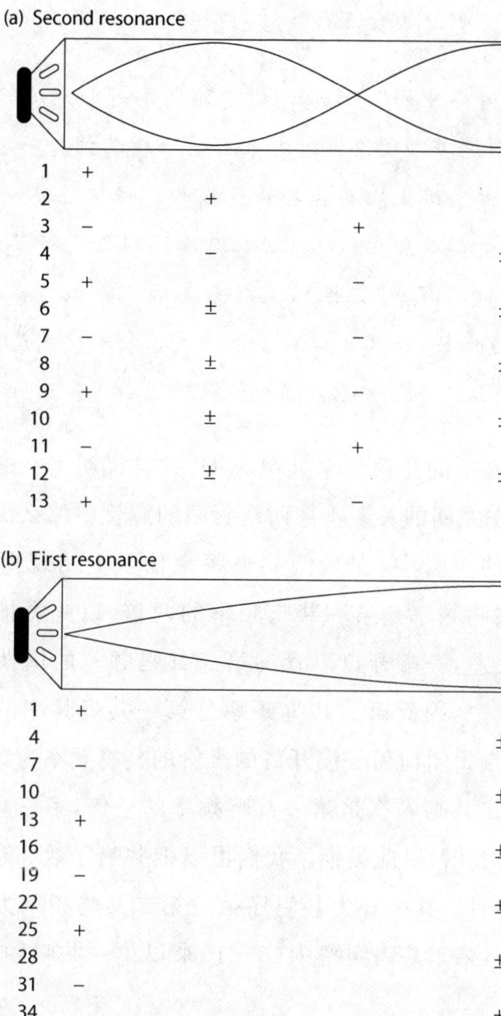

图 2.9　一端由扬声器封闭一端开口的声管中两个最低共鸣频率的驻波。时间在纵轴上由先至后显示。声压峰以加号(＋)表示，声压谷以减号(－)表示，零表示大气压①，波峰波谷彼此抵消的情况以加减号(±)表示。(a)显示的是声管第二共鸣频率，(b)显示的是第一共鸣频率。

① 零气压在图中没有标出，其出现位置可以参考图 2.8a。

末端修正

声学语音学中的“末端修正”实际上是一个无足轻重的小细节,虽然这个说法在理论上听起来有些含糊其词。一端开口的声管的有效长度实际上比其真实长度稍长。将口径 d 乘以 0.4,并将其加到声管的长度上(L)。这就对以下现象进行了补偿:**声反射**在管的开口端有些“柔性”,反射点实际上略微超出管的末端。所以,像声道一样,一端开口的管子的共振频率公式是:

$$F_n=(2n-1)c/4(L+0.4d)$$

图 2.9a 显示的是第二个共鸣频率,并且说明了在这种类型的声管中,共鸣频率之间的关系不像两端封闭的声管中那么简单。回想一下,两端封闭的声管中,在最低共鸣频率倍数上出现所有的共鸣频率,即,第二共鸣频率是第一共鸣频率的两倍,以此类推。这里的情况与之形成反差,一端开口声管的第二共鸣频率的周期为第一共鸣频率的三分之一,因此第二共鸣频率是第一共鸣频率的三倍。其一般模式是,一端封闭而另一端开口的声管的共鸣频率为第一共鸣频率的奇数倍:第二共鸣频率是第一共鸣频率的三倍,第三共鸣频率是第一共鸣频率的五倍,以此类推。我们可以把共鸣序数和奇数倍之间的关系写成($2n-1$),其中 n 为共鸣序数。第二共鸣频率为(4-1)乘以第一共鸣频率,第三共鸣频率为(6-1)乘以第一共鸣频率,依次类推下去。

综上所述,我们可以把中央元音中的声道声学特性模拟为一端封闭(声门)一端开口(双唇)的管子。这种声管的自然共鸣频率满足了若干边界条件,类似于琴弦谐波的满足条件。声波是在空间中移动的声压起伏,由此产生了声管共鸣频率的边界条件(如图 2.9 中的粒子位移驻波的轨迹所示);因此,完成声波的一个循环周期所需的距离(波长)可以用英寸或毫米为单位进行度量。既然如此,在驻波中,空间有些点上粒子的位移就是最大值,而另一些点上粒子的位移为最小值。在一端封闭一端开口的声管中,驻波中的粒子最大位移点(波腹)

出现在声管的开口端,而粒子的零位移点(波节)出现在封闭端,这是声管共鸣频率的波长特点使然。这些共鸣频率的边界条件是由声波与声管的相容性决定的。正如吉他琴弦的振动受限于琴弦两端必须固定的条件(图 2.3)一样,声道的共鸣也受限于声道两端的声反射特性。声管的封闭端与高声压相容,开口端与零声压相容。图 2.10 说明的是发中央元音时声道前三个共鸣频率——叫作元音“共振峰”——的相对波长。这些声波与声道相谐的方式是,声门处气压最大,双唇处气压最小。

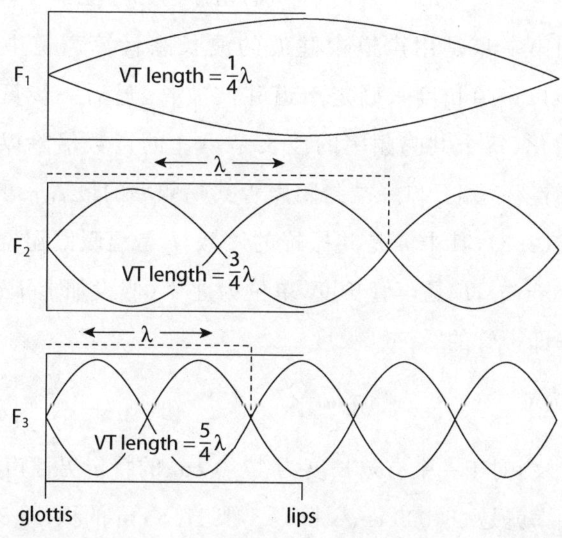

图 2.10 在无收窄点的声道中(如元音[ə]),满足共鸣边界条件的三个最低频率的声压波,它们分别被标记为 F_1-F_3,用于表示元音的“共振峰”1—3。①

在图 2.10 中,驻波以声管中的正弦波表示。最低共振频率的波长是管子长度的四倍,即图中标记为 F_1 的那个。像所有其他声道共鸣一样,声门位置上驻波的粒子位移最小,双唇位置上粒子位移最大。

① 图中的 VT 表示声道(vocal tract)。

你可以想象把图 2.10 中的波像弹簧一样进行拉伸或压缩。图中所示的长度是从所有可能的波长中选择出来的,因为它们满足声道共鸣的边界条件。由于声波的频率等于声速除以波长($f = c/\lambda$),并且如果已知某个一端开口一端封闭声管的长度,即可计算其共鸣频率的波长,所以,如果已知一端开口一端封闭的均匀声管的长度,我们就可以计算出它的共鸣频率。下面给出的算式(2.2)从声管长度推导出了前三个共鸣频率。

$$
\begin{aligned}
F_1 &= c/\lambda_1 = c/(4L) = c/4L \\
F_2 &= c/\lambda_2 = c/(4/3L) = 3c/4L \\
F_3 &= c/\lambda_3 = c/(4/5L) = 5c/4L
\end{aligned}
\tag{2.2}
$$

算式的第一步是用声道中驻波的波长来计算声道中的共鸣频率。第二步以声道长度来确定声道驻波波长,最后一步算式是第二步的代数简化(每个共鸣频率的波长是声速的奇数倍除以声道长度的四倍)。计算一端开口一端封闭声管共鸣频率的最后一步算式可以总结为公式(2.3),其中 n 是共振峰的序数,c 是温暖潮湿空气中的声速(35,000 cm/s),L 是声管长度,单位为厘米(假设加上了 0.4d 的末端修正——即声管的“有效”长度)。

$$F_n = \frac{(2n-1)c}{4L} \tag{2.3}$$

基于上文,对于一个有效长度为 17.5 cm 的特定男性声道来说,其最低共鸣频率就是 35,000 cm/s 除以 4 乘 17.5 cm 的积,即 500 Hz。如果声道较短(比如 15 cm),则最低共鸣频率就会高一些(583 Hz)。声道第二个共鸣频率的计算过程为,声速乘以 3,然后再除以 $4L$。对于 17.5 cm 的声道,这个共鸣频率达到 1,500 Hz;对于 15 cm 的声道,第二个共鸣频率为 1,750 Hz。声道的共鸣频率也称为**共振峰**,从最低共鸣频率开始标记为 $\mathbf{F_1}$、$\mathbf{F_2}$、$\mathbf{F_3}$ 等。

交叉模式和直管

将声道模拟为一个声波沿长度方向传播的直管会引发一些问题。当管子弯曲（就像声道一样）时会发生什么情况呢？除声波在长度方向的共鸣外，为什么不考虑声波在声管宽度方向的共鸣呢？答案分别是"什么都不会发生"和"当然可以，为什么不呢？"。

声波可以在拐角处传播。例如，如果你对着花园水管说话，当你弯曲水管时，传送出去的声音并不会改变。当然，因为花园水管是一根长管子，它起到了声滤波器的作用，这的确会改变你的声音；但是，把水管从直的改为弯的并不会进一步改变信号。声压波动，即声波，是从声源处以球形向外延展的。管壁阻碍了这种传播模式，但如果管道弯曲，声波在各个方向上均匀延展的天性就会使它有可能转弯。

管子的宽度是否会产生与我们一直关注的管子长度方向上的共鸣相类似的共鸣？答案为"是的"。但这些"交叉模式"的共鸣频率通常很高，因此它们对语音（尤其是元音）的声学特性不会产生实际影响。例如，思考一下图 2.7 所示的声管中上下穿行（而不是前后穿行）的共鸣频率的波长。其最低共鸣频率的波长很短（为管子宽度的两倍），所以频率就很高。这些交叉模式的共鸣在语音中的确存在，但其频率如此之高，以至于在所有的实际效用中都可以将它们忽略。

再次观察一下图 2.6 中的功率谱。该频谱显示了一个典型的没有任何收窄点（直径均匀）的声道中的声输出，该声道长 17.5 cm，振动基频为 150 Hz。声道共鸣使得频谱中 500 Hz、1,500 Hz、2,500 Hz 和 3,500 Hz 的位置出现峰值。如频谱所示，声道共鸣增强了共鸣频率附近的谐波，并抑制了其他谐波。与共鸣频率不匹配的谐波在信号中依然存在，它们因声道的滤波作用而变得相对较弱。

在这一章中，我们考察了当声道中没有收窄点时中央元音[ə]的声道滤波作用。如我们所见,声道的共鸣频率(共振峰)由声道长度决定。因此,在其他条件相同的情况下,声道较短的人比声道较长的人的共振峰更高。此外,由于嘴唇前突和喉头降低都会加长声道,因此这些动作会导致所有共振峰频率下降。

2.5 探求声管中的波节和波腹

当你上网寻找共鸣频率和驻波的演示时(你*已经*找过,对吧?),你会发现一些非常酷的小程序和影像。我特别喜欢**鲁本管**[①]演示的一段别开生面的视频,部分原因是它以 Dave Brubeck[②]的歌曲来驱动丙烷火焰作为结尾。

不过,关于本节主题的一个较为无趣的实验使用的是图 2.11 所示的设置。我们有一根透明的塑料管,长 92 cm,直径约 3 cm。其一端紧贴着一个小扬声器。管子的另一端是开放的,我们已经插入了一个“棒上话筒”——一个小的按钮式话筒粘在一个长(100 cm)的细金属棒上。扬声器与一个正弦波发生器相连,调节该正弦波发生器的频率,使其发出 466 Hz 的正弦波(该声管的 F_3,假设是在干燥的室温空气声速条件下,并进行了末端修正,使管的有效长度为 93.2 cm):(5×34,300)/(93.2×4)。[③] 然后将话筒从声管打开的一端滑动到封闭端,通过这个方法,以大致相等的间隔沿着管子的长度方向测量正弦波的振幅。

---

① 英文名称为 Ruben's Tube,由德国物理学家 Heinrich Rubens 在 1905 年发明,用于演示声波在管道中形成的驻波。该装置包括一个声管、一个小型扬声器、一个充满易燃气体的容器(比如丙烷罐)。声管两端分别由扬声器和丙烷容器封闭。声管横放,沿长度方向在顶部均匀钻孔。首先让声管中充满丙烷气体,气体会从顶部的孔中泄露。点燃泄露的丙烷,声管上部会有高度均匀的火焰。此时用扬声器向管内播放声波,当声波在声管中产生共鸣时,便会在声管中产生驻波。驻波的波节处火焰较低,波腹处火焰较高。

② Dave Brubeck(1920—2012),美国著名爵士乐钢琴家和作曲家。

③ 这里加了末端修正之后的 F_3 应为 460Hz,不加末端修正的话是 466Hz。

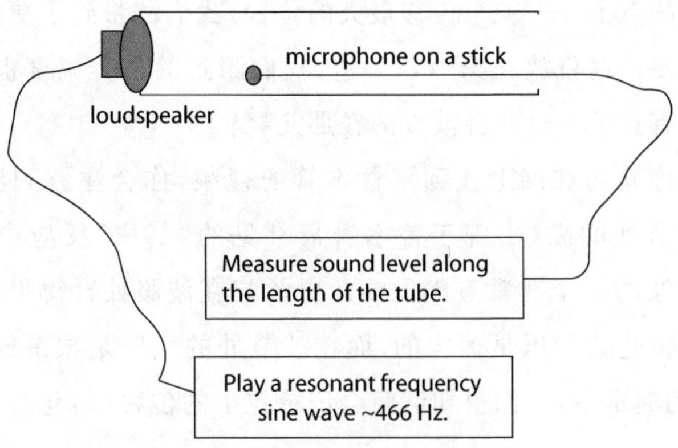

图 2.11　用于在共鸣声管中查找波节和波腹的装置。

图 2.12 显示了对一端封闭一端开口的管道中的驻波进行非正式探测的结果。图中的横轴显示的是话筒在管中的位置，其中零点是话筒起始端。纵轴是声波的振幅。我们在此图中看到的模式与图 2.10 中的 F_3 驻波轨迹非常相似。在驻波中被识别为"波节"的点上，我们测到的振幅近乎零——这里就是粒子位移最小的位置。在驻波中被识别

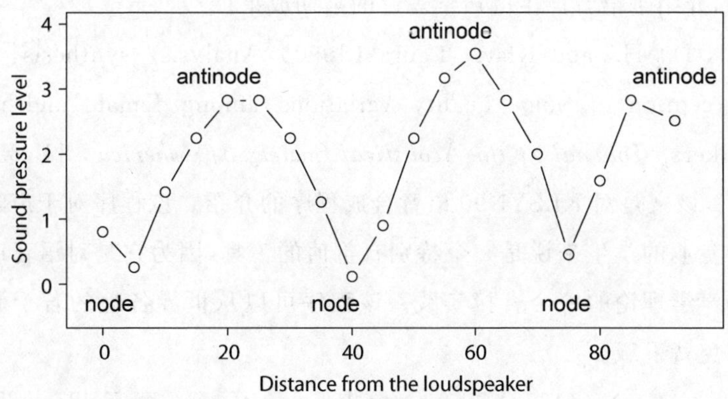

图 2.12　图 2.11 所演示的声管第三共鸣频率的最大声压级（波腹：粒子最大位移所在点）和最小声压级（波节：粒子最小位移所在点）所处的位置。

为“波腹”的点上——粒子位移最大的位置,我们测量到了更高的声音幅度。即便话筒就放在扬声器旁边,我们测到的声音幅度也较低,这是不是特有意思？这些驻波真的在那儿啊！

如果你碰巧在网上找到了鲁本管的视频,你会注意到波腹处的火焰比波节处的高(出现于鲁本管最常见的“节律”反应中)。这也是关于驻波的一个非常有趣的演示。火焰在波腹处冒得更高的原因是因为波腹处的气压是恒定的,而在波节处的气压是振荡的。在“棒上话筒”的演示中,我们得知话筒会记录粒子的位移(转化为话筒膜片的位移)。

推荐阅读

Fant, G. (1960) *Acoustic Theory of Speech Production*, The Hague: Mouton. 声学语音学的里程碑著作,该书阐述了大多数语音声学特性的数学推导过程。

Flanagan, J. L. (1965) *Speech Analysis Synthesis and Perception*, Berlin: Springer-Verlag. 对语音科学和技术的概述,其涉猎范围较广,介绍了语音产生的声学理论的早期成果。

Klatt, D. H. and Klatt, Laura (1990) Analysis, synthesis, and perception of voice quality variations among female and male talkers. *Journal of the Acoustical Society of America*, 87, 820－57. 该文是对 KLSYN90 语音合成程序的介绍。该程序对于声学语音专业的学生来说是一个特别有价值的工具,因为它是对语音产生的声学理论的一个直接实践。该程序可以从世界各地的若干研究室免费下载。

Stevens, K. N. (1972) The quantal nature of speech: Evidence from articulatory-acoustic data. In E. E. David, Jr. and P. B. Denes (eds.), *Human Communication: A Unified View*, New York: McGraw-Hill, 51－66. 这是 Ken Stevens 关于量子理论的最早

论文。

Stevens, K. N. (1989) On the quantal nature of speech. *Journal of Phonetics*, 17, 3—45. 后期发表的对语音量子理论的更新说明。

练习

【重点术语】

给下列术语下定义：嗓音，嗓音的基频，谐波，非线性，量子区域，共鸣频率，驻波，波腹，波节，简谐系统，波长，声速（以 cm/s 为单位），极性变化，声反射，共振峰，F_1，F_2，F_3，鲁本管。

【简答题】

1. 测量图 2.2 频谱图中的频谱斜率。画一条拟合（尽量接近）所有谐波峰点的直线，没有直线可以正好连接所有峰点，不过可以尽量让所有峰点和直线之间的绝对距离之和小一些（顺便说一下，这个做法叫作“线性回归”）。现在测量直线上 1 kHz 和 2 kHz 的振幅，频谱斜率即该直线的斜率，以每 1 kHz 的振幅变化幅度表示。

2. 计算下列长度管道的前三个共鸣频率，这些管道两端都是封闭的：4 cm，10 cm，12 cm。

3. 计算下列长度管道的前三个共鸣频率，这些管道都是一端封闭一端开口的：12 cm，15 cm，18 cm。加上管径为 3 cm 的末端修正，这些共鸣频率是多少？

4. 假设圆唇使得问题 3 中的管道长度增加了 1 cm，是否会导致每个共振峰都产生相同的频率变化（以 Hz 为单位）？是否会导致每一种长度的声道都发生相同的 F_2 频率变化（以 Hz 为单位）？

第3章

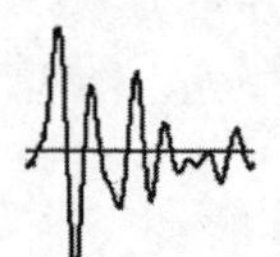

数字信号处理

在过去的几十年中，声学语音学研究中所使用的仪器设备发生了巨大变化。现在，我们几乎全部使用计算机和计算机程序，而不是示波器、波形记录仪和语图仪。本章讨论数字信号处理——计算机处理声音信号的方式。本章的目的是使你直观地了解计算机如何运行声学分析。由于我们将要讨论你可能听说过的与音乐播放器和计算机音频有关的一些术语，因此这里的材料也许略有趣味。（我强烈推荐Richard Lyons 1997年的著作对本章所含的内容的进一步讨论。）

3.1 连续和离散信号

理解**数字信号处理(DSP)**要从**连续信号**和**离散信号**之间的二分法开始。这种二分法与时间和振幅在波形中的表示方式有关。图3.1说明了连续信号和离散信号的区别（为了更容易看清楚这两个信号，将它们在相位上略加错位）。如图所示，连续信号最适合表示为一条在所有时间点上都具有振幅值的连续线，而离散信号实际上是一系列独立的振幅数值，因此用分开的（离散）点而不是线来表示是最准确的。在一个连续信号中，时间和振幅用理论上在小数点后有无限位数的数字来表示，所以我们可能会测量到一个信号在1.00333483……秒的时间点上振幅为3.211178……伏。在离散信号中，小数位数（时间和幅度的值）永远是有限的。

我们在录音和语音分析中使用的许多仪器可以将连续的气压变

化转换成连续的电信号,但计算机做不到这一点。计算机不能存储小数点后无限位数的数字,所以计算机中所有的声音信号都是离散的,即便产生声音感觉的气压波动总是连续的。像磁带录音机这样能够存储连续信号的仪器被称为**模拟设备**,因为它们可以存储声音信号的电模拟;而必须将连续语音信号转换为离散信号的仪器叫作**数字设备**,因为信号是以数字形式存储的。因此,“模拟”和“数字”是连续和离散的同义词。不过,请注意,模拟设备在存储和分析声音方面未必会更好。如果在将连续信号转换为数字格式时保留足够的小数位,那么听觉上的所有重要信息都可以被捕获到(例如在光盘中储存的信息)。

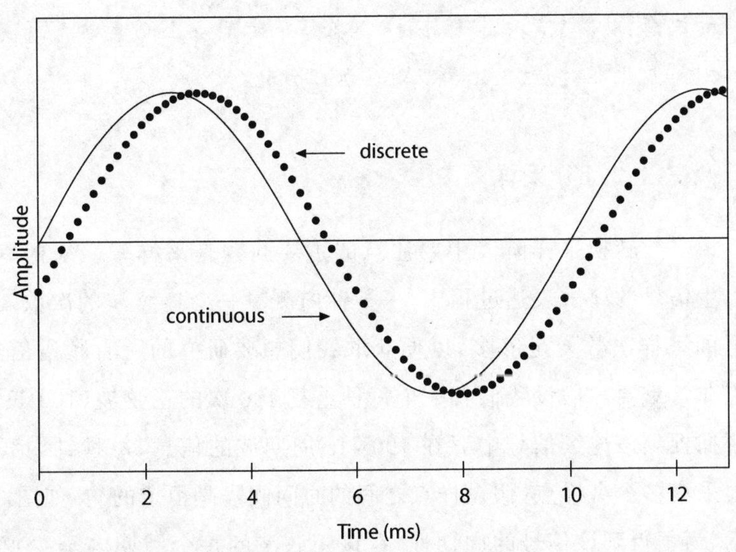

图 3.1　连续和离散的正弦波。

3.2　模一数转换

为了让计算机“记录”语音,必须将连续的声波转换成一个计算机可以储存(并处理)的离散信号。这是通过一个叫作**模一数转换**的两步操作来完成的。在第一步中,我们限制时间轴上小数点后的位数;这样,连续信号在时间上被分割成一系列“样点”或离散点,而不是在时间上有无穷多个点。在第二步中,我们限制振幅轴上小数点后的位数;因此,信号就被“量化”,而不是具有无限多可能的振幅级别。为得到声音信号的精确数字表达,我们必须注意模-数转换在**采样**和**量化**阶段的一些潜在问题。

模-数转换例释

模-数转换就像用尺对波形进行测量来把正弦波的图形转换成数字列表。首先要在时间轴上标出均等的间隔,然后在时间轴的每个刻度上测量波的振幅。在时间轴上标出间隔对应于采样的概念,3.2.1节对其进行讨论;在每个时间点上测量波形的振幅则与量化相对应,3.2.2 节对其加以讨论。

3.2.1 采样

模-数转换采样阶段中要注意的主要问题是**采样率**。采样率是在产生信号的离散表达过程中,一秒钟内测量一个连续波的次数。对信号的采样次数要足够多,以便获取我们想要研究的所有频谱信息,这点非常重要。假设我们有一个每秒重复 100 次的正弦波(100 Hz)。为了捕捉到该连续信号中存在 100 Hz 周期波的信息,每秒钟内我们需要采集多少个样点(假设样点之间的时间间隔是恒定的)? 如图 3.2 所示,为了得到该信号的周期性,在该正弦波的每个周期内至少必须有两个样点。当然,我们必须有更多的样点才能知道波的振幅和相位,但是每个周期有两个样点就足以告诉我们在这个频率上有一个成分波。因此,要在连续波中获得 100 Hz 的一个周期性成分,此波的离散表达就必须在连续波形的每个周期中至少有两个样点。换一种说法来阐释,如果我们想分析频率达到 100 Hz 的信号成分,采样率必须至少为 200 Hz。

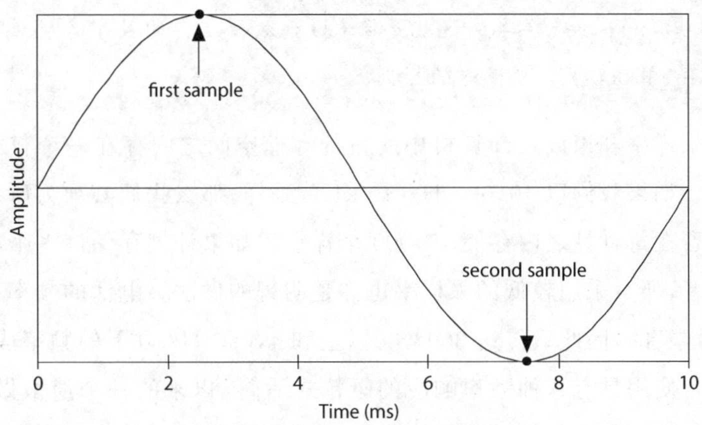

图 3.2 图示为何要在一个周期内采集两个样点以获得正弦波的周期性。

讨论这个问题时经常出现的一个术语是**奈奎斯特频率**(Nyquist frequency)[①],这是在给定采样率时可以获取的最高频率成分。在上面给出的示例中,采样率为 200 Hz 时,奈奎斯特频率为 100 Hz。奈奎斯特频率总是采样率的一半。

数字信号处理(DSP)和光盘(CDs)

如果你最近一直在选购立体声音响系统,你可能会记得制造商往往声称他们的扬声器在 20 Hz 到 20,000 Hz 之间有频率响应。他们之所以选择这个频率范围,是因为它代表了我们能听到的频率范围的下限和上限(实际上,随着人们年龄的增长,他们对高频的敏感度通常会降低,20,000 Hz 是健康年轻人耳的上限)。由于我们知道模—数转换中的采样率必须是我们要抓取的所有频谱成分频率的两倍,因此,如果我们要捕捉到所有可听见的频率(20 Hz 到 20,000 Hz 之间的任何声音),我们就必须使用大约

---

① 奈奎斯特频率是以美国物理学家、电气工程师 Harry Nyquist(1889—1976)的名字命名的。

40,000 Hz 的采样率。这就是像 CD 播放器这样的数字音频设备使用 44,000 Hz 采样率的原因。

采样率和声波在计算机中所占的存储空间之间存在一个权衡的问题。如果我们以 40,000 Hz(40 kHz)采样,那么我们必须为所记录的语音在每秒钟之内存储 40,000 个样点。如果计划存储许多个小时的语音,那么采用较低的采样率也许是明智的做法。电话的频率范围是“带限”的,因此只传送 300 Hz 以上和 4,000 Hz 以下的频率成分。这是自使用具有这种频率响应的碳粒式话筒[①]以来的一个遗留做法。该现象意味着我们可以以每秒 8,000 个样点(8 kHz)的采样率来对语音进行采样,从而得到与通过电话传送的语音可懂度相同的语音。然而,如图 3.3 所示,一些语音(如[s])通常在 4,000 Hz 频率以上具有大量的能量。既往关于言语声学语音学描述的研究表明,语音在10 kHz 以上的频率中没有重大信息量。因此,约 20 kHz 的采样率足以记录语音。显然,立体声制造商为“年轻健康的”耳朵设计音频系统的选择对于言语交际来说是多余的。可以用来解释这个论断的一个因素是,言语交际涉及各种各样的说话者(老年人和年轻人),并且发生在各种各样的环境中(其中一些环境相当嘈杂)。正如我们会在下一章中看到的那样,即使听者拥有完美的听力,10 kHz 以上的频率成分也不太可能对言语交际有用,因为人类对 10 kHz 以上频率信息的敏感度相当有限。所以,我建议你使用 22 kHz 而不是用 44 kHz 作为默认采样率对语音进行采样。

---

① 碳粒式话筒(carbon-button microphone),又名 carbon microphone 或 carbon transmitter,又译为“碳精话筒、碳粒式传声器”等,这是一种将声音信号转变为电子信号的传声器。它由两块被碳颗粒隔开的金属箔片组成,在两个箔片之间施加直流电。其中一个金属箔片面向说话者,被声波冲击后发生振动,振动传导到碳粒上,就会对碳粒施加不同的压强,进而改变了两个金属箔片之间的电阻和电压,电压的变化就记录了声压的变化。碳粒式话筒的频率响应范围较窄,而且会产生较为显著的电噪声。

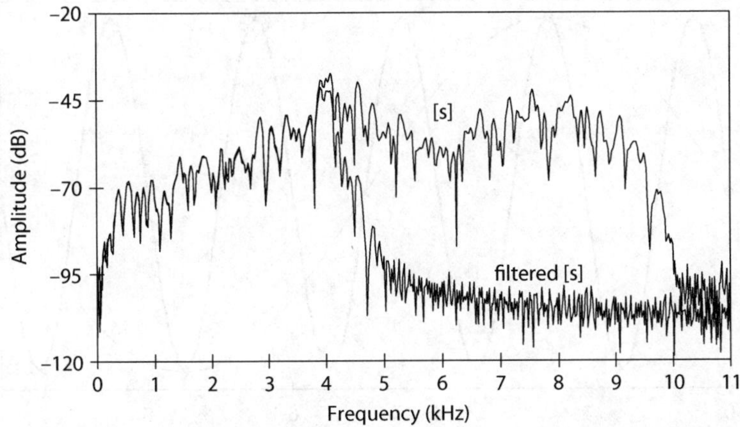

图 3.3　[s]的两种功率谱，它们显示出该声音在 4 kHz 以上具有振幅相对较高的频谱成分。这两个频谱大约到 4 kHz 为止都是相同的。标为“filtered[s]”（经过滤波的[s]）的频谱波形是通过截止频率为 4 kHz 的低通滤波器得到的。标记为“[s]”的频谱也经过滤波，但是使用的是截止频率为 9 kHz 的低通滤波器。

图 3.4 说明的是连续信号转变为离散信号过程中的另一个问题。这里有一个连续的正弦波，它振动得太快，以至于离散的样点不足以将它表述出来。这个连续信号的频率大于采样率的一半（奈奎斯特频率），因此，离散采样波形的频率与原始连续信号的频率完全不同。这里的问题是，在两个相继的数字样点之间，连续信号完成了一个以上的循环，因此这些样点看起来像是从频率低得多的波中提取的。离散波形中对连续信号的这种误报称为**混叠**，当连续信号包含高于采样率一半的频率成分时就会发生这种误报。为避免混叠，我们必须提高采样率以获取模拟信号中的所有频率成分，或者滤除高于采样频率一半的所有频率成分。由于自然产生的信号（不是纯正弦波）中总有非常高的频率成分，所以*总是*需要滤除超过所选采样率一半的频率。大多数的计算机声卡都会自动执行此操作。

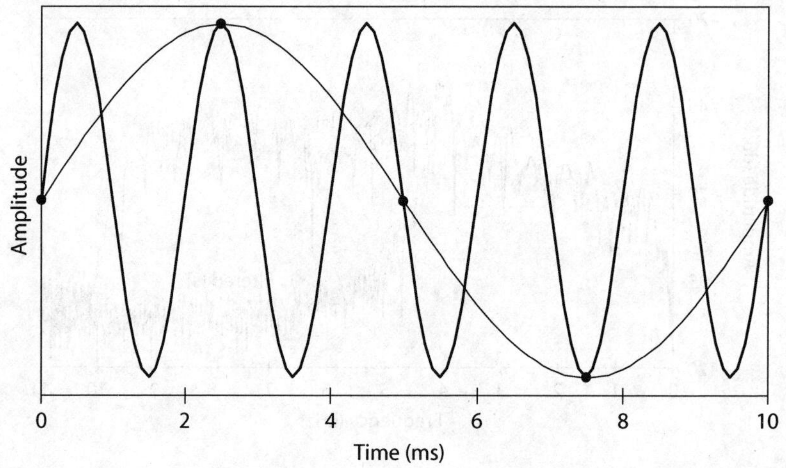

图 3.4　模一数转换中的混叠图示。模拟信号(粗线)振动太快,无法用数字信号(用实点表示)中的样点精确表示出来。因此,数字信号包含了一个低频成分(细线)而不是对高频输入信号的准确表达。

如前所述,可以通过选择约 20 kHz 的采样率来捕获语音信号中所有在听觉上较为重要的信息,因为该采样率抓取了信号中从 0 到 10 kHz 的所有频率成分。然而,如图 3.4 所示,频率高于 10 kHz 的任何成分不仅不会被抓取到数字波形中,而且会通过在离散信号中导入混叠成分来损害数字波形的可靠性。因此有必要使用低通滤波器来阻挡连续信号中会产生混叠成分的所有频率成分。这种滤波器叫**抗混叠滤波器**。如果我们选择 20 kHz 的采样率,抗混叠滤波器就需要阻挡 10 kHz 以上的所有频率成分,并让 10 kHz 以下的所有频率成分通过。因为现实中的滤波器斜率不是无限陡峭的,所以对于20 kHz 的采样率,我们实际上会使用截止频率约为 7 kHz 或 7.5 kHz 的低通滤波器。这样我们就可以确保导致混叠的频率成分会被滤波器阻挡。数字录音机通常在 20 kHz 对信号进行低通滤波,并在 44 kHz 进行采样。当你用话筒或计算机的线路输入插孔录制音频时,可以选择某个采样率(我通常使用 22 kHz),声卡将自动以略微低于奈奎斯特频率的频率对信号进行低通滤波。[用法说明："low-pass filter(低通滤波器/低通滤波)"可以用作名词或动词。所以我们可以说"使用截止频率为 7.5 kHz 的 low-pass filter"或"在 7.5 kHz 对信号 low-pass filter"。]

3.2.2 量化

将一个连续信号分割成离散的样点之后，我们必须在每个时间点对信号的振幅进行测量。模－数转换的这个阶段，即量化，恰似使用尺子对波形中的振幅进行测量。

在量化中我们必须考虑的主要问题是振幅测量的精确性。当你用尺子测量振幅时，就会出现这个问题。你会将测量值四舍五入到1/4英寸近似值的地方，还是说你应该尽力测量到 1/8 英寸近似值的地方？图 3.5 说明了选择两种不同测量标度的效果。在一种情况下，振幅用 20 个可能数值中的一个来表示；而在另一种情况下，有 200 个可能的振幅

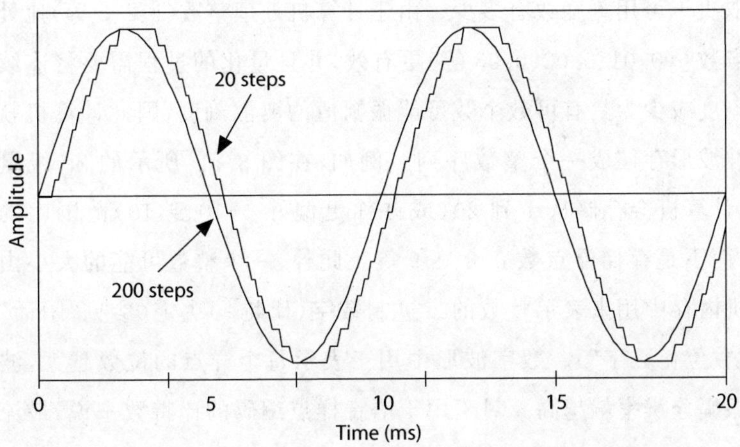

图 3.5　两种不同量化方案的图示。在标为"20 级(step)"的正弦波中，振幅用 20 个可能值中的一个来表示。在标为"200 级"的波形中，相同的正弦波的振幅用 200 个可能值中的一个表示。两个正弦波在相位上稍有错位，以使对比更容易看到。

值。(为了作这个图,我把用正弦函数产生的在 1 到 −1 之间连续变化的数进行了四舍五入,或是保留小数点后一位(0、0.1 等)以得到 20 级的量化,或是保留小数点后两位(0、0.01、0.02 等)而得到 200 级的量化。)如图 3.5[①] 所示,若振幅测量得不够精确,平滑的连续波形最终会变成锯齿状。在本节中,我们将简要讨论"足够精确"的含义。

为了定义"足够精确",我们需要一个度量单位。要量化一个印刷出来的波形,我们会选择一个诸如英寸或毫米(或像素)的测量单位以定义"足够精确";与之类似,在计算机化的模－数转换中,也有好几种测量量化精度的方法。例如,我们可以用声压或麦克风产生的伏特数来定义"足够精确"。然而,这两种可能的度量单位都与量化处理相距甚远,因而没有太大的实用价值。在实践中,我们用离散的振幅水平的数值来定义量化精度,这些数值能够以数字方式在计算机中表示。(尺子类比在这里很有用,因为"可以表示的离散的振幅水平数值"类似于使用 1/4 英寸刻度或 1/16 英寸刻度的测量结果。测量结果的精度取决于可用刻度数有多少。)由于计算机处理整数(1、2、3 等)比处理浮点数[②](0.01、0.02、0.03 等)更有效,并且量化的过程需要将连续振幅刻度减少为具有可数个数可能振幅值的离散刻度,因此计算机就把声波波形存储成一个整数序列。例如,在图 3.5[③] 所示的 20 级量化中,计算机会存储从 1 到 20(或许你更偏好 −10 到 10)范围内的整数,而不是存储浮点数 0.8、0.9 等。此外,一个整数可能的大小由计算机内存中用来表示整数的二进制数字(**比特**[④])决定(参见"闲话"匣子"数位化数字")。数字波形中用于表示每个样点的位数越大,波形的振幅分辨率就越高。对于用于语音样点编码的比特数来说,最流行的选择是 8、12 和 16。

---

① 原文为"图 2.5",有误。

② 浮点数(floating-point numbers)是相对于定点数而言的,使用科学计数法时,小数点的位置可以根据需要移动,例如 0.01 可以表示为 1×10^{-2}。

③ 原文是"图 2.5",有误。

④ "bit"音译为"比特",意译为二进制数字中的"位"。

数位化数字

计算机使用若干 1 和若干 0 的序列来对信息进行编码。用于对某个数进行编码的这些二进制数字(比特)的数量决定了该数可以取的最大值,因此也就决定了数字波形中能够获得的振幅分辨率的精度。例如,一个 2 比特的数可以是 1 和 0 的四种不同组合(00、01、10、11)之一。与这些组合关联的整数为:00=0,01=1,10=2,11=3。所以,对于 2 比特的数,计算机可以从 0 数到 3。3 比特的数可以是 1 和 0 的八种组合之一,代表 0 到 7 之间的整数。4 比特的数可以是 $2^4=16$ 种 1 和 0 的不同组合之一,代表 0 到 15 之间的整数。如此,计算机中用于存储数字的比特数就对应于尺子上的刻度;这样一来,模一数转换中的量化精度通常根据用于存储波形样点的比特(位)数来定义。

模一数转换过程给数字信号引入了一定的误差,这是连续信号被表达为离散信号所导致的。图 3.6 阐释了这一现象。该图显示了一个连续波形、它的离散表达(使用 20 个振幅级)以及一个显示连续波形和离散波形之间差异的波形。第三个波形显示的是离散波形中的**量化噪声**。所有数字波形都包含一定程度的量化噪声,因为在数字波形中,信号是从一个量化级跳到下一个量化级的,而不是在所有可能的时间点上都紧随连续信号。量化噪声是准随机的(类似于白噪声),在 −1/2 到 1/2 振幅级范围内变化。也就是说,连续波形中的振幅始终与离散波中记录的振幅相距 −1/2 到 1/2 振幅级(前提是使用了合格的抗混叠滤波器)。有时你会在播放数字声音(特别是用 8 比特量化的声音)时听到量化噪声。避免这种情况的最佳方法是使用较大数量的振幅级(将图 3.5 中的 20 级轨迹与 200 级轨迹进行比较)。量化噪声的振幅可以通过与信号的最大可能振幅进行比较来有效地表示。如果我们有 256 个振幅级(8 比特的样点),则信号的最大振幅与量化噪声的振幅之比为 256∶1;但对于 12 比特的样点,这个比例为 4,096∶1;对于 16 比特的样点,该比例为 65,536∶1。显然,当我们使用更多比特来存储信号时,量化噪声(**信噪比**)的相对响度就较低。这就是 CD 播放器使用 16 比特量化,而一些模—数转换器使用 24 比特进行采样的缘故。

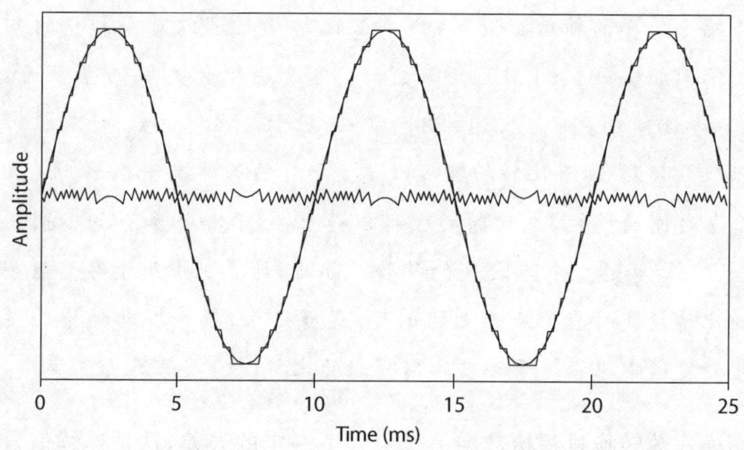

图 3.6　量化噪声的图示,显示的是一个正弦波的连续表达和离散表达(同相位,因此它们彼此重叠)。在零振幅上下振动的略带随机性的信号就是两种表达之差:量化噪声。

从前,研究者们乐意为他们所发布的大型音频数据集选择 8 比特量化(在软盘中!)。现在更常见的是,大型数据集在 CD-ROM 上或通过网络以 16 比特的格式发布。数据压缩也通常被用来减小所发布的音频文件的规模。最为人们熟知的音频数据压缩是在线音乐发布中使用的 MP3 压缩算法。记住"有损"和"无损"数据压缩的差别非常重要。有损压缩系统丢掉了信息,因此原始数字声学波形不能精确地从压缩文件中恢复。比如,MP3 是有损压缩方案,这就是 MP3 录音听上去没有原始声音那么好的缘故(尽管它是在线音乐发布的事实标准)。表 3.1 对比了一些流行的有损和无损压缩方案。

表 3.1　视觉图像、音频数据和计算机文件的有损和无损压缩标准。

	有损	无损
视觉图像	JPEG	GIF,PNG,TIFF
音频数据	MP3	WAV,AIFF
计算机文件		ZIP,TAR

最后要说的是,由于量化噪声的振幅是恒定的,因此信号的振幅就决定了信噪比。所以,在对语音加以数字化(将语音从模拟表达转换为数字表达)时,重要的是要让信号振幅在不超出计算机可容幅度的情况下尽可能地高一些。如果计算机的模－数转换器对－10 伏到 10 伏的振幅敏感,而提供给计算机的信号仅在－5 伏到 5 伏之间,那么,数字信号的量化噪声比适当放大信号达到计算机所能处理的最大范围时就要相对高一些。在本例中,对于 8 比特的模－数转换器,若仅使用可用输入电压范围的一半,我们就只使用了 8 个可能数位中的 7 个来存储每一个样点,因此信噪比就是 128∶1 而不是 256∶1。16 比特模－数转换器的信噪比问题通常较小,因为在 16 比特采样中量化噪声的水平很低。但是,在对语音进行数字化处理时,永远不能忽略信噪比。当然,有一点要注意:当输入音量超出数字波形所能表示的范围时,也会出现糟糕的情形,这种情形叫作**信号削波**。削波会在数字波形中引入瞬态信号,其结果是干扰你随后尝试对信号运行的任何频谱分析(参见图 1.11 中的瞬态频谱)。

3.3　信号分析方法

本节讨论六种常用的数字信号处理的分析技术。我的目的是介绍一些有关这些技术的基础信息,以便你能知晓如何在计算机语音分析程序中设置分析参数。因此,这里是对这些方法的实用性介绍,而不是你会在 O'Shaughnessy(1987)或其他工程性导论中看到的那种更详细的数学描述。

3.3.1 方均根[①]振幅

波形的振幅可以用多种方法测量,如图 3.7 所示。在简单的周期波(正弦波)中,这三种方法——峰振幅、峰－峰振幅和 **RMS 振幅**(方均根振幅)——可以从数学上相互推导。例如,峰－峰振幅是峰振幅的两倍,在正弦波的一个周期内获得的方均根振幅等于峰振幅乘以 0.707[②]。对于复合波来说,不同的振幅测量值不能相互预测。波峰的测量值与方均根振幅的不同之处在于,波峰测量值是对声音振幅的测量,而方均根振幅是对声音强度的测量。由于感知到的响度与声强的关系比与声音振幅的关系更为密切,因此大多数语音分析软件包都会自动计算并报告方均根振幅。

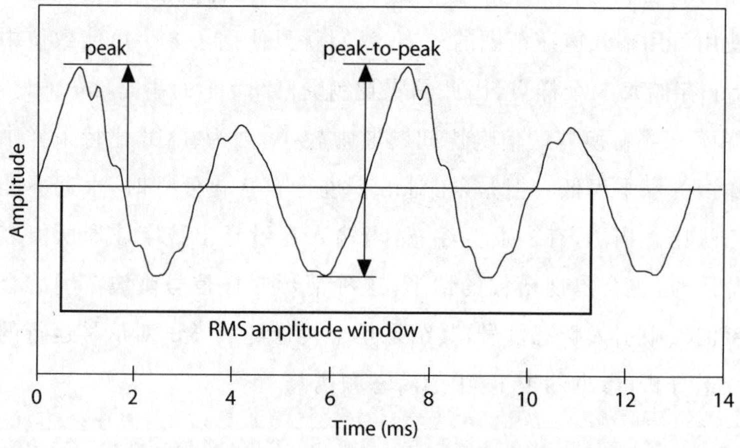

图 3.7　一个元音波形的两个周期,显示了三种振幅测量方法:峰振幅、峰－峰振幅、能够计算出方均根振幅的窗。

为了计算方均根振幅,将波形"窗口"中的每个样点进行平方(参

---

① 又称均方根,振幅的方均根值也叫振幅有效值。

② 即峰振幅值除以$\sqrt{2}$。

见"闲话"匣子"加窗"),然后计算平方的平均值,最后取均值的平方根。这个过程在其名称中被概述出来:样点平方的均值的根。例如,若有一个包含九个样点(0,3,5,2,0,－3,－5,－2,0)的窗口,则样点的平方为(0,9,25,4,0,9,25,4,0),平方的均值为 76/9＝8.44,平方根(方均根振幅)为 2.9。注意,具有完全相同峰振幅但频率更高(0,5,0,－5,0,5,0,－5,0)的波形具有更高的方均根振幅($\sqrt{100/9}=3.33$)。此外,不同波形的复合波的方均根振幅可能不同,但其峰振幅则可能相同。例如,(0,0,5,0,0,0,－5,0,0)的方均根振幅(2.36)就低于我们给出的第一个例子,甚至尽管这个波的频率也与第一个例子一样。

在许多语音分析程序中,方均根振幅被用来产生"振幅轨迹"。这是一种从语音信号的连续或重叠窗口中得到的振幅测量图。

为方均根值选择窗口大小时需要顾及两个实用性的考量(如果分析程序允许你更改窗口大小)。首先,窗口越长,振幅曲线就越平滑。例如,如果窗口大小为 20 ms 或更长,由于每个方均根值测量都包括了窗口持续时间内的样点平方的均值,因此声门脉冲不会在振幅轨迹中显示为一个个的峰值。但是——即第二个实用性的考虑因素——当使用较长的分析窗口时,振幅轨迹的时间精度会降低。随着窗口长度的增大,方均根轨迹显示声波波形突变的能力会跟着降低。例如,如果一个滴答声仅持续 5 ms,窗口长度为 20 ms,相邻窗口之间的步距为 10 ms,那么这个滴答声在方均根值轨迹中会有多长?一般来说,不应尝试从方均根振幅轨迹中进行时长的测量。

3.3.2　快速傅里叶变换(FFT)

快速傅里叶变换(**FFT**)是一种数字信号处理方法,用于计算信号的傅里叶变换形式(频谱)(Cooley et al.,1969)。回想一下第一章的内容,傅里叶分析将声学波形转换成显示其正弦波成分的频谱(示例见图 1.5、1.6 和 1.7)。FFT 是一种有效利用计算机资源处理傅里叶变换计算的方法。在使用 FFT 算法进行傅里叶分析时,实践中的关注点与时间分辨率和频率分辨率有关,不言而喻,它们之间存在着权衡的问题。

在 FFT 算法中,这种权衡是窗口大小和频率分辨率之间的关联所致。从 0 Hz 到奈奎斯特频率(回忆一下,奈奎斯特频率是采样率的一半)的频谱由若干等间距的点表示,点的数量由波形窗口中的样点数量确定(见“闲话”匣子“加窗”)。此外,为了便于计算(FFT 的“快速”部分),FFT 波形窗口中的采样数必须是 2 的幂(例如 $2^7=128$, $2^8=256$, $2^9=512$,等等)。

加窗

在数字信号处理中,“window”既是名词又是动词。一个**波形窗**是指已被“加窗”的波形的一小片或一小段。

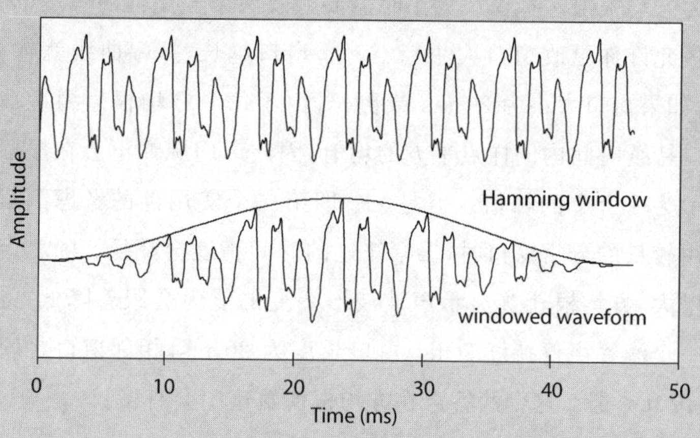

图 3.8　使用海明窗加窗。上面是一个波形片段,下面显示的是海明窗框住了被“加窗”的波形。

回忆一下第一章,瞬态信号具有平滑的频谱(见图 1.10 和 1.11)。这个情况与 FFT 分析的关联性在于,当你选择数字波形中某个任意片段时,该片段中的第一个和最后一个样点几乎永不为零——因此,实际上就会是瞬态信号。这样一来,若非采取某种措施,一个数字波形中任意片段的频谱分析中都将错误地出现瞬态信号的频谱。**加窗**通过修改波形片段的振幅来处理这个问题，这就使得靠近窗口片段边缘的样点振幅较低，而该片段中央的样点则处于全振幅状态。图 3.8 说明了窗口的使用情况。计算机程序通常提供若干类型的窗口以供选择。最常见的两种是“海明(Hamming)”窗和“矩形”窗，海明窗降低了波形片段边缘附近样点的振幅，如图 3.8 所示，而矩形窗对波形中的样点完全不做改变。海明窗应与 FFT 分析结合使用，矩形窗应与本章后面讨论的所有其他类型的分析结合使用，包括自相关音高跟踪和 LPC 分析。

这里给出的是加窗如何改进 FFT 分析的一个例子。图 3.9 显示了三种不同的 FFT 频谱。第一个(具有很多较低振幅尖峰的细实线)是一个正弦波的频谱，该正弦波与 FFT 窗口中的样点数完全契合。也就是说，窗口时长正好是正弦波周期的倍数。注

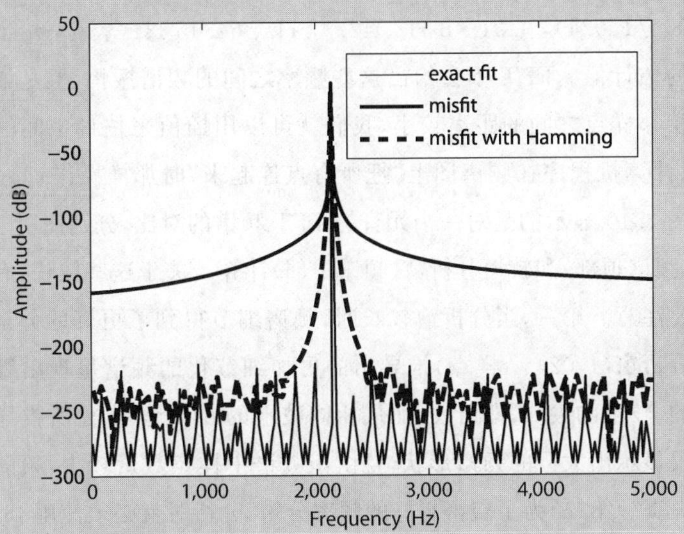

图 3.9 “加窗”改进了 FFT 分析。当信号周期和分析窗口的时长恰好匹配时，没有必要加海明窗；但是当波形周期不完全契合于分析窗口时，就必须在 FFT 分析之前加上海明窗(或者类似的窗口)。

意,在这个频谱中,正弦波的频率上(稍高于 2,000 Hz)有一个非常突出的尖峰,而频谱其余部分的振幅都非常低,比谱峰要低 200 dB 以上。用粗实线绘制的频谱(最小振幅约为 −160 dB 的平滑函数)是一个频率略有不同的正弦波,因此它与 FFT 分析窗口不完全契合。如你所见,周期时长和窗口长度之间的轻微不匹配会导致正弦波峰振幅和背景“静音”振幅之间的频谱差异较小。最后,用粗虚线绘制的第三个频谱显示了对失配波形加上海明窗的结果。现在我们得到的频谱与波形完全契合于分析窗的情况更为相似。对于语音这样的复杂信号,在 FFT 分析中进行加窗是至关重要的。

例如,对于采样率为 22 kHz、窗长为 1,024 个样点的情况——即一个 46.5 ms 的波形片段(1,024 个样点除以每秒 22,000 个样点,为 0.0465 秒)——在计算出的频谱上,样点之间的间距为 21.48 Hz (22,000/1,024),在 21.48 Hz、42.97 Hz、64.45 Hz 等频率给出频谱振幅的估计值。FFT 不会给出这些频率之间的频谱振幅,但是如果频谱上相邻样点之间的距离较小,我们就可以用插值来估计中间的样点(就像计算机程序在频谱图上“把所有点连起来”时那样操作)。

图 3.10 显示的是对一个元音的 FFT 频谱的对比,分别使用较长分析窗(频谱顶部)和较短分析窗(频谱中部)计算。关于这些频谱,有两件事需要注意。第一,当分析窗较长时,频谱细节得到了更好的分辨。从较长分析窗(1,024 个样点)推导出的更加细节化的频谱呈现出等距离分布的、较窄的尖峰,即谐波;而从相同波形的 64 个样点窗所推导出的频谱仅显示出大概的频谱形状,且由于频谱中样点数量较少,频谱形状就会失真。第二,为了获得更好的频率分辨,分析时就必须使用 46.5 ms 的间隔。但这样做也有问题,因为在语音分析中,很多情况下频谱在非常短的时间之内发生变化(5 ms～10 ms),这些时域特征在较长片段的 FFT 分析中就不会被捕捉到,或者还会发生更糟糕的情形,较长的片段会包含一段声音混合体,这段频谱因而就会包含离散而又相邻的声音的

不同特征。使用较短的分析窗可以避免这个问题——当采样率为 22 kHz 时,64 个样点的窗只有 3 ms 长——但是频率细节就不会被捕捉到,频谱的确切形状对分析窗所在的位置就会非常依赖。

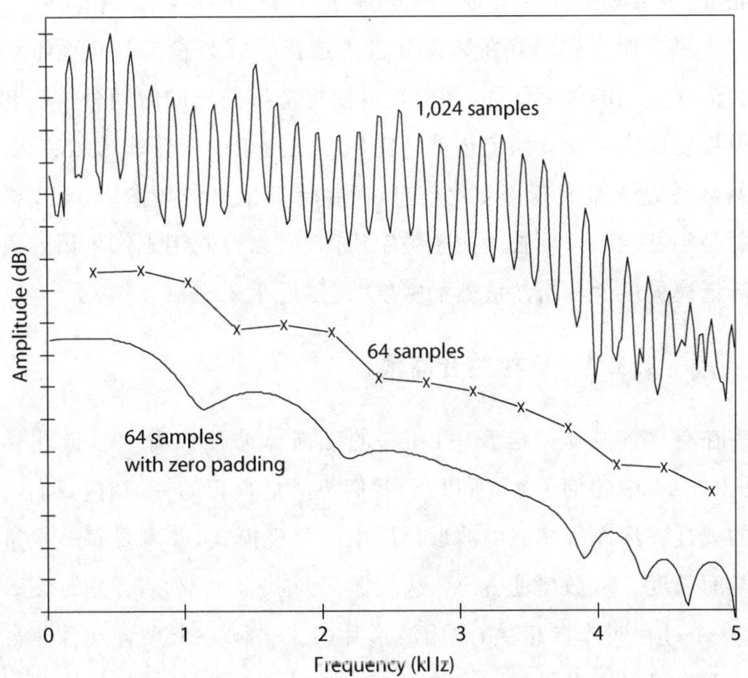

图 3.10　FFT 分析中窗长和频率分辨的关系。顶部标有"1,024 样点"的频谱是用 46 ms 分析窗产生的,因此它具有较高的频率分辨率和较低的时间分辨率;中部标有"64 样点"的频谱是用 3 ms 的分析窗产生的,因此它具有较高的时间分辨率和较低的频率分辨率。单个的频谱估计值用 X 标记。位于底部标有"64 样点零填充"的频谱是通过在 46 ms 零填充的分析窗中分析相同的 3 ms 波形片段产生的。纵轴上刻度之间的间隔为 20 dB。

图 3.10 底部的频谱显示了长时和短时分析窗的有趣结合。这个频谱是在 1,024 样点的 FFT 中分析 64 个样点的结果,在 FFT 分析中把其余 960 个样点的值设置为零(此所谓**零填充**)。即,我们在分析

窗中增加了样点数量,因此也就增加了频率分辨率,但并未增加所分析的信号样点数量。这个结果和只有大致频谱轮廓的 64 样点的频谱是相似的,但是频谱振幅样点的数量却很大。因此,鉴于 64 样点的频谱可能出现锯齿状,零填充的 64 样点频率就会更好地显示频谱的大体轮廓,因为频谱样点间的频率间隔与 1,024 样点频谱是相同的。

零填充使我们能够在频谱分析中选择任意数量的样点而不必担心频谱样点间的频率间隔,因而它也使得选择任意的时间分辨度和频谱模糊度成为可能。短窗依然对它们在波形中的位置非常敏感,长窗依然会丢失快速的频谱变化信息,但在计算出来的频谱中,至少样点量总是足够的。这项技术用于数字语图仪,以控制用来产生语音语图的频谱模糊度("分析滤波器的宽度")(详见 3.3.6)。

3.3.3 自相关音高跟踪

在有声带振动的语音中,相邻的音高脉冲往往看上去彼此相像(见图 3.11 中的例子)。所以,当我们想测量嗓音的音高时,我们需要做的就是关注样貌相似的波形片段中的重现模式,并测量每一次重现的时间长度。从数学上来说,这就需要寻找彼此高度相关的波形片段,这个过程叫作**自相关**,因为波形片段来自同一个声音文件。自相关甚至也可以用来寻找一个音高脉冲内的重现模式,在"线性预测编码"中它被用来寻找语音频谱中的尖峰(见 3.3.5 节)。

图 3.11 是对自相关音高跟踪的说明。你可以看到这样一个情况,如果你把一个复合波相邻的周期叠置起来,它们就会表现出高度的相关性;也就是说,波形在一个音高周期的延迟之后会与它自身相关。在图 3.11 中,从标有"未对齐"的点开始复制这段波形,如箭头所示,将复制波形与波形起始处对齐,这两个波形就不会相互对应(如图 3.11 的中图所示)。但是,如果我们准确对齐,使得复制的波形刚好从波形起始一个周期之后(图中标有"对齐"的地方)开始,两个波形就几乎完全对应(下图)。音高估算的自相关技术运用了浊音的这个特性,通过求音高周期的长度来自动算出波形的基频(F_0)。一个"音高轨迹"

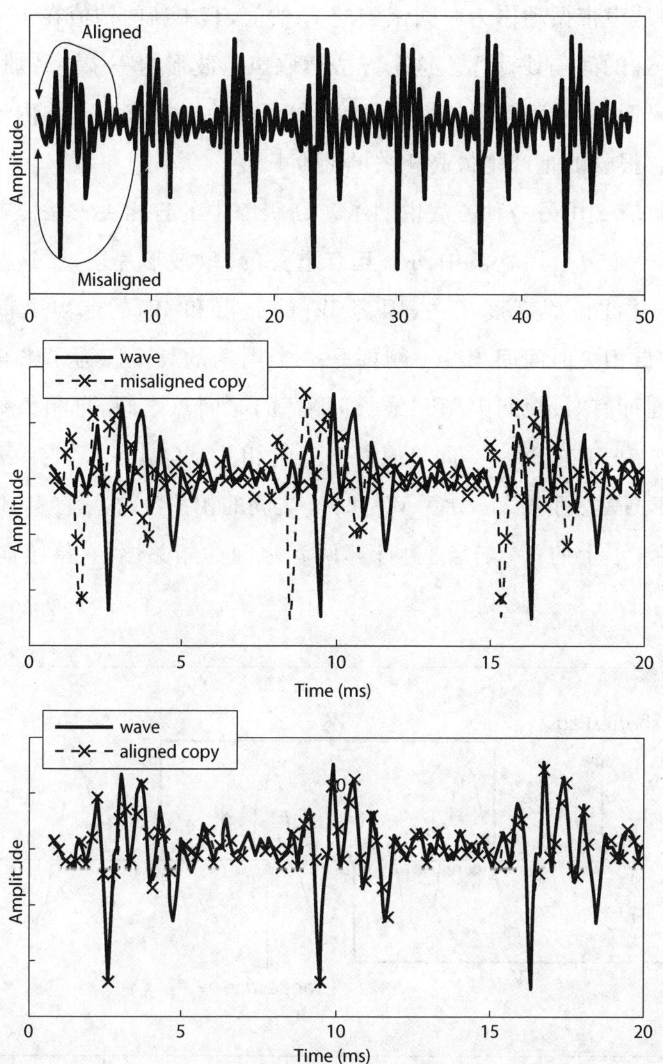

图 3.11 浊音中彼此相关的相邻音高周期。上图显示的是 Cherokee 语①中元音[ʌ]的 50 毫秒片段。中图显示了当我们把原始波形和一个未与之对齐的复制波形画在一起时的结果。下图显示的是我们把原始波形和偏离原始波形恰好一个音高周期的复制波形画在一起的结果。

---

① 切罗基语，属于易洛魁(Iroquois)语系，主要分布在美国俄克拉荷马州和北卡罗莱纳州的一些社区，是一种濒危语言。

显示的是声带振动作为时间函数的 F_0 估值，其中新的估值在 10 ms 或者 20 ms 的间隔处计算。这个方法截取声音波形的一个小片段（一个波形“窗”），通常为几个周期的长度，在可能的周期长度范围内计算相关性，它报告的是产生最高相关的周期长度。

图 3.12 用另一种方法说明了音高跟踪中的自相关方法。这张图显示了一个复合周期波中两个互有重叠的窗（波形片段）。这两个窗中的复合波彼此高度相关，因为 W_1 的起点和 W_2 的起点之间的间隔——**自相关时间间隔**——刚好是一个周期的长度。为了求得音高周期，在标有“最短间隔”和“最长间隔”的时间点之间，自相关技术计算了 W_1 和 W_2 在每一个间隔时间点上的相关。也就是说，它一开始将 W_2 置于“最短间隔”处，计算 W_1 和 W_2 之间的相关性；然后将 W_2 向右移动数字波形上的一个样点，再计算两者之间的相关性；它持续向右移

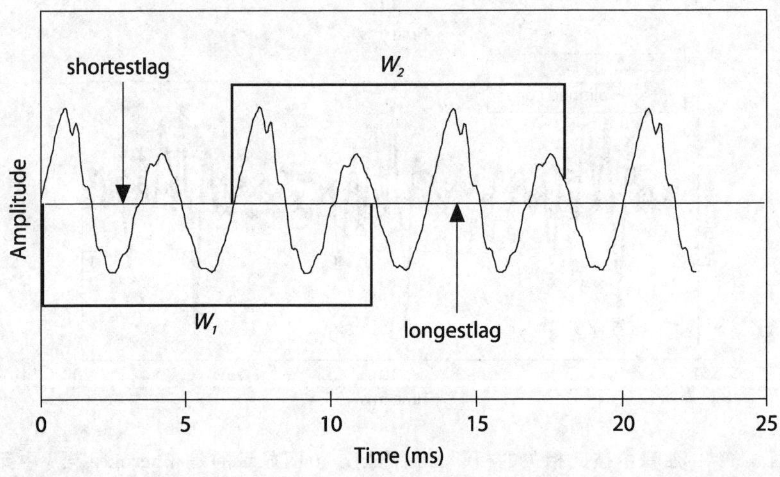

图 3.12 对音高跟踪自相关方法的说明。第二个窗(W_2)以一系列的不同“间隔”值偏离第一个窗(W_1)，从“最短间隔”到“最长间隔”。音高周期的长度被认为是 W_1 和 W_2 中的波形相关为最高时的时间间隔长度。

动 W_2，直到该窗的起点与“最长间隔”点重合。W_1 和 W_2 之间出现最高相关性的间隔长度就被认为是一个周期的长度。该长度的倒数为该复合波的基频(例如，令 T 为一个周期的长度，单位为秒，那么 F_0 就等于 $1/T$，单位为 Hz)。

提高自相关速度的一个办法是限制所考虑的可能音高周期的变化范围，这样做就限制了必须计算的相关数量。许多计算机语音分析软件包使用估测说话人 F_0 平均值或者 F_0 值的可能范围来加以操作。这些通常是用户可以修改的参数，而且许多情况下必须修改，以便为特定发音人产生准确的音高跟踪。自相关音高跟踪程序会发生两种颇为常见的错误：音高半频或者音高倍频[①]。即便程序所预测的 F_0 范围是准确的，这两种错误也都会发生；但是如果程序的参数与发音人的音高范围不匹配，那么其中一个或另一个错误就必定会发生。

当 W_1 和 W_2 可以容纳两个音高周期(图 3.12)，且“最短间隔”出现于 W_1 窗中第一个音高周期结束之后时，就会发生**音高半频**。在这种情况下，音高跟踪程序所预计的音高周期比信号中实际出现的音高周期要长，因而它所求得的最佳相关就是 W_2 从分析间隔中的第三个音高周期起点开始的时候(而不是常规情况下当 W_2 始于分析间隔中第二个周期起点时发现最佳相关，如图 3.12 所示)。当 W_2 始于第三个周期起点时，间隔值就等于两个音高周期的时长，所以报告出来的 F_0 就是实际 F_0 的一半。即便所估测的 F_0 的变化范围是准确的，音高半频也同样会出现。当交替变化的音高周期比相邻音高周期更为相似时，例如在一些发声类型中，包括气泡声和双嗓音[②](积极主动的读者若不知“双嗓音”是什么意思，会在这个问题上去查询一下这个概

---

① 音高半频和音高倍频，原文分别为“pitch halving”和“pitch doubling”，意思是音高减半和音高加倍，这里按照信号处理领域的习惯术语译为“音高半频”和“音高倍频”。

② 双嗓音(diplophonia)：前庭皱襞(假声带)和声带皱襞(真声带)同时振动，因此产生了两种同时出现的不同音高的声音。参见 R. L. 特拉斯克(编)《语音学和音系学词典》(*A Dictionary of Phonetics and Phonology*)，北京：语文出版社，2000 年，90 页。

念),这种现象通常会发生。

当分析的最短时间间隔和一个音高周期的一半一样长,且音高周期的下半程与上半程看上去非常相似时,就会出现**音高倍频**。图 3.12 说明了这种现象,其中波形中的每一个周期都可以分为看上去很像的两半,每一个周期由一个正峰后接一个负峰组成,然后又是一个正峰后接一个负峰。自相关方法容易轻信每一个周期的这两个半程是单独的两个周期,并且,如果“最长间隔”的值比一个完整音高周期还短,就总是会给出这个错误的结果。当音高周期的一半被错误地识别为周期长度,报告出来的 F_0 值就是实际数值的两倍。

3.3.4 数字滤波器

数字式音频信号很容易进行编辑和修改。有些编辑操作在文字处理中很常见,例如,波形编辑器允许你复制、剪切和粘贴波形片段。我们也可以修改数字波形的振幅,将每个样点乘一个比例系数——诸如乘以 0.5 以降低一半的振幅,乘以 2 让振幅变成两倍。

稍微复杂一点,我们也可以为低通、高通和带通滤波制作数字滤波器。本章不拟深入讲解数字滤波器[关于该知识点,我推荐 Lyons (1997)的著作],但是我很希望对一些基本概念加以例释,以便你能了解如何使用数字滤波软件,并使得 LPC 分析(在本章下文讨论)更容易理解。

我们将从一个普遍使用的数据平滑技术开始,它叫“移动平均”平滑。平均一系列数值当然就是用一个代表值替代一系列值。因此,要平滑一组时间序列的数据(比如一段音频波形),就可能是用附近样点的平均值替代序列中每一个样点。图 3.13 显示的是一个移动平均平滑的例子。

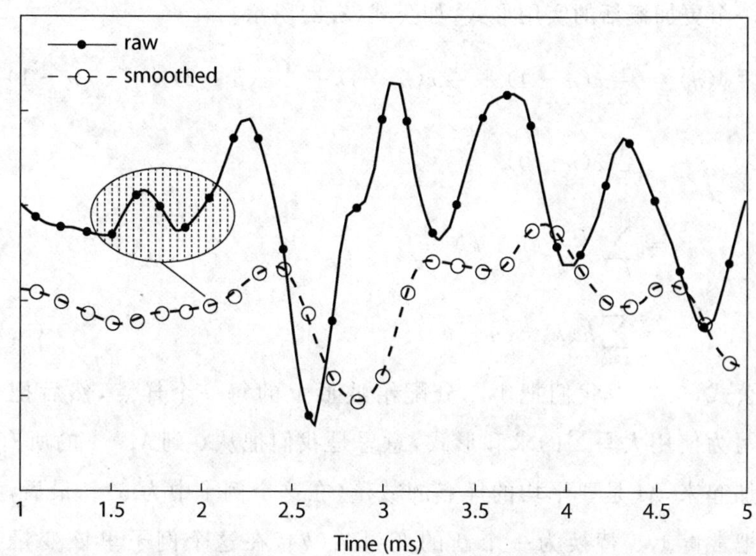

图 3.13　将源自一个原始音频波形的数据点放在一起平均，以制作一个移动平均平滑波形。被平滑的波形保留了原始波形缓慢移动的低频模式，但是消除了像椭圆阴影中的振动一样的抖动的、快速移动的高频成分。

移动平均平滑技术是低通滤波的一种简单形式。原始波形上样点到样点之间的快速变化在平滑波形中被移除（过滤出去），而关于滤波器我们需要知道的最重要的事情之一是频率响应曲线。为了求出移动平均滤波器的频率响应曲线，我们需要将滤波器表示为将不同滤波系数分离开来的一个公式。我们把一个平滑波形命名为 $y(n)$，原始波形为 $x(n)$。在这些缩写中，n 指某个时间点，即时间 n，x 和 y 只是我们给样点数字波形的任意命名。用这些缩略形式，我们就可以使用公式(3.1)来描述如何从原始波形中得到平滑波形。

$$y(n)=\frac{x(n-4)+x(n-3)+x(n-2)+x(n-1)+x(n-0)}{5} \tag{3.1}$$

在时间点 $n(y(n))$ 上的平滑波是原始波形（$x(n-4)$…… $x(n-$

0))中前 5 个样点的平均值。我们可以把这个公式简化,这样它就有了一个更加概括的实用形式,如公式(3.2)所示。

$$\begin{aligned} y(n) &= \frac{1}{5}x(n-4)+\frac{1}{5}x(n-3)+\frac{1}{5}x(n-2)+\frac{1}{5}x(n-1)+ \\ &\quad \frac{1}{5}x(n-0) \\ &= \sum_{k=0}^{M-1}\frac{1}{5}x(n-k) \\ &= \sum_{k=0}^{M-1}h(k)x(n-k) \end{aligned} \tag{3.2}$$

在公式(3.2)中我们把 1/5 分配给波形上的每一个样点,然后把公式写为使用大写Σ的求和形式,意思是我们把从 0 到 $M-1$ 的所有 k 值加起来,M 是要平均的样点的数量(在这个例子中为 5)。最后,我们把常量 1/5 替换为一个新的变量 $h(k)$,在这个例子里该变量为 $h(0)=1/5$,$h(1)=1/5\cdots\cdots h(4)=1/5$。这个新的序列 $h(k)$,就是移动平均滤波器——这个序列里的数值为滤波系数,它们决定了滤波器的频率响应特征。为了确定一个滤波器的频率轮廓,我们需要做的是对滤波系数自身运行 FFT 分析(同时进行零填充)。图 3.14 右上角的图显示了使用 7 个样点的移动平均滤波器系数进行这种操作的结果。显而易见的一件事是,尽管移动平均平滑程序的确提供了某种程度的低通滤波,但我们还是可以想象出一个比这个更加有效的低通滤波器。

要制作一个理想的低通滤波器,从我们期待的低通滤波器的形状到获得 $h(k)$中的滤波器系数,我们可以反向应用傅里叶变化,这些滤波器系数用于公式(3.2)时,就可以产生这些系数所决定的那种程度的滤波。“反向应用傅里叶变化”被称为离散傅里叶逆变换,或者逆向 DFT。图 3.14 左下角的图显示了这个过程中产生的滤波器系数。该图中显示的“理想”滤波器在位于通带和阻带之间的 1,000 Hz 处有一个急剧转变。如滤波器系数的 FFT(右下图)所显示的那样,这个低通滤波器真正地消除了所有 1,000 Hz 以上的声音成分。

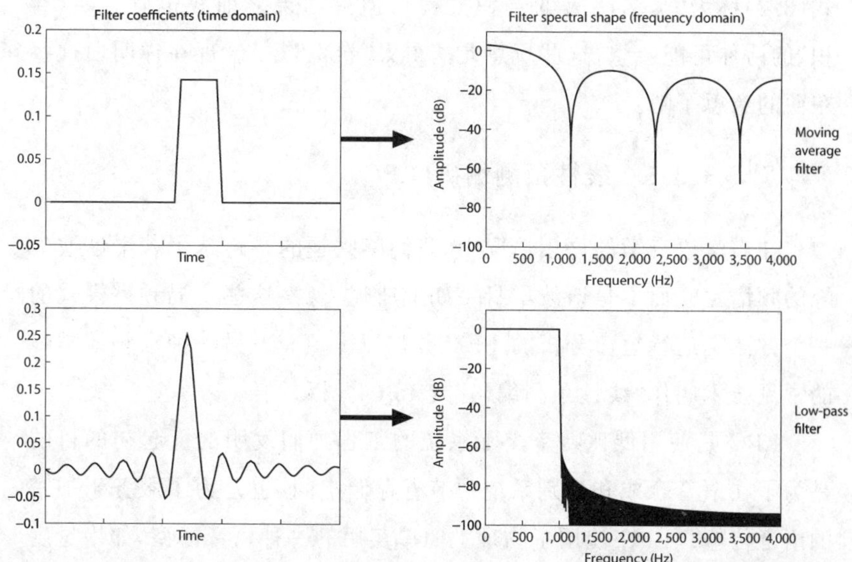

图 3.14　移动平均低通滤波器的滤波系数 $h(k)$ 及其产生的滤波频谱形状和一个理想低通滤波器的比较，理想低通滤波器被设计为在通带(1,000 Hz 以下)和阻带(1,000 Hz 以上)之间有急剧转变。两个滤波器之间的一个重要差别是，移动平均滤波器只有 7 个系数，而理想低通滤波器有 579 个系数。

数字滤波器的设计有许多"窍门儿"。我最喜欢的一个方法是，通过在 $h(k)$ 中每隔一个系数乘以 -1 来把一个低通滤波器转换为一个高通滤波器[①]，或者更概括地说，你可以移动一个低通滤波器(中心频率为 0 Hz)的中心频率，这样的话，通过将 $h(k)$ 与你所想要的某中心频率的数字正弦波相乘，就会产生一个带通滤波器。这些事情非常有趣，但最重要的是要从本节中理解：(1)一个数字滤波器是一系列系数的 $h(k)$，(2)我们通过应用数字滤波器来运行数字滤波，数字滤波器

① 这个做法相当于先将两个相邻点之间的音高相减，得到它们的差，然后再求某个时间片段内每两个相邻样点音高差的平均值。这样得到的波形就移除了原波形较大周期的波动而保留了较短时间内的波动，即过滤了低频成分而保留了高频成分。

就像公式(3.2)中的移动平均平滑器。顺便说一句,Lyons(1997)把公式(3.2)称为"臭名昭著的卷积方程",但是如果之前我也管它叫"卷积"的话你可能会想,这些玩意儿搞得太"卷积"[①]了。现在你明白这些东西的意思了吧。

3.3.5 线性预测编码(LPC)

在声学语音学的许多情况中,我们感兴趣的是跨越了若干谐波尖峰的频谱宽峰而不是谐波本身。如上所述,观察这些全局频谱模式的一个方法是运行短窗分析的 FFT 并加以零填充。另一种求频谱宽峰的常见技术叫作"线性预测编码"或 **LPC** 分析。

LPC 是使用低比特率交际系统的工程师们发明的。起初的目的是为了在语音合成和识别系统中节省存储空间,也是为了服务于加密的语音传输。LPC 使用了物理上简单实用的一种语音模型,如果过度简化一下,该模型包括一个声源(声带振动)和一个具有若干共振频率的滤波器。由于这方面的缘故,LPC 分析是自动判定语音频谱中宽峰位置和带宽的有效方法。我前面在自相关音高跟踪小节(3.3.3)中提到,当声学波形中存在重复模式时(像声带振动和声道共鸣所产生的那样),通过观察波形是如何与随后的自我复制模式相关的,我们就可以求出其重复模式。

回顾一下关于自相关音高跟踪的讨论,自相关方法产生的错误之一是音高倍频。当音高周期中的一个次成分被误判为一个音高周期的时候,此种错误就会发生。LPC 分析利用了自相关分析中的这种倾向,它把自相关限制在一个音高周期之内。某种意义上,音高倍频是 LPC 分析期望出现的结果。

但是,把音高倍频和 LPC 分析捆绑起来也许会造成误导,因为这种联想暗示着 LPC 只会发现两倍于 F_0 的波形成分。这种暗示是错

---

① 原文为"convoluted",是晦涩难懂的意思。"卷积"作为数学术语在英语中为 convolution(该词也有"弯曲、复杂、难懂"等义项),作者在这里用了谐音双关,意思是"卷积"对于普通读者来说高深难懂。

误的，因为自相关可以判断出一个复合波中任意数量的波形成分的频率。

预加重

在频谱分析中有时候会希望增加高频成分的振幅。在与频谱类似的语图中也会使用斜率平缓的高通滤波器（“高频塑形”滤波器）进行预加重，该滤波器会增强频谱中的高频成分。在数字信号处理中通过“一阶差**预加重**”来添加高频增强。

为获取数字波形的一阶差，要用相邻样点间的差值来代替该波形（$y_n = x_n - x_{n-1}$）。例如，波形（0，5，9，7，3，－1，－5，－9，－6）用相邻数值间的差值（5－0 ＝ 5，9－5 ＝ 4，－2，－4，－4，－4，－4，3）替代。一阶差的频谱结果令人吃惊：频率增加一个倍频程（octave），频谱就向上跃进 6 分贝（dB）。因此，当频率加倍（一个倍频程）时，频谱的振幅比原来高了 6 dB。

许多计算机语音分析软件包允许在 0 到 1 之间指定预加重的程度。如果你指定 1，结果就是上面描写的一阶差预加重。如果预加重的值小于 1 大于 0，频谱也会改变，但没有一阶差预加重那么厉害。这种预加重也是像前面一样通过获取数字波形上相邻样点的差值来进行的，但是要减去的样点值会乘以一个系数（p）。于是预加重的公式就是：$y_n = x_n - px_{n-1}$。预加重的值 p，通常设置为 0.90 到 0.98 之间的某个值。

图 3.15 显示了中央元音一个音高周期中的次成分，该元音是单词 *ahead* 的第一个元音。注意，这张图仅仅显示了一个音高周期，所以图中的两个“周期”都比音高周期的时长短，因此具有更高的频率。这些频率的频谱峰较宽。

回忆一下，自相关分析可以求出波形起点向后偏移之后大致上成为自身镜像的间隔时间长度。在图 3.15 中，这一点在标为 (a) 的次成分上最容易被看到。时长为 2 ms 的一个周期性振动在一个周期内大概重复了三次。叠加在这个模式上的——考虑为减去振动(a)也许有助于理解——是一个快速变化的振动 (b),它在(a)成分的尖峰上以约 0.66 ms 的周期产生“波纹”。这些振动的时长就给出了它们的频率(1/a = 500 Hz,1/b = 1,500 Hz)。

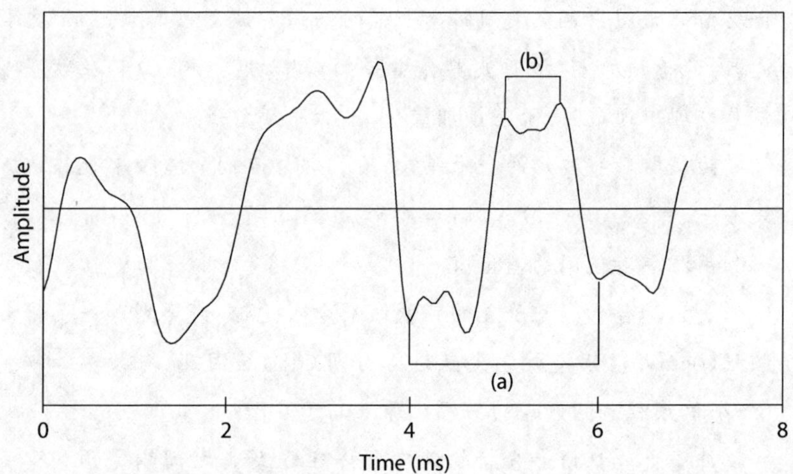

图 3.15　由 LPC 分析中的自相关方法识别出来的一个音高周期内的频率成分。该图显示的音高周期源自中央元音。标为 (a) 的成分 2 ms 长,因此频率就是 500 Hz。标为(b) 的成分 0.66 ms 长,因此频率就是 1,500 Hz。

图 3.16 显示了图 3.15 的一个傅里叶频谱。图中的箭头指向的是图 3.15 所说明的从自相关 LPC 分析中推导出的频率。注意,这个频谱是由基频的谐波组成的,我们通过 LPC 分析识别出的 500 Hz 的成分位于第三、四谐波之间。这说明 LPC 分析求出的是谱上的频谱宽峰频率,而不是仅求出那些宽峰上响度最大的谐波。

LPC 在许多语音技术领域都有使用,包括语音识别和说话人识别、语音合成、语音编码和传输。这个方法只截取声波中的一小段来估测声谱中的峰——元音共振峰。不过,与自相关音高跟踪不同,LPC 中自相关时间间隔的长度很短(比一个声门周期还短),因此 LPC 自相关捕获的不是嗓音所产生的规律性波形重复模式,而是语音声波中由共振峰共鸣频率所产生的周期特性。

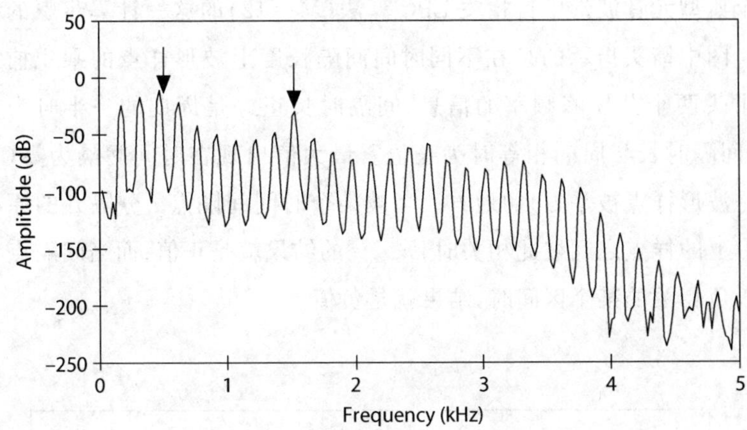

图 3.16　图 3.15 所示波形的 FFT 频谱。图中箭头指示的是自相关 LPC 分析所判定的频谱峰的频率。

LPC 被称为“预测编码算法”，因为它计算的是波形样点线性组合中的一小组“预测器”系数。我们将会看到，当满足特定假设时，这些系数就定义了一个近似于声道滤波函数的滤波器。线性预测公式预测的是任意一个波形样点的振幅，该振幅为少量前接样点的函数。例如，在有四个系数时，LPC 公式为：$\hat{x}_5 = a_1 x_1 + a_2 x_2 + a_3 x_3 + a_4 x_4$，其中的这些 a 就是 LPC 系数，x 为波形样点。所以，此例中的波形样点 $\hat{x}_5$ 是从波形上前 4 个样点的数值中估算的，这些系数（a_i）确定给 4 个样点中的每一个样点加多大的权重。注意一下 LPC 公式和我们早先讨论的数字滤波器的公式（公式 3.2）的相似程度。它们之间的唯一差别在于，在 LPC 分析中滤波器 a_i 产生的是输入波形 x 的估算值 $\hat{x}$，而不是一个被修改后的新波形 y。当预测系数的筛选使得估算误差（预测的 $\hat{x}_5$ 和实际的 x_5 之差的平方）最低时，这些预测系数就捕捉到了声道滤波特征。

为了计算 LPC 系数，采自若干音高周期的波形样点要在若干不同的时间起始点彼此相乘,所用公式为$\sum_{n=0}^{N}\sum_{i=0}^{M}x_n x_{n-i}$,其中 M 为系数个数,N 为分析窗中的样点个数,i 是时间间隔长度。图 3.17 显示的是一个典型元音波形中自相关 LPC 算法(M=12)的这一计算步骤的结果。图中箭头指示的是在不同时间间隔长度上波形样点的乘积捕捉到了头两个共振峰频率的信息,间隔时长正好是周期的一半时为负值,间隔时长与周期相等时为正值。最大值出现在时间间隔为零(也就是波形样点被平方)的地方。当被某个时间间隔点 i 分隔开的原始波形上的样点之间彼此相关时,$x_n x_{n-i}$的结果就是正值;而当间隔点对应于负相关的某个区间时,结果就是负值。

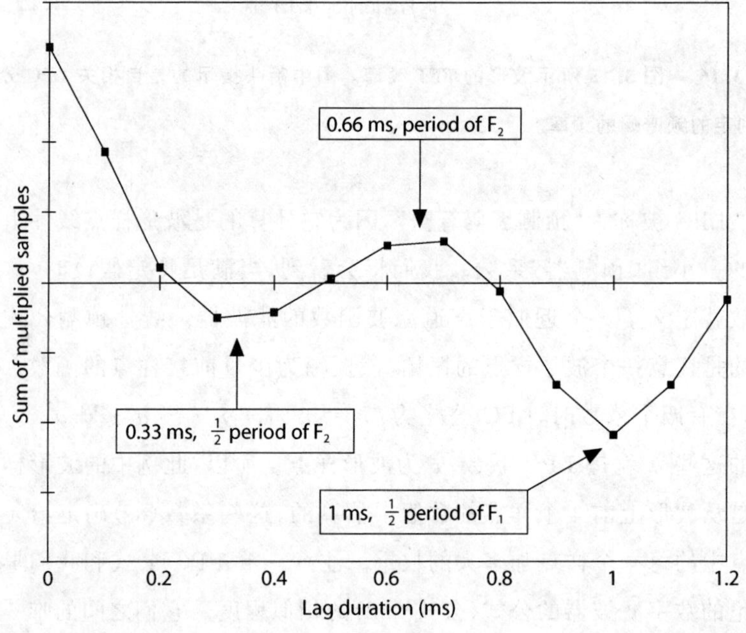

图 3.17 对图 3.8 显示的波形进行 LPC 分析时产生的自相关乘积数组。对应于 F_1和 F_2的周期时长在这组数中很容易看到,它们是函数中的波峰和波谷,不过,更高共振峰的信息尽管也包含在其中,却不那么明显。

接下来计算的是这组预测器系数 a_i。这些系数保留了被自相关分析捕捉到的频率信息，但是这些信息被表达为一个线性滤波器函数。图3.18显示了由图 3.17 的乘积数组推导出的 LPC 系数。与之前的结果一样，在 1 ms 处有一个较大的成分，对应于 F_1 周期时长的一半，但是其他的共振峰值在这组系数中并不十分明显。不过，要记得仅仅通过观察波形图通常很难发现复合波的频率成分，这里的情况当然也是如此。

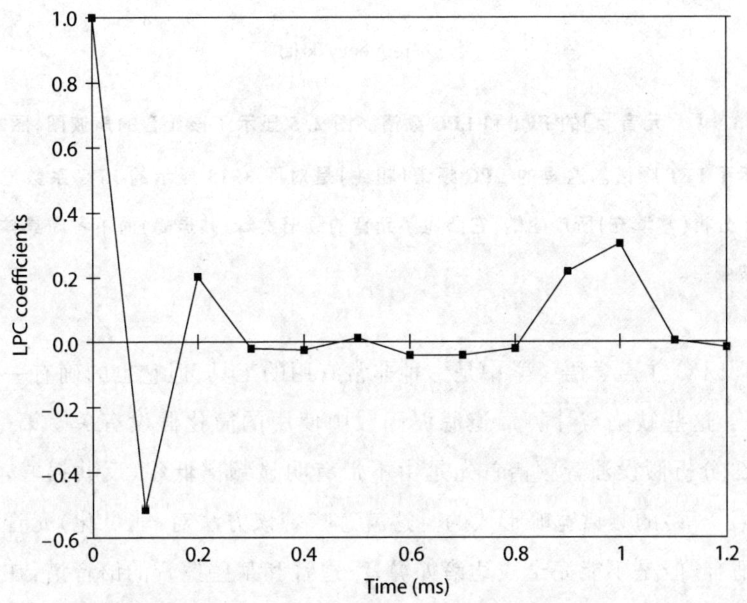

图 3.18　从图 3.17 所示的乘积数组推导出的 LPC 系数。

当我们观察 LPC 系数的零填充 FFT 时（见图 3.19），很明显，LPC 分析捕捉到了声道滤波函数的信息。LPC 谱显示了频谱的整体形态而忽略了具体的谐波频率，因此可以提供声道滤波函数的精确表征。也就是说，LPC 谱峰对应于声道共鸣频率（在本例中为 500 Hz、1,500 Hz、2,500 Hz 和 3,500 Hz）。

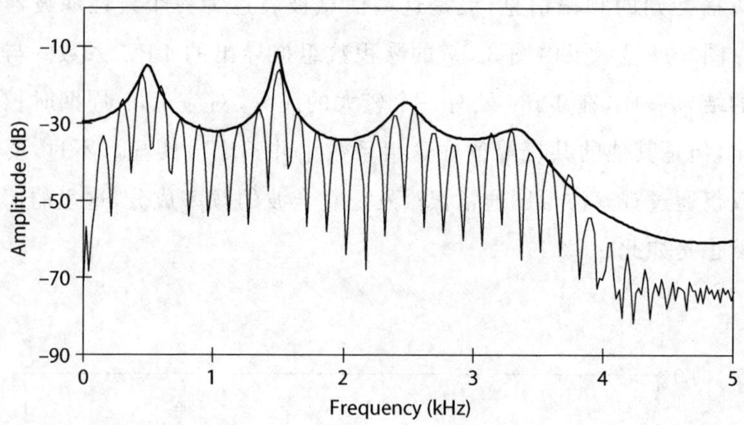

图 3.19 元音[ə]的 FFT 和 LPC 频谱。图 2.5 显示了该元音的声波图,图2.6显示了 FFT 频谱。这里的 LPC 频谱(粗线)是对图 3.18 显示的 LPC 系数进行 FFT 分析(零填充)所产生的,它凸显了元音的频谱宽峰(共振峰)而不考虑具体的谐波频率。

LPC 在声学语音学中是一种非常有用的工具,但它也的确有一些缺陷,这些缺陷与计算声道滤波函数中使用的简化假设有关。第一,LPC 分析假设浊音频谱首先是由不带有明显频谱低谷(反共振峰,参见第 9 章)的频谱宽峰形成的。这就意味着该方法对(非鼻化)元音非常适合,但是不能完全表达诸如鼻音、边音和某些擦音的语音谱,在这些语音谱上频谱低谷是非常重要的。第二,必须事先指定拟在频谱中寻找的峰值数量。如果预测的频谱峰数量比实际存在的数量更大,LPC 分析就会认为实际并不存在频谱峰的地方有较小的(即较宽带宽的)峰。而如果预测的频谱峰数量太少,LPC 分析就记录不到频谱中实际存在的峰。LPC 分析对应于某频谱的谱峰个数由其线性预测公式中系数的个数决定。每一个共振峰由两个系数表达(回忆一下 3.2.1中讨论的奈奎斯特频率——表达一个正弦波至少需要两个点),同时还需要使用另外两个系数获取整体上的频谱倾斜信息。因此,如果在所分析的频率范围内预测有 10 个共振峰,系数个数就应该是 22

个(＝(10×2)＋2)。实际上,共振峰的期望数量取决于所分析的频率范围(因而也就取决于采样率)和说话人的声道长度。

3.3.6　频谱和语图

使用功率谱分析语音的问题之一是在分析中时间没有被表示出来,功率谱就像一张快照而不是一个电影片段。我们得到了信号在时间上某个特定瞬间的频率成分的精确信息,但是在快照前后发生了什么我们无从知晓。比如说,我们因此就可能忽略了二合元音的动态特性。语图则为这一问题提供了解决方案。

这里介绍一种理解语音语图仪(注意,"语图仪"和"语图"这两个术语的差别类似于"电报机"和"电报"的差别)工作过程的方法。设想一下,你把图 3.16 所示中央元音频谱中的振幅用颜色而不是用图中单独的坐标轴来表示。例如,在频谱的 150 Hz 处有一个振幅尖峰。假如我们只是简单地在频率轴上画出一个黄色(充满活力的漂亮颜色,表示这个频率位置的振幅很高)的点而不是画成一个尖峰。现在假设我们采用一种色彩方案,任何位于振幅标度上前 10 位高度的频率成分都用黄色表示,振幅为下一梯度前 10 位的所有频率成分都用红色表示,以此类推。我们现在来制作一张频谱图,以颜色体系替代纵轴,色彩可以改变的每一根单线显示分音的大概振幅。但是,为什么要用色彩这样一个维度来表示功率谱上的振幅呢?因为这样做的话我们能够同时审视诸多的频谱来观察时域上谱的变化——这是一张快照和一部电影的区别。

现在来讲一下如何获取色彩编码的频谱并作出**语图**。我们像上文所述的那样作出一张频谱图,然后移动到波形图上几毫秒之后的一个点,作出另一张频谱图,并将这张频谱图和第一张放在一起,这样就构建出一个频谱图系列。为了把语图和声音的波形图对齐,我们调整一下频谱图的方向,让频率位于纵轴上,第一张频谱图位于图中最左侧的位置,每一张相邻的频谱图都放置于前一张的右侧。这样,语图上的时间就显示在横轴上,频率显示在纵轴上,振幅则以颜色显示。

由于历史的原因,语图通常用各种不同程度的灰度而不是色彩来对振幅进行编码(谱峰用黑色表示,谱谷用白色表示)。图 3.20 的下半部分显示了一个汉语粤语发音人[kɑɪ]“鸡”的发音语图。在二合元音较晚的一个点上所作的功率谱和 LPC 谱显示在图的上半部分,语图中的垂直线标记了该点。注意一下功率谱中垂直线的位置和语图中一道短横线所在位置的对应关系(均位于 1.998 kHz)。这表明语图和频谱显示出相似的频率信息,但是语图像电影一样显示了频谱随时间发生的变化,而频谱只会显示时间上的某个点。注意语图是如何呈现第二个频谱宽峰的频率从元音起始到结束过程中的上升的。这种变化在频谱中不可能被捕获。

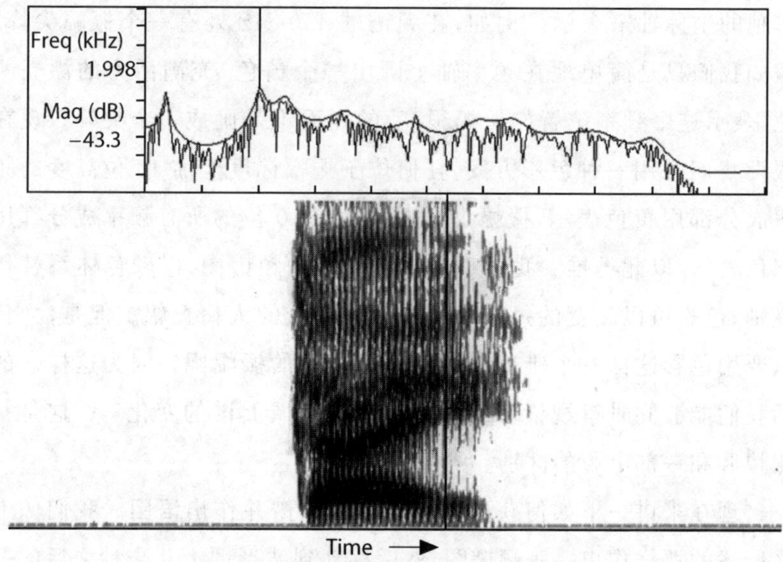

图 3.20 一位汉语粤语发音人[kɑɪ]“鸡”发音的语图(图中下半部分)。时间显示于横轴上,频率(0 到 5 kHz)显示于纵轴上。上半部分显示的是功率谱和 LPC 分析结果,采自二合元音较晚部分的某点(在语图中以垂直线标记)。频谱图中的垂直线标记的是第二个频谱宽峰,在语图中以短横线标记。

在语图中我们通常试图把频谱中的谐波模糊化，这样就可以较为容易地看清语图中的频谱宽峰。在模拟语图仪（Potter et al.，1947；Joos，1948）中，这项工作是通过使用带宽相对来说较大的一系列带通滤波器对语音信号进行分析来实现的。每个滤波器都有不同的中心频率，只会响应其带宽内的能量。比如，如果基频（F_0）是 150 Hz 且语图仪的滤波器带宽为 300 Hz，那么滤波器就会将相邻的谐波模糊成一片，导致语图上只显示频谱能量的宽峰而不是单个的谐波。

为了制作数字化语图，我们使用 FFT 分析来计算单个频谱，并且通过改变分析窗中的样点个数（零填充）来控制分析滤波器的有效带宽。图 3.10 说明了这个过程。对于窄带语图，我们使用较长的分析窗，它可以给出具有较高频率分辨率和较低时间分辨率的谱；对于宽带语图，我们使用较短的分析窗，它给出时域分辨率高（例如，你可以看到单个嗓音脉冲）而谱特征模糊的语图。在许多方面，宽带语图对于声学语音学来说都较为理想，因为在显示整体的频谱形态时，它们非常精确地捕获了时域上的变化活动；在以后的章节中将看到，我们通常是对频谱的整体形态而不是对精确的频谱细节更有兴趣。

推荐阅读

Cooley，J. W.，Lewis，P. A. W.，and Welch，P. D.（1969）The fast Fourier transform and its applications. *IEEE Transactions on Education*，12，27—34. 第一篇介绍 FFT 技术的研究论文。

Joos，M.（1948）Acoustic phonetics. *Language*，23，suppl. 1. 这是早期对于声学分析（特别是语图）为何属于语音学工具系统的阐释和演示。

Lyons，R. F.（1997）*Understanding Digital Signal Processing*，Reading，MA：Addison-Wesley. 我最喜爱的有关数字信号处理的一部著作，因为它写得非常清楚。

O' Shaughnessy, D. (1987) *Speech Communication: Human and Machine*, Reading, MA: Addison-Wesley. 这是一部工程学教材，涉及面较广，涵盖了语音工程和有关数字信号处理的一些非常有用的章节。

Potter, R. K., Kopp, G. A., and Green, H. (1947) *Visible Speech*, Dordrecht: Van Nostrand. 关于如何“阅读”语图的一部书——是一部非常有用的对英语语音及其在认真发音时态势的记载。

练习

【重点术语】

给下列术语下定义：数字信号处理(DSP)，连续信号，离散信号，模拟设备，数字设备，模—数转换，采样，量化，采样率，奈奎斯特频率，混叠，抗混叠滤波器，比特，量化噪声，信噪比，信号削波，波形窗，自相关，自相关时间间隔，音高半频，音高倍频，方均根振幅，FFT，加窗，零填充，LPC，预加重，语图。

【简答题】

1. 用一把尺子对图 3.2 所示的波形进行“数字化”。为了做到这一点，在时间轴和振幅轴上等间距地做标记(使用任意一个方便的单位——英寸、毫米或者其他单位)。然后完成下面的表。假设图所显示的是 0.01 秒，你的采样率是多少？量化标度中的振幅等级有多少？

时间	振幅
0	0

2. 下列采样率的奈奎斯特频率是多少：16,000 Hz；11.025 kHz；20 Hz？

3. 对于一个抗混叠滤波器来说，下列采样率的截止频率是多少：

16,000 Hz;11.025 kHz;44 kHz?

4. 如果每一个样点都是 10 比特,有多少振幅等级可以被表达?这种情况下的信噪比是多少?

5. 如果实际的 F_0分别为 100 Hz、200 Hz、204 Hz,在自相关音高跟踪中,理想情况下什么样的时间间隔长度会产生最高相关?

6. 具有下列振幅峰值的正弦波的方均根振幅分别是多少:1;75;1024?

7. 具有以下峰－峰振幅的正弦波的方均根振幅分别是多少:2;100;1,834?

8. 如果采样率为 22 kHz 且一个窗内包含 512 个样点,那么窗长是多少(以 ms 为单位)?

9. 如果采样率为 22 kHz,一个 20 ms 长的窗内有多少个样点?

10. 如果采样率为 11 kHz,窗长为 512 个样点,在 FFT 谱上样点之间的间隔是多少?

11. 如果采样率为 22 kHz,窗长为 5 ms,在 FFT 谱上样点之间的间隔是多少?

12. 在问题 1 答案中的数字化波形上列出预加重振幅值(使用一阶差预加重)。

第 4 章

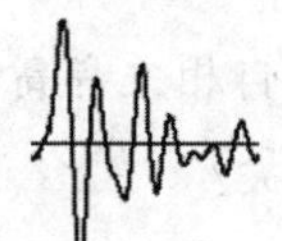

听觉基础

人类的听觉系统不是一个高保真系统。(在该系统中)振幅被压缩,频率发生变形和模糊,邻近的声音可能会混在一起。由于听者感受的是听觉对象,而不是诸如声波或语图的声学记录,所以,思考听觉感知的基本特性是有价值的,因为这些基本特性与语音声学相关。本章一开始对周围听觉系统的解剖和功能进行简单介绍,然后讨论声音的声学和听觉表达之间的两个重要区别,结语部分通过听觉反应的计算机模拟,对声学分析和听觉分析的差异加以简单展示。后面诸章会回顾这里介绍的一些话题,因为它们与言语声具体类别的感知有关。

4.1 周围听觉系统的解剖

周围听觉系统(听觉系统的这一部分不在脑部)将声学信号转换为神经信号,在这个转换过程中,它也完成了对声学信号振幅的压缩以及傅里叶分析。

图 4.1 显示了周围听觉系统的主要解剖特征(参见 Pickles,1988)。声波传入外耳,在耳道中穿行到达鼓膜。**鼓膜**是一片薄皮膜,像鼓面一样绷在耳道末端。与话筒的膜片相似,鼓膜会随着声压的起伏变化而产生运动。

这些运动由**中耳**三块听小骨组成的链条传导至充满液体的**内耳**。在蜗牛状的内耳(**耳蜗**)中有一个叫作**基底膜**的薄膜,它在耳蜗中部的底端延展。基底膜的一端比另一端厚一些。较薄的一端与中耳的骨链相连，对声学信号中的高频成分发生响应，较厚的一段则对低频成分发生响应。每一条听觉神经纤维都分布于基底膜的一个特定部位，因而就携带了关于声学信号中特定频率成分的信息。内耳以这种方式对声学信号进行某种傅里叶分析，将该声波分解为不同的频率成分。

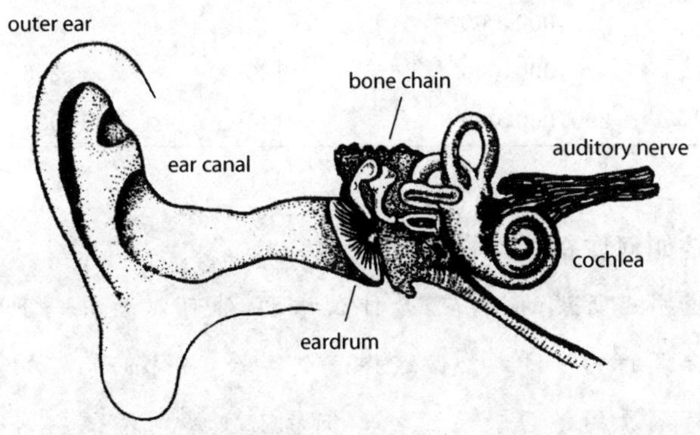

图 4.1　人类周围听觉系统的主要组成部分，源自 Brödel(1946，图 1)。

4.2　响度的听觉意识

听觉系统通过振幅压缩实行一种自动音量控制，因此，它对相当大范围内的声音强度都有反应(参见 Moore，1982)。例如，打雷产生的声压波动是耳语的 100,000 倍(见表 4.1)。

表 4.1　一些常见声音的声学和感知振幅对比。振幅分别以绝对声压波动(微帕——μPa)、声强(分贝声压级——dB SPL)和知觉响度(宋①)给出。

典型经验	声压(μPa)	分贝级别(SPL)	宋
听觉绝对阈限②	20	0	

① 原文为“Sones”，由于汉语声学领域的相关著作一般都用汉译名称表示这个单位，而且这个单位在英文表达中有复数形式，如果使用英文原文，表达很不方便，因此本书也使用汉语译名。

② 即人的听觉系统所能感知的最低声音强度，又称“闻阈”或“听阈”。

续表

典型经验	声压(μPa)	分贝级别(SPL)	宋
微弱耳语	200	20	
安静的办公室	2,000	40	1
谈话	20,000	60	4
城市公交车	200,000	80	16
地铁列车	2,000,000	100	64
响雷	20,000,000	120	256
疼痛和损伤①	200,000,000	140	1,024

内耳是如何像钢琴一样工作的

举例说明我所说的"响应"是什么意思,你可以思考一下钢琴的琴弦对音调的响应方式。做这样一个实验:去你们学校的音乐系找一个有钢琴的练习教室。打开钢琴以便看到琴弦。这个实验在大钢琴或者小型三角钢琴上操作最好,但得用支撑杆把顶盖撑起来。现在把钢琴踏板踩下去,让它把毛毡制音器②从琴弦上抬起并大声唱出一个稳定的音符。当你停止歌唱之后,你听到有琴弦在振动吗?如果你是一个受过训练的歌剧演唱者,这个实验的效果会更好,但一个有热情的初学者同样可以达到这个效果。由于你所唱出的音符中最响亮的正弦波成分与钢琴的一个或多个琴弦的自然响应频率相匹配,琴弦就被引起和你所唱音符相谐和的振动。**自然响应频率**的概念可以应用到内耳的基底膜上。基底膜较厚的部分自然地与输入信号的低频成分发生共振,而较薄的部分自然地与高频成分共振。

看一下表4.1中声压音量栏所列的数值。对于大部分人来说,典型谈话的音量在主观听觉中不会比一个安静办公室的10倍音量

---

① 引起听觉器官疼痛甚至损伤的声音强度,又称"痛阈"。

② 钢琴的制音器是压在钢琴琴弦上用来制止琴弦振动的装置,它由毛毡片和木块组成。踩下钢琴的右踏板之后制音器就会升起,此时按下琴键,琴弦就会振动发出声音。

更大，尽管它们的声压波动幅度的确如此。一般说来，响度差别的主观听觉印象和声压差别并不匹配。声压和响度差别的不匹配已被关注很多年。例如，Stevens(1957)要求听音人把一个声音的响度调节到另一个声音的两倍大；在另一个任务中，要求听音人把第一个声音的响度调节到第二个声音响度的一半。听音人的反应被转换为主观的响度标度，这种标度叫**宋**(sones)。宋(超过 40 dB SPL 的强度)可以根据公式(4.1)计算，并在图 4.2a 中展示。(在这句话中我使用了缩写形式“dB”和“SPL”。在本节中我们马上就要正式介绍这些术语，但为了精确我必须说“超过 40 dB SPL”。“分贝 decibel”简称“dB”，“声压级 sound pressure level”简称“SPL”——更详尽的定义即将给出。)

$$N=2^{(dB-40)/10} \tag{4.1}$$

宋标度显示了听音人对相对响度的判断，在这种标度中，大约相当于安静办公室响度(2,000 μPa)的声音的响度值为 1；一个主观听感上响度只有此音一半的声音，响度值为 0.5；听感中响度是此音两倍的声音，响度值就是 2。正如图中明确显示的那样，声压和响度之间的关系是非线性的。对较弱的声音来说，知觉响度的较大变化是由较小的声压变化导致的；但对于较响的声音来说，相对较大的声压变化只导致了知觉响度的较小变化。例如，如果振幅峰值从 100,000 μPa 变为 200,000 μPa，响度就从 10.5 宋变成了 16 宋，而同等幅度的声压变化，从 2,000,000 μPa 到 2,100,000 μPa 所导致的响度变化小于 2 宋(从 64 宋到 65.9 宋)。

图 4.2b 也显示了一种早期的相对声强单位，这个响度单位是以 Alexander Graham Bell 的名字命名的，不过贝尔(bel)这个单位对于大部分研究目的来说太大了，因此更普遍的做法是使用它的十分之一，或者叫**分贝**(decibel，简缩形式为 dB)，作为标度。这个容易计算的标度在听觉语音学和心理语音学中得到广泛使用，因为它对人类响度意识的非线性性质给出了一个粗略估算。

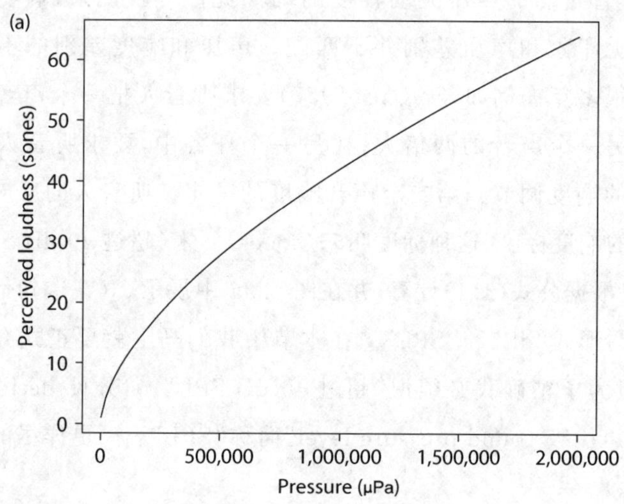

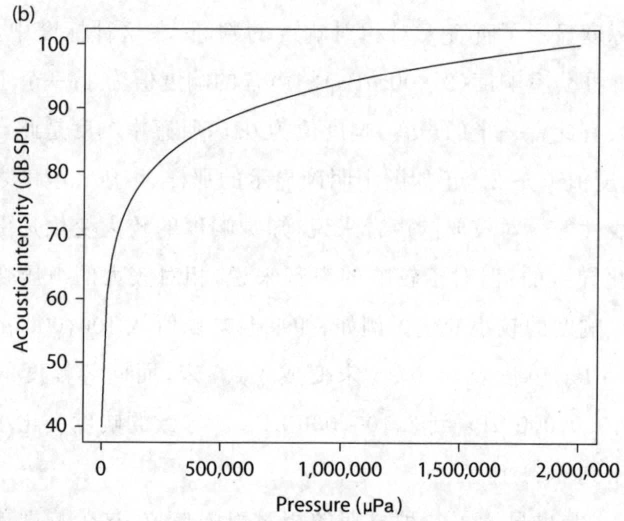

图 4.2　响度感知的非线性图示,分别在宋标度(a)和 dB 标度(b)上展示若干声压量级。

正如 dB SPL 和 dB SL 的差异所暗示的那样(见“闲话”匣子“分贝”),知觉响度作为频率的函数而发生变化。图 4.3 显示了主观响度和 dB SPL 之间的关系。图中的曲线代表一系列音调的强度,这些音调的主观响度与一个 1,000 Hz 的音调以强度为 60 dB SPL 呈现时相同。这条曲线像是一个立体声的图形均衡器设置。均衡器左侧的杠杆控制音乐低频成分的相对振幅,右侧的杠杆控制高频成分的振幅。这个**等响度曲线**表明,若想让一个声音中的最低和最高频率成分听起来和中等频率成分一样响亮,就必须放大它们的音量(至于听起来是否悦耳是另一个问题)。因此,正如该图所示,听觉系统对频率在 2 kHz 到 5 kHz 之间的声音最为敏感。还要注意的是,敏感度在 10 kHz 以上会发生快速下降。这是我在本书的声学/语音学分析中推荐22 kHz 采样频率(11 kHz 奈奎斯特频率)的一部分动因。

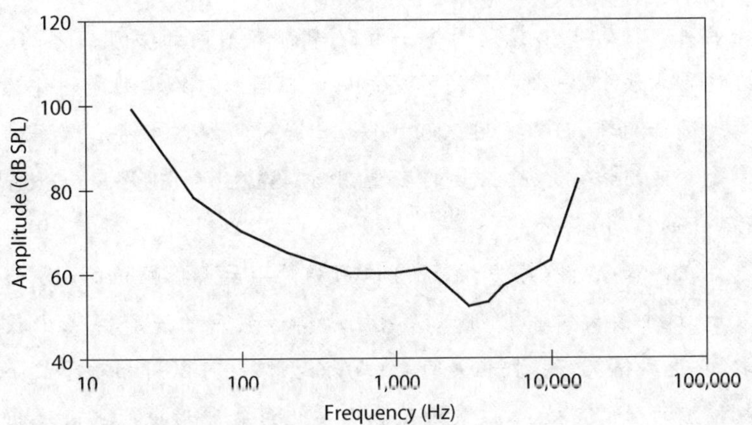

图 4.3　用扬声器播放的纯音的等响度曲线,该曲线上分布的音调都与以60 dB SPL 呈现的 1,000 Hz 的音调具有相同的主观响度。

分贝

尽管用声压表示一个声音的振幅是普遍做法,或者说,一旦我们把声能转换为电能,以伏特为单位,分贝标度就是一个与知觉响度相关联的更好地表达声音振幅的方法。在这个标度体系中,一个声音的相对响度用声强(与振幅的平方成正比)的对数标度进行测量。声强是单位面积上由声波压强波动发散出的声能之和。通用的声强测量单位是瓦特(Watt)每平方厘米(W/cm^2)。

假设有个声音声压平均振幅为 x。由于声强与振幅的平方成正比,与一个声压振幅为 r 的参考声音相比,x 的强度就是 x^2/r^2。1 bel 就是以 10 为底的这个声能比率的对数:$\log_{10}(x^2/r^2)$,1 decibel(分贝)就是这个结果的 10 倍:$10\log_{10}(x^2/r^2)$。这个公式可以简化为 $20\log_{10}(x/r) = \text{dB}$。

在 dB 测量中对于参考水平 r 有两种常规选择。第一种是 20μPa,这是频率为 1,000 Hz 音调的典型绝对听觉阈限(可听到的最低声压波动①)。当使用这个参考值的时候,测量数值就被标为 **dB SPL**(是**声压级** **S**ound **P**ressure **L**evel 的缩写)。对参考水平的另一种常规选择是对每一种频率都有不同的声压级参考。在这种方法中,一个音调的响度是用该音调本身的典型闻阈作为参考进行测量,而不是用 1,000 Hz 音调的闻阈作为所有频率的参考。使用该方法所测量的数值用 **dB SL**(为**感知级** **S**ensation **L**evel 的缩写)表示。

在语音分析程序中,振幅可以用相对于最大振幅值的 dB 值表示,这个最大振幅值可以从数字化语音波形的一个样点中获取,在这种情况下振幅值是负数;或者,振幅也可以用相对于最小振幅值的 dB 值表示,该最小值在数字化语音波形中能够表现出来,在这种情形下振幅值都是正值。当一个信号的绝对 dB SPL 值无关紧要时,就可以选择使用 dB 计算中的这些参考水平。例如,对于相对方均根或频谱振幅的测量来说,校准就不是必要的。

4.3 听觉系统的频率响应

正如在 4.1 节所讨论的,听觉系统对输入信号不断地进行连续傅里

① 即表 4.1 注②中的"闻阈",为方便陈述,下文使用"闻域"。

叶分析。但是,这种生理的频率分析与数学层面对信号的傅里叶分解并不相同。二者的主要差异在于,听觉系统的频率响应不是线性的。正因为一个 1,000 μPa 轻柔声音的变化与一个较大声音的等量变化在听感上并不相同,所以从 500 Hz 到 1,000 Hz 的变化与从5,000 Hz 到 5,500 Hz 的变化在感知上也不是相同的。图 4.4 说明了这个问题,它显示了叫作 **Bark**[①]**标度**(Zwicker,1961;Schroeder et al.,1979)的听觉频率标度和以 kHz 为单位的声学频率标度之间的关系。Zwicker(1975)的研究表明,Bark 标度与感知的音高(美标度,Mel scale)是成正比的,与基底膜上的距离变化也成正比。一个频率为 500 Hz 的音调在听感上的频率为 4.9 Bark,而一个频率为 1,000 Hz 的音调为 8.5 Bark,二者相差 3.6 Bark。另一方面,一个 5,000 Hz 音调的听觉频率是 19.2 Bark,而一个 5,500 Hz 音调的听觉频率为 19.8 Bark,二者仅差 0.6 Bark。图 4.4 中的曲线表达了这样的事实:在听感可知的频率范围内,听觉系统对低频端的频率变化比对高频端的变化更加敏感。

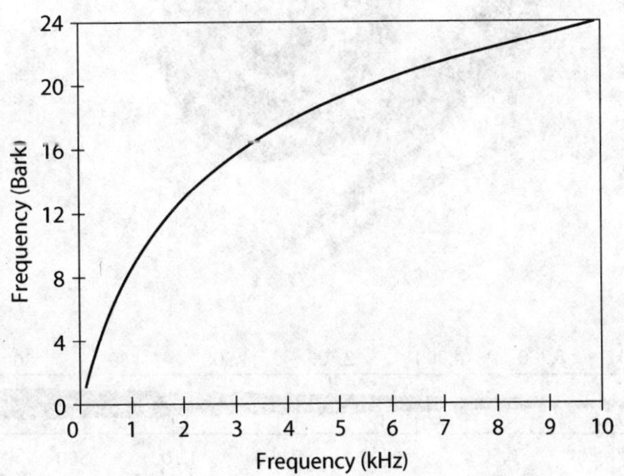

图 4.4　听觉频率标度(Bark 标度)和声学频率标度(kHz)的对比,表明听觉系统对听觉范围内低频端的微小变化更加敏感。

---

① 该标度的汉译为"巴克",下文一律使用英文原名。

听者对于周期声的音高以及复合音音色的经验在很大程度上受到基底膜生理结构的影响,频率感知的非线性与此相关。图 4.5 显示的是频率和基底膜上位置之间的关系。如上文所述,基底膜在底端最薄,在顶端最厚;因此,它的底端就与高频声音发生响应,而顶端则与低频声音发生响应。例如,如图 4.5 所示,基底膜上相对较大的部分与 1,000 Hz 以下的声音发生响应,而只有较小的一部分与 12,000 Hz 到 13,000 Hz 之间的声音发生响应。因此,频率在 1,000 Hz 以下的较小变化比 12,000 Hz 以上的较小变化更容易被基底膜探测到。图 4.4 所展示的听觉频率和声学频率之间的关系就是由内耳基底膜的这种结构导致的。

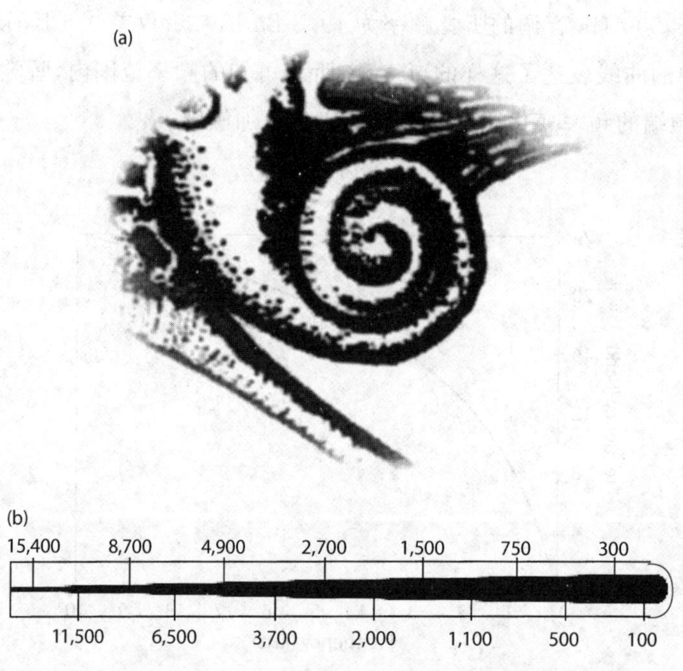

图 4.5 (a)内耳。(b)将耳蜗"展开"之后,基底膜上对代表性频率具有敏感性的大致位置。参见图 4.1 中内耳相对于周围听觉系统其他部分的位置。

4.4 饱和与掩蔽

内耳的意识神经元和对声音响应的听觉神经是依赖化学供给(带电的钠、钾离子)运行的生理机制。因此,当运行供给不足,或者在最大容量中运行时,它们对声音的响应可能不会像通常情况那样活跃[①]。实际上,这种情况经常发生。

例如,在短暂的静音片段之后,听觉神经细胞对一个音调的反应比这个音调播放一小会儿之后更强。在静音段,当神经细胞携带了带电的正离子,它们就能够充分"重新充电"。所以,当声音令耳蜗的基底膜产生移动时,听觉神经中的毛细胞和神经元就预备放电。导致更高敏感度的这个静音段的长度在神经元之间有差异,但通常是比较短的,可能在 5 ms 到 10 ms 之间。有趣的是,这个长度大约是塞音除阻爆发的长度,有人曾经提出,一个静音段[②]之后听觉神经元产生的更高敏感性可以增强对塞音除阻爆发信息的感知敏锐度。与之相同的机制可以使得人类能够更加广泛地听到有变化的音质,这是因为有意义的静音段(站在神经元的角度)在听觉神经细胞的特定中心频率上缺乏声学能量。因此,无论是否存在静音段,声学活动起始处的爆发往往都会降低一个稳态声音相对于声学变化的信息含量。

声音如何在听觉系统中被及时记录的另一个方面是掩蔽效应。在该效应的作用之下,一个声音的出现会造成邻近的其他声音听觉的困难。掩蔽效应曾被称为"占线"效应。其基本思想是,如果一个神经元在响应一个声音时处于放电状态,另一个声音的解码也倾向于使用这个神经元的放电,这样第二个声音就无法激发较大增量的放电——因此系统对第二个声音的敏感度相对来说就较小。我们将讨论与语音感知相关的两种类型的掩蔽效应:"频率掩蔽"和"时间掩蔽"。

---

① 这种现象即听觉的"饱和"效应。

② 在本书后面的章节中,为了将塞音成阻和持阻阶段的 silence 与普通的 silence 有所区分,将塞音中的 silence 译为"无声段"。

图 4.6 演示的是掩蔽效应,它给出了用窄带噪声(图中的灰色直条)和一系列正弦声波(空心圆圈)所做实验的结果。在这个特定演示中,掩蔽噪声的带宽是 90 Hz,其中心频率为 410 Hz,响度为 70 dB SPL。图中的空心点表示在掩蔽噪声播放时一个纯音的振幅要增加多大才能被听到(即,这些点显示了每一个被探测纯音的振幅阈限水平的提升)。例如,100 Hz 的纯音(第一个点)的振幅阈限根本没有受到 410 Hz 掩蔽噪声的影响,但是一个 400 Hz 的纯音必须放大 50 dB 才能被听到。图 4.6 所显示的频率掩蔽数据的最重要的一点,叫作**向上延展掩蔽**。比掩蔽噪声频率高的声音的掩蔽效应大于比掩蔽噪声频率低的声音。所以,要听到一个频率为 610 Hz(比掩蔽噪声的中心频率高 200 Hz)的声音,就必须在常规阈限响度的基础上增加 38 dB,

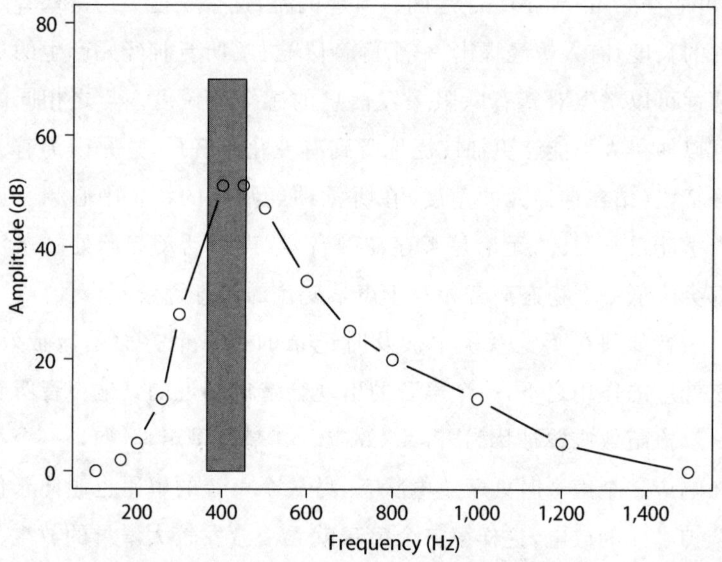

图 4.6　自然掩蔽的图示,显示的是向上延展掩蔽效应。灰条表示掩蔽噪声的频率和振幅,空心圆点表示所探测的不同频率音调振幅阈限的提升,这些音调分别与掩蔽噪声同时播放。此图显示的是 Egan and Hake(1950)以不同格式所呈现的数据。

而一个 210 Hz(比掩蔽噪声的中心频率低 200 Hz)的纯音的振幅一点都不需要放大就能听到,这表明低频噪声倾向于掩盖高频成分。

向上延展掩蔽:何处出现?有何用处?

关于向上延展掩蔽要交代两件事。首先要说的是,它可能来自耳蜗中基底膜的振动机制。从中耳的听骨传递到耳蜗的某个正弦波的声压波动在基底膜上穿行下去,振幅逐渐加大(即,让基底膜越来越偏离静止位置),直至该正弦波频率的最大响应位置(见图 4.5),然后又迅速停止了基底膜的偏移。其结果是,位于耳蜗基端且响应高频声音的基底膜,会被低频声音所刺激,而位于耳蜗顶端且响应低频声音的基底膜,受高频声音的影响不会太大。因此,向上延展掩蔽是机械操作的生理副产品,这个机械操作就发生于头部那个充满淋巴液的小耳蜗中。

"这能说明什么呢?"你也许会问。那我告诉你,向上延展掩蔽可以用于 MP3 的声音压缩。在第 3 章中我们提到了音频压缩,并且说,原始音频可以是一个真正的带宽拱。MP3 压缩标准运用了掩蔽,特别是向上延展掩蔽,有选择性地将一些频率成分从压缩音频中去除。那些位于图 4.6 中高频尾部的一部分你无论如何都听不到了?随它去吧!就把那些听不到的部分去掉用来节省空间。

还有一种掩蔽是时间掩蔽,这里的情况是指按时间顺序出现的声音彼此会遮盖对方。例如,一个短而轻的声音独立地听也许可以听得很清楚,但如果它紧挨着一个与之频率相同的更大的声音,可能就会被完全遮盖。对于这种"顺向掩蔽"现象,有很多参数可以加以描述。在可能影响语音感知的各种情况中,我们要注意掩蔽噪声必须比 40 dB SPL 更强,被掩蔽声音的频率必须与掩蔽声音匹配(或者与掩蔽声音的某些频率成分相同)。掩蔽效应下降得非常迅速,并且在 25 ms 之后几乎没有实际上的显著性。在语音中,我们也许可以看到元音起始处的轻微顺向掩蔽效应(元音是语音中响度最大的声音)。逆向掩蔽效应是指一个较轻的声音如果后接较响的声音,这个较轻的声音在听感上会被弱化,这种现象与语音感知的相关性更小,虽然它是一个有趣的谜,即某种东西如何在时间上倒退并影响你对声音的感知。当然,它并非真的不可思议,这不过是因为较强的信号比较弱的信号在神经系统中传递得更快。

4.5 听觉表达

"听觉表达"实际上的全部意思是,当我们计算一个语音的声学功率谱时,分析设备(比如计算机或语图仪)的频率和响度标度与听觉系统的频率和响度标度并不相同。因此,语音的声学分析就可能与听音人的感受不相匹配。对于像塞音除阻爆发和具有高频区域能量以及(或者)振幅骤然变化的擦音之类的语音,由此产生的失匹配是巨大的。避免声学分析和听者感受失匹配的一个方法是运用听觉系统的一种函数模型。语音分析中使用**听觉模型**的一些研究案例有 Liljencrants and Lindblom(1972)、Bladon and Lindblom(1981)、Johnson(1989)、Lyons(1982)、Patterson(1976)、Moore and Glasberg(1983)以及 Seneff(1988)。图 4.7 显示了一个复合波的听觉和声学频谱之间的差异,该复合波由 500 Hz 和 1,500 Hz 的正弦波组成。纵轴是以 dB 为单位的振幅;横轴显示频率,图的底部横轴以 Hz 为单位,顶部横轴以 Bark 为单位。我用计算机程序(Johnson,1989)制作了这张**听觉频谱图**以及在下文显示的一些图,这个程序模拟了图 4.4 所示的频率响应特征和图 4.3 所示的等响度曲线。注意,由于声学和听觉频率的标度不同,在两种表达中曲线上的峰值落在不同的地方,尽管两种谱图都覆盖了 0 到 10,000 Hz 的范围。近乎一半的听觉范围涵盖了 1,500 Hz 以下的频率,但同等听觉范围只涵盖了不到图中所示声学范围的十分之二。所以,低频成分往往在听觉频谱中占据主导地位。需要注意的是在听觉频谱上有些频率成分发生了模糊,导致 11 Bark(1,500 Hz)处的尖峰比 5 Bark(500 Hz)处略宽,这种频谱模糊随频率的增高而加剧。

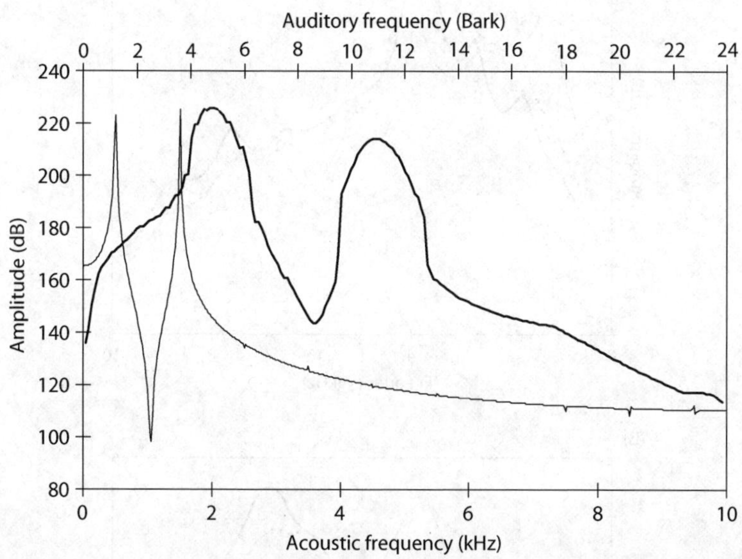

图 4.7　一个复合波(由 500 Hz 和 1,500 Hz 的正弦波组成)的声学(细线)和听觉(粗线)频谱对比。两种频谱的显示范围都是 0—10 kHz,但频率标度不同。听觉频谱使用 Johnson(1989)的模型从声学频谱计算而得。

图 4.8 显示了语音声学和听觉频谱差异的一个案例。图(a)显示的是 Xhosa 语[①]中啧音(click)除阻爆发的声学频谱,(b)显示相应的听觉频谱。与图 4.7 相似,这张图也表明了声学和听觉频谱之间的一些区别。首先,6 kHz 到 10 kHz(听觉谱中 20—24 Bark)之间的区域在听觉谱中不很突出,这些啧音在这个区域内彼此差别不大。这个不大重要的部分在声学谱中占据了频率范围的五分之二,而在听觉谱上只占了五分之一的范围,这就直观地、同时很可能在听觉上增加了两种频谱之间的差异。其次,在所分析的频率范围内,听觉谱比声学谱显示的振幅峰数量要少很多。此处应注意的是,图 4.8 所显示的声学

① 豪萨语,南非和津巴布韦的官方语言之一,其语音系统的突出特点是有啧音。

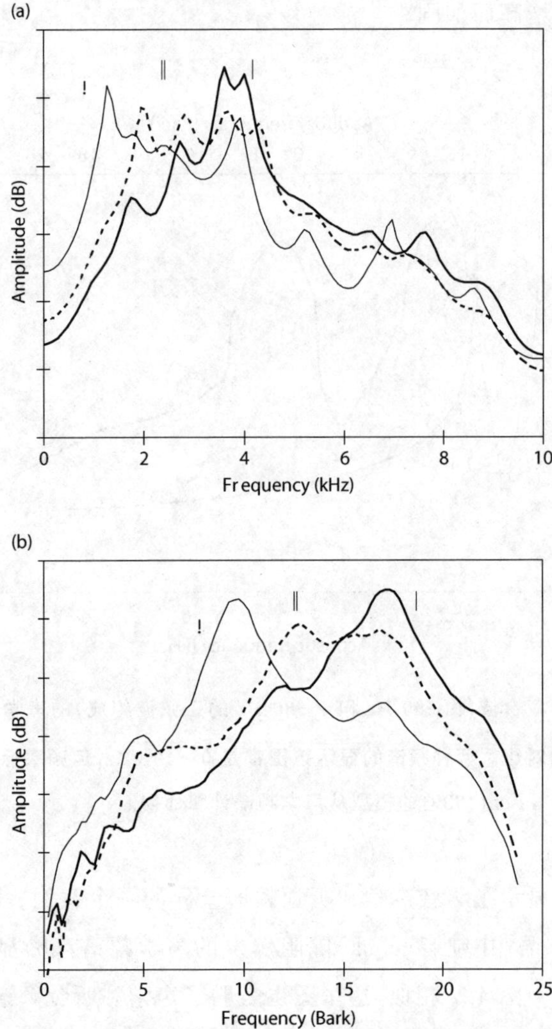

图 4.8　Xhosa 语中三个喷音在除阻爆发处声学功率谱（a）和听觉频谱（b）的对比。国际音标符号为[ǀ]齿喷音、[!]龈后喷音和[‖]边喷音①。在声学频谱中，三个喷音在6 kHz 以下彼此相异。在听觉频谱中，6 kHz以上位于频率范围最高端(超过 20 Bark)的频率成分因为无区别作用而被压缩。纵轴上两个刻度之间相差 10 dB。

---

① [‖]在国际语音学会 2015 版的国际音标"非肺部气流音"中标识为"alveolar lateral click"，即"龈边喷音"。

谱在计算时使用 LPC 进行了平滑，而输入听觉模型的 FFT 谱比平滑的 LPC 谱要复杂得多。另一方面，听觉谱上的平滑显著性是在高频区域增加滤波器带宽造成的。

听觉模型是相当有趣的，因为它们提供了一种从听者的角度观察语音信号的方法。听觉模型在语音学中是否有用取决于对周围听觉系统特定模仿的精确度。因此，本书绕过了语音这类复杂信号中未被充分了解的知识领域，而是仅仅运用听觉响度和听觉频率响应的非线性特征来予以阐释，这些非线性特征众所周知，而且也得到过深入研究。

这些相当保守的听觉表达说明，声学分析仅仅粗略地逼近了听者用来识别言语声的听觉表达。

回忆一下第 3 章，数字化的语图产生于对一系列 FFT 频谱中频谱振幅的解析，这些振幅以灰色阴影在语图中呈现。可以使用相同的展示方式从听觉频谱序列中制作听觉语图。图 4.9 显示了汉语粤语词[kɑː]“鸡”的一幅声学语图以及一幅听觉语图（参见图 3.20）。在作图时，我使用了可以公开获取的听觉模型[Lyons 的耳蜗模型（Lyons，1982；Slaney，1988），该模型可在以下地址获取：http://linguistics.berkeley.edu/phonlab/resources/①]。听觉语图，也可以称为**耳蜗语图**，它结合了听觉频谱和语图的特征。如同语图一样，模拟的听觉响应使用以灰色阴影描绘的频谱振幅表征，横轴表示时间，纵轴表示频率。注意，尽管在两种语图中频率显示范围相同（0—11 kHz），但是由于使用了听觉频率标度，耳蜗语图中元音频谱能量最低集中区的变化看上去更加明显。

① 该网址目前已经不可访问。

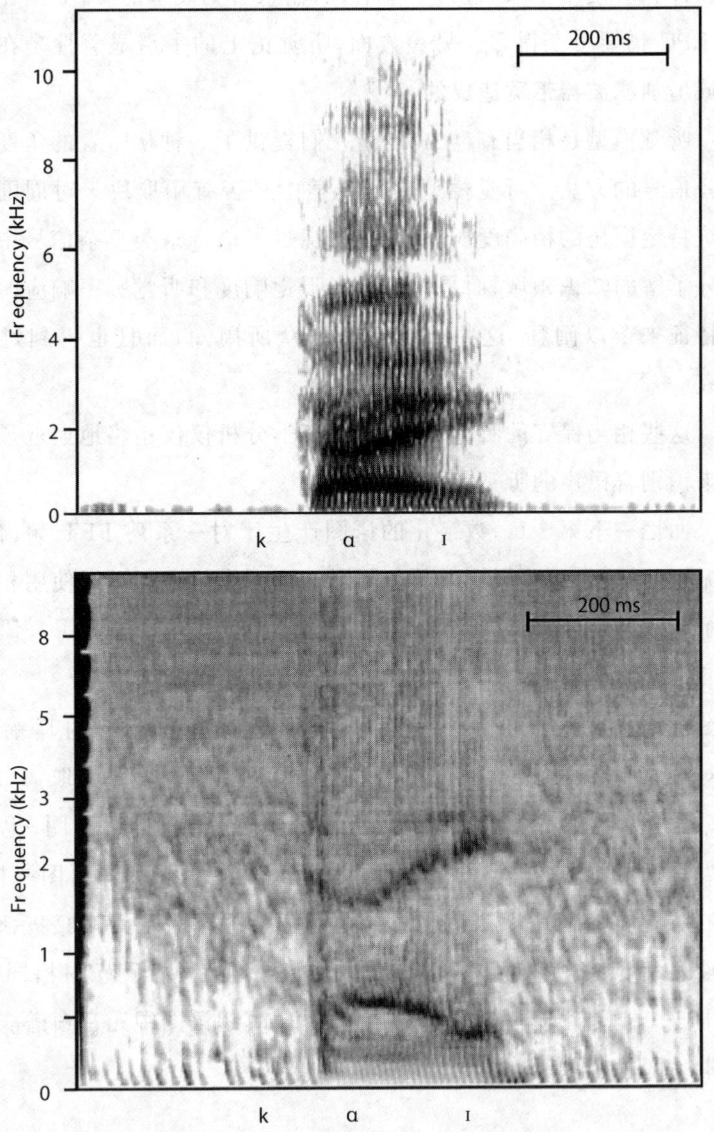

图 4.9 汉语粤语词[kɑɪ]“鸡”的常规声学语图(上)和听觉语图/耳蜗语图(下)的对比。耳蜗语图用 Lyons(1982)的耳蜗模型作出。

推荐阅读

Bladon, A. and Lindblom, B. (1981) Modeling the judgement of vowel quality differences. *Journal of the Acoustical Society of America*, 69, 1414－22. 使用听觉模型预测元音感知结果。

Brödel, M. (1946) *Three Unpublished Drawings of the Anatomy of the Human Ear*, Philadelphia: Saunders. 本章图4.1的来源。

Johnson, K. (1989) Contrast and normalization in vowel perception. *Journal of Phonetics*, 18, 229－54. 使用听觉模型预测元音感知结果。

Liljencrants, J. and Lindblom, B. (1972) Numerical simulation of vowel quality systems: The role of perceptual contrast. *Language*, 48, 839－62. 使用听觉模型预测元音库中的跨语言模式。

Lyons, R. F. (1982) A computational model of filtering, detection and compression in the cochlea. *Proceedings of the IEEE International Conference on Acoustics, Speech and Signal Processing*, 1282－5. 声学信号转换成听觉神经信号的模拟。Slaney(1988)对该模型的实现在本书中被用来制作"耳蜗语图"。

Moore, B. C. J. (1982) *An Introduction to the Psychology of Hearing*, 2nd edn., New York: Academic Press. 对人类听力行为测量的全面介绍——听觉心理物理学。

Moore, B. C. J. and Glasberg, B. R. (1983) Suggested formulae for calculating auditory-filter bandwidths and excitation patterns. *Journal of the Acoustical Society of America*, 74, 750－3. 对等效矩形带宽(ERB)听觉频率标度的描述，并展示如何根据此种信息计算模拟听觉频谱。

Patterson, R. D. (1976) Auditory filter shapes derived from noise *stimuli*. *Journal of the Acoustical Society of America*, 59, 640—54. 演示如何使用听觉滤波器组计算模拟听觉频谱。

Pickles, J. O. (1988) *An Introduction to the Physiology of Hearing*, 2nd edn., New York: Academic Press. 关于听觉物理学和化学的权威性的而又引人入胜的介绍,同时也是对听觉心理物理学的精彩综述。

Schroeder, M. R., Atal, B. S., and Hall, J. L. (1979) Objective measure of certain speech signal degradations based on masking properties of human auditory perception. In B. Lindblom and S. Öhman (eds.), *Frontiers of Speech Communication Research*, London: Academic Press, 217—29. Bark 频率标度的测量和使用。

Seneff, S. (1988) A joint synchrony/mean-rate model of auditory speech processing. *Journal of Phonetics*, 16, 55—76.

Slaney, M. (1988) Lyons' cochlear model. *Apple Technical Report*, 13. Apple Corporate Library, Cupertino, CA. 公开发布的对 Richard Lyons(1982)提出的听觉模拟的实现。

Stevens, S. S. (1957) Concerning the form of the loudness function. *Journal of the Acoustical Society of America*, 29, 603—6. 具有经典的 20 世纪 50 年代风格的听觉心理物理学的一个案例,该文首次描述了宋标度。

Zwicker, E. (1961) Subdivision of the audible frequency range into critical bands (*Frequenzgruppen*). *Journal of the Acoustical Society of America*, 33, 248. 早期对临界频率带宽 Bark 标度的描述。

Zwicker, E. (1975) Scaling. In W. D. Keidel and W. D. Neff (eds.), *Auditory System: Physiology (CNS), behavioral studies, psychoacoustics*, Berlin: Springer-Verlag. 对听觉心理物理学研究中所见的各种频率和响度标度的概述。

练习

【重点术语】

给下列术语下定义：周围听觉系统，鼓膜，中耳，内耳，基底膜，耳蜗，自然响应频率，宋，分贝，等响度曲线，dB SPL，dB SL，Bark 标度，向上延展掩蔽，听觉模型，听觉频谱，耳蜗语图。

【简答题】

1. 根据图 4.2，响度为 6 宋的声音的声压级(以 μPa 为单位)是多少？主观上听起来响度是 6 宋两倍的声音的声压级是多少？

2. 根据图 4.3，下面这些成对的声音中哪一个声音听起来响度更大：强度为 65 dB SPL 的 100 Hz 正弦波和强度为 60 dB SPL 的 1,000 Hz 正弦波；强度为 80 dB SPL 的 15,000 Hz 正弦波和强度为 70 dB SPL 的 2,000 Hz 正弦波；强度为 60 dB SL 的 500 Hz 正弦波和强度为 60 dB SL 的 9,000 Hz 正弦波？

3. 根据图 4.4，下列正弦波以 Bark 为单位的听觉频率各是多少：7 kHz，8 kHz，1 kHz，2 kHz？下面两组声音哪一组的听觉频率区别更大：7 kHz 到 8 kHz，1 kHz 到 2 kHz？

4. 绘图描述声音的传播距离和它们的主观响度之间的关系。这里是一些你可以用来做此练习的声音：用卡片(名片或信用卡之类)在桌上或者卡罩上轻叩，分别用笔、尺子和咖啡杯在桌上轻叩。这里的思路是，这些声音会涵盖一个可控的响度范围。如果你乐意，可以使用其他声音，不过至少选择 4 种声音产生方式且它们在时间上是接近的(例如轻叩)。

请和同伴一起做这个练习。首先，你们俩各自独立地给这些声音的响度进行评级，用数字把评级填入下表(如果愿意可以用分数)。

(a)笔的响度是卡片响度的________倍。

(b)尺子响度是笔的响度的________倍。

(c)杯子响度是尺子响度的________倍。

你可以把卡片的主观响度级别设置为1,然后把笔的响度设置为1乘以在(a)中给出的倍数,然后把尺子的响度设置为笔的响度乘以在(b)中给出的倍数,最后把杯子的响度设置为尺子的响度乘以在(c)中给出的倍数。你和同伴对这些声音响度的标度有多大差别?

现在用另一种方法来测量响度。找一条走廊,或一个开阔的庭院,或一块开阔场地。当一个人发出以上某种声音时,另一个人要走开,一直走到听不见这个声音的地方。制作声音的人可以数听音人走开的步数并记录下来。将此方法用于所有声音,两个人交换角色重复做一次。你和同伴给出的标度差异有多大?

这两种响度测量方法如何相互比较?尝试用图4.2中描述宋标度和气压关系的方法进行绘图。你所得到的关系是线性的还是非线性的?是否一种标度更像宋标度而另一种标度更像声压标度?如何把距离标度转换为声压?

第5章

语音感知

当你听人说话时，你一般会把注意力集中于理解他人的意思。解释这个现象的最著名(语言学上)的一个说法是“我们说话是为了被人闻听，被人理解”(Jakobson et al.,1952)。作为听话人，我们的目的，即理解说话人，驱使我们将注意力集中于抓住说话人正在说的那些词，而不大注意他们的发音到底如何。但是，有些时候一个发音会跳入你的耳朵：有人用一种陌生的方式说了一个你熟悉的词，你不得不问“你是这么说的吗?”。当我们在听言语的声音时——听词的发音而不是词所表达的意义——作为听者，我们正在进行语音感知。

在语音感知中，听者将注意力集中于言语的声音，关注发音的语音细节，而这些细节在一般的言语交际中多半会被彻底略过。例如，听者常常听不到或似乎听不到常规谈话中的语音失误或有意的发音错误，但当引导他们专听发音错误时，他们就会注意这些偏误(参见Cole,1973)。

发音错误探测试验

在你处理日常例行公事的时候，试着时不时地念错一个词，看看正和你谈话的人是否会注意到。例如，如果谈话是有关一堂生物课的，你可以把生物学 biology 说成“biolochi”。用这种方式说一两次这个词之后，你可以告知你朋友这是个小试验，并问问他们是否注意到有念错的词。人们是在词首还是词中位置更多地注意到了发音错误?对元音比对辅音注意得更多吗?对名词和动词的注意多于对虚词的注意吗?如果人们没有注意到一个词的发音错误,他们是怎样在心理词典里查阅单词的?显然,在心理词典中查阅单词与在纸版印刷词典中查阅单词是不同的(试着用 Google 搜索一下"biolochi")。当你坚持有意念错音时,你的朋友是否认为你很怪异?

鉴于上述原因,本章我们将把语音感知作为语音听力模式加以讨论,我们关注的是言语的声音而不是词汇。在语音学和心理语言学领域,一个很有趣的问题是寻找一种方法来测量听者在正常对话中获取多少语音信息,但在本书中我们可以把注意力集中于语音听力模式。

5.1 听觉能力影响语音感知

正如我们在第 4 章看到的,语音感知是由听觉系统的一般特性所形成的,这些特性决定了我们可以听到什么以及不能听到什么,决定了在特定的片断语境中哪些线索是可以恢复的,决定了相邻的声音如何相互影响。例如,我们看到,耳蜗对频率的非线性标度可能会造成此种情形:没有哪种语言会基于 6,000 Hz 以上的频率成分来区分擦音。

再举另外两个例子说明听觉系统如何限制语音感知。第一个例子与送气和不送气塞音的差异有关,这种对立以一种被称为"嗓音起始时间"(简称 VOT)的时间线索为标志。VOT 是一种测量(以毫秒为单位)塞音除阻爆发之后嗓音起始延迟的方法。送气塞音之后嗓音的延迟比不送气塞音长——所以在送气塞音中,口腔闭塞解除之后声带在短时间内还保持打开的状态。这就是清送气辅音中短暂吹气音的由来。人们发现在很多语言中送气塞音和不送气塞音在 VOT 30 ms 处有一个边界。是什么缘故导致塞音除阻和嗓音起始之间 30 ms 的延迟如此特别呢?

这正是听觉系统发挥作用之所在。我们作为听者能够探测不同频率音调的非同步起始，这就使得大部分跨语言的常规嗓音起始时间边界在约 ±30 ms 的地方。假设有两个纯音，一个频率为 500 Hz，另一个为 1,000 Hz。在一个知觉测试中[研究案例参见 Pisoni(1977)、Pastore and Farrington(1996)]，我们把这两个纯音叠加在一起，它们的起始时间略有不同步——500 Hz 的纯音比 1,000 Hz 的纯音早 20 ms 起始。我们要求听者判断这两个声音是否同时起始，或者一个声音是否比另一个声音略早起始，此时我们发现，听音人认为两个被 20 ms 长的起始异步所分隔的纯音是同时开始的。一直到它们之间相隔约 30 ms 为止，听音人都注意不到两个声音起始的非同步性。非语音听觉感知和跨语言普遍性之间的这个对应性使得人们认为，听觉系统探测起始异步的能力对于这种跨语言语音特性来说可能是一个关键因素。

第二个例子是关于听觉系统的另一个普遍特性，这个特性可能会在被称为"协同发音补偿"的感知现象中起作用。此种作用发生在 CV 音节的辅音发音部位的感知中。这项研究中的基本实验语料是从[dɑ]到[gɑ]的一个音节连续统(见图 5.1)，其中的音节在声学上等间距分布。对于这张图要稍加说明。在第 3 章结束之处我介绍了语图，在那个小节中我提到语图上的黑色横杠表示由声道共鸣导致的频谱峰(共振峰频率)。如此，在图 5.1a 中我们看到了 5 个音节的序列，1 号被标为[dɑ]而 5 号被标为[gɑ]。每个音节的元音都相同，第一共振峰(F_1)约为 900 Hz，第二共振峰(F_2)约为 1,100 Hz，F_3 和 F_4 分别为 2,500 Hz 和 3,700 Hz。[dɑ]和[gɑ]的差异与每个音节起始处共振峰的短暂变化(叫作共振峰过渡段)有关。[dɑ]的 F_2 始于 1,500 Hz，F_3 始于2,900 Hz，而[gɑ]的 F_2 始于 1,900 Hz，F_3 始于 2,000 Hz。在图 5.1b 中你会注意到[ɑl]和[ɑr]的主要差异是音节末尾的 F_3 模式。

Mann(1980)发现，[dɑ]－[gɑ]连续统的感知依赖于它们的前接语境。听音人报告说，当前面的 VC 型音节为[ɑl]时，连续统中部模棱两可的音节听上去像"ga"，而当前接[ɑr]时听起来像"da"。

(a)

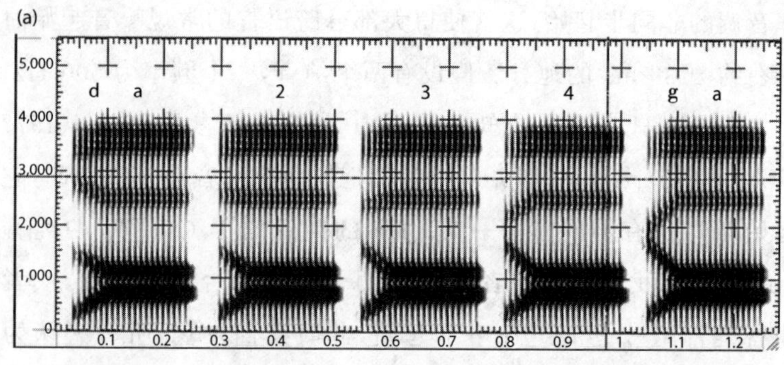

(b)

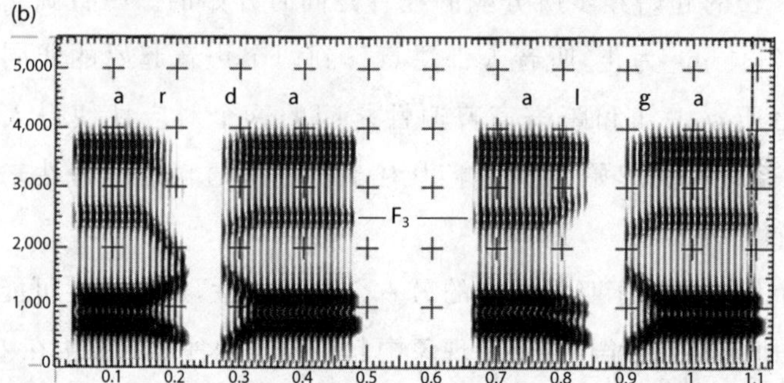

图 5.1　(a)以 5 个等间距声学步长合成的从"da"变化到"ga"的辅一元音节连续统。(b)"da/ga"连续统中 3 号音节前接"ar"听上去像"da",前接"al"时听上去像"ga"。

顾名思义,这种"协同发音补偿"的感知效应可能与 VC 语境测试项中([ɑl]或[ɑr])的末尾辅音和 CV 测试项中([dɑ]-[gɑ])的起始辅音之间的协同发音有关。但是,一种听觉频率对比效应可能也会起作用。图 5.1b 说明了此种解释的思路。F_3的相对频率把[dɑ]和[gɑ]区别开来——[dɑ]中的 F_3高于[gɑ]中的 F_3。但有趣的是,感知到的 F_3 也可能会被[dɑ/gɑ]之前的 F_3 所影响。当[dɑ/gɑ]的前接 F_3 较低(像在[ɑr]中一样)时,[dɑ/gɑ]的 F_3听上去相对高一些;而当前接 F_3 较高时,[dɑ/gɑ]的 F_3听起来就较低。Lotto and Kluender (1998)用一个简单正弦波替换前接音节检验了这个想法,该正弦波的频率在一种条件下与[ɑr]结束处 F_3的频率相匹配,而在另一种条件下与[ɑl]结束处

F_3的频率相匹配。他们发现,这些孤立的非语音纯音使得[dɑ]—[gɑ]连续统的感知发生了与[ɑr]和[ɑl]条件下方向相同的偏移。因此很显然,至少协同发音补偿的一部分是由一种单纯的听觉对比效应造成的,该效应与感知的语音模式无关。

一种效应,两样解释

协同发音补偿效应存在争议。对于喜欢从语音感知——即"听"人说话——角度来思考语音感知问题的研究者来说,协同发音补偿效应是根据协同发音加以解释的。[r]的舌头后缩使得听者期待后续音段也会有舌头后缩,因此,由于这种依赖语境的期待,在[r]语境中一个发音部位靠后的塞音(很像"g")听起来依然基本上像"d"。那些认为首先而且最重要的应当是在感觉输入系统中寻找感知效应解释(在提出更抽象的认知分析解释之前)的研究者,则比较倾向于听觉对比解释。

我认为,有证据表明这两种解释都是合适的。用纯音语境测试项替代[ɑr]或[ɑl],听觉对比的确出现了,但其效应比使用前兆语音音节时要小。效应较小说明听觉对比并非唯一因素。我也曾使用类似刺激做过研究,将[ɑl]和[ɑr]之间的连续统作为[dɑ]—[gɑ]连续统的语境。当前兆音节和目标音节都模棱两可时,目标音节的辨认(如"da"或"ga")就依赖于前兆音节的感知识别。也就是说,对于相同的声学测试项来说,如果听者认为上文是"ar",他/她就更愿意把这个模棱两可的目标认作"da"。这显然不是听觉对比效应所致。

综上所述,听觉感知和语音感知似乎把听者向同一方向推进。

5.2 语音学知识[①]影响语音感知

听觉系统影响我们的语音感知,这个事实当然不完全意味着语音

① 本节的"语音学(phonetics)知识"不是指语音学的理论知识,而是指后天习得的语音知识特别是母语的语音知识,例如语音的单位、范畴等。在本书的其他一些章节中,"语音学知识"或者"语音学信息"中的"语音学"也都不是指语音学理论,而是指语音的规律或法则。

感知现象是由我们的听觉能力决定的。作为说话者,而不仅仅是听话者,我们也被自己产生语音的知识所引导。有两种主要的感知效应来自语音学知识:范畴感知和语音整合性。

5.2.1 范畴感知

回顾一下图 5.1a。其中有一个音节序列,它从听上去像“da”的一端逐渐转移(以相同的声学步长)到听上去像“ga”的另一端(见表 5.1)。这种逐渐变化的序列被称为**刺激连续统**。当我们给听音人播放这些合成音节,并要求他们辨认这些声音时——使用诸如“请写出你听到的内容”之类的引导语——他们通常把前三个音节认作“da”而把最后两个认作“ga”。他们的反应似乎非常具有范畴性:一个音节不是“da”就是“ga”。但是,这当然可能仅仅是因为对于连续统中的声音我们只给出了两种标签,所以根据实验任务的定义,听音人只能说刺激是“da”或者“ga”。不过,有趣的是——这就是我们说语音感知倾向于范畴性的原因——根据我们用来识别连续统中各成员的标签,听到连续统中刺激的差异的能力是可以进行预测的。

表 5.1　图 5.1a 所示音节的主要声学参数和辨认结果。

测试项序号	F_2起始	F_3起始	辨认结果
1	1,480	2,750	“da”
2	1,522	2,562	“da”
3	1,565	2,375	“da”
4	1,607	2,187	“ga”
5	1,650	2,000	“ga”

为了说明这一点,假设我给你播放图 5.1a 所示连续统中的头两个音节——1 号和 2 号测试项,听者把它们都标为“da”,但它们彼此之间有细微差异。1 号的 F_3起始于 2,750 Hz,而 2 号的 F_3起始于 2,562 Hz。人们不会注意到这个对比——这两个音节听起来真的完全一样。同

样的情况发生在 2 号和 3 号测试项的对比以及 4 号和 5 号测试项的对比中。但是，当你听到 3 号(一般情况下你会标注为"da"的音节)和 4 号(一般情况下你会标注为"ga"的音节)的对比时，它们之间的差异就突然扑入你的耳中。关键是，在区分任务中——当你被要求寻找细微差异时——你不必使用"da"或"ga"的标签。你应该能够在几乎同等精确的水平上听到测试项之间的差异，无论你想给这些测试项贴上哪种标签，因为 1 号和 2 号测试项之间的差异与 3 号和 4 号之间的差异是一样的(F_3起始位置相差 188 Hz)。但事实却令人惊讶，即便你在听觉反应中不必使用"da"和"ga"的标签，你的感知也和这些标签一致——当两个测试项被打上不同标签时，你能够注意到 188 Hz 的差异；而当两个测试项标签相同时，你就没注意到那么多了。

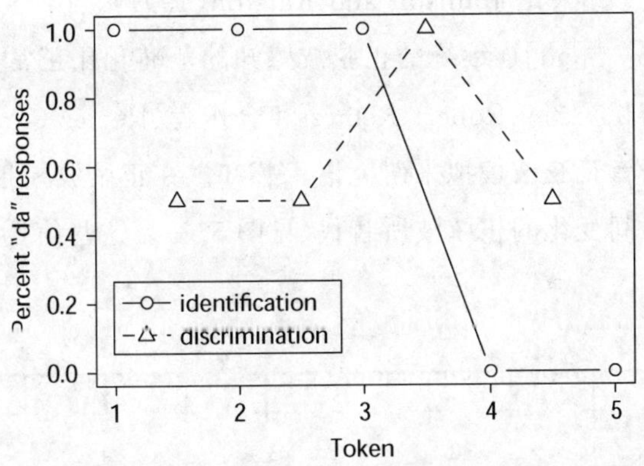

图 5.2　经典范畴感知结果的模式。辨认行为结果(用空心圆圈表示)在一个范畴到另一个范畴之间有一个急剧的过渡，对于范畴内的区分，区分行为结果(回答"不同"的概率，用空心三角和虚线表示)不比随机猜测水平高。

展示这些假设性结果的一个经典方法如图 5.2 所示(类似此图的原始图形见 Liberman et al.，1957)。这张图有两个"函数"——两条折线——一条是听者将一个测试项辨认为"da"的次数比例，另一条是听者可以准确地判断两个测试项(比如 1 号和 2 号)是否有差异的次数比例。这两个函数中的第一个叫辨认函数,我把它画得好像我们永远都把 1、2 和 3 号测试项辨认为“da”一样(概率等于 1)。这两个函数中第二个叫区分函数,我画出了这样一种情况,当互相比较的测试项在辨认中具有相同标签时,该听音人就开始猜测了(这里“猜测”相当于正确探测到两个测试项差异的概率为 0.5),而他/她总是可以听到 3 号(标为“da”)和 4 号测试项(标为“ga”)之间的差异。图 5.2 中的反应模式就是我们所说的“范畴感知”的意思——范畴内的区分为随机水平,而范畴间的区分完全正确。语音感知倾向于范畴化,但有趣的是,正如协同发音补偿效应一样,在此类实验中存在一种听觉感知成分,所以语音感知永远不是完美的范畴型。

我们以范畴化的方式感知语音的倾向曾被通过很多方法研究过。这些研究中最有意思的一项(至少对我来说)认为,语音的范畴感知是一种习得的现象(见 Johnson and Ralston,1994)。出乎人们意料的是,模拟[dɑ]—[gɑ]连续统的正弦波感知的范畴化比正常发音的语音感知的范畴化要弱。Robert Remez 和合作者(Remez et al.,1981)率先使用了**语音正弦波模拟**来研究语音感知。在正弦波模拟信号中,共振峰被随时间变化的正弦波所替代(见图 5.3)。这些信号虽然在声学

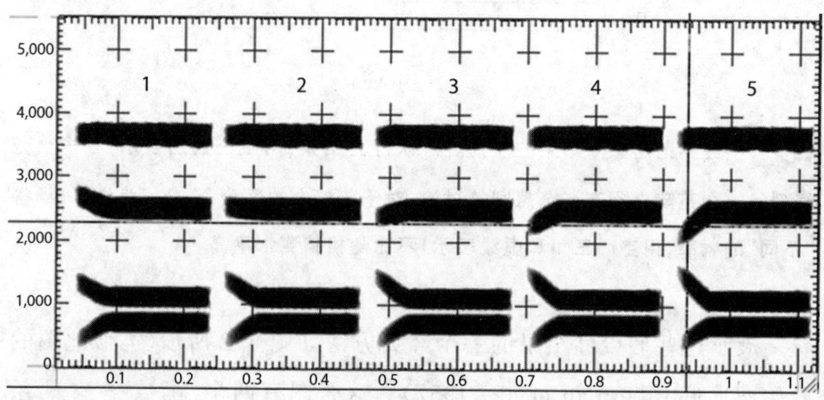

图 5.3 以图 5.1 中的“da—ga”为模型的正弦波模拟音节连续统。

上与语音相当，但听起来完全不像语音。我们对语音信号的反应比对语音正弦波模拟信号的反应更加范畴化，这一事实表明，听到语音共振峰频率与听到非语音的视频游戏噪声相比，存在某种特别之处。关于这一现象的一个解释是，作为人类，我们有一种内在能力从语音中恢复语音学信息，这样我们就能听见说话人有意图的范畴化发音姿态。

关于语音为何倾向于被范畴化地听取，一个简单的解释是我们的感知系统已经被语言学经验所调整。作为说话者，我们说话时有某种程度上的范畴化意图——例如，要说"dot"而不是"got"。因此作为听话者，我们就会以作为说话者已经学会使用的那些范畴来评估语音。有若干证据可以支持这种范畴感知的"已习得范畴性"观点。

举个例子，正如你从尝试学习国际音标表中的声音中所了解的那样，外语的语音常常是以母语语音的框架被听到的。比如，如果你像多数初学者一样，在学内爆发音[ɓ]、[ɗ]和[ɠ]时，你就很难听到它们和简单浊塞音之间的区别。这个简单观察已多次且以多种方式被证实，它表明在语音感知中，我们只能听到我们作为说话人所熟悉的声音。我们的范畴感知边界取决于我们说何种语言。[Best(1995)和Flege(1995)提出的理论为这个问题的概念化提供了明确方法。]

范畴磁石

关于范畴感知语言特异性的一个特别有趣的演示是"感知磁石效应"(Kuhl et al.,1992)。在此项实验中，你合成一个元音，其音质为[i]的典型发音，然后围绕着它合成若干元音，令其与位于中心的[i]形成系统性的差异。在图 5.4 中，该元音以白星表示，围绕它的白圈表示其周边的元音。第二个系列的元音依然是以一个放射状的网格围绕着中心元音的方式合成的。第二个系列不是以一个典型的[i]为中心，取而代之的是一个与[i]和[e]之间的边界较近的元音。

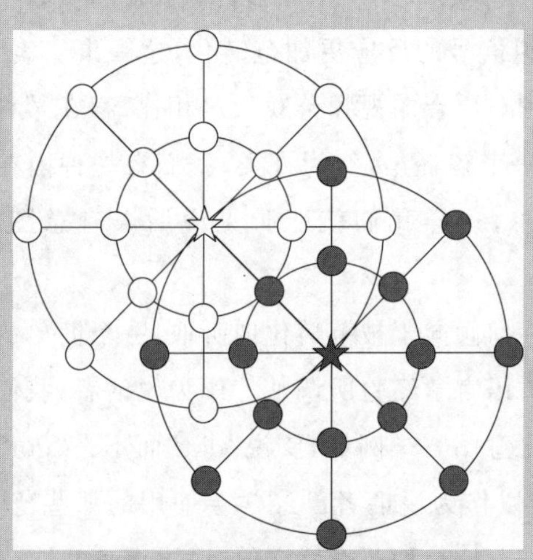

图 5.4 比较感知敏感性的刺激示意图,将围绕原型元音(白星)的感知敏感性与围绕同范畴的非原型元音的感知敏感性进行对比。

当你问成年人是否能听到位于中心的元音(两颗星之中的任意一个)和它外围第一个圆环上元音的差别,出乎意料的是,他们区分白星(原型的[i])与其周边元音要比区分黑星(非原型的[i])与其周边元音更加困难。这个效应很有意思,因为它似乎表明范畴内部的范畴感知是渐变的(注意,此次实验中的所有元音听上去都像[i]的变体,甚至包括距[i]/[e]边界较近的黑色序列中的那些)。但是,更有趣的事儿是,感知磁石的位置因听音人的母语而有所不同,即使听音人还在婴儿期!

5.2.2 语音整合性

听觉感官体验以一系列格式塔组织原则形成了这个世界的一个整合性“图景”,这些格式塔组织原则曾被称为“听觉场景分析”(Bregman,1990)。当我们感知语音时,我们体验了伴随着声学成分的语音整合性,但是,根据场景分析原则,这些声学成分应该是非整合的。

关于上述问题，一个较好的例子是**复式感知**。这种现象是 Timothy Rand 在 1974 年发现的。在此现象中，左通道的刺激有个很小的"啭声"噪声——一个较弱的 80 ms 音调滑动，与[dɑ]或[gɑ]音节中 F_3 的典型频率对应——右通道是一个"基础"刺激，由仅仅缺少 F_3 啭声成分的[dɑ]或[gɑ]构成。有趣的是，作为基础刺激的[dɑ]和[gɑ]可以完全相同，所以刺激之间唯一的差异就由啭声呈现。图 5.5 显示了包含 5 个音节的一个刺激序列的声学波形，它们分别呈现于左耳和右耳。序列中第一个刺激声音像[dɑ]，最后一个像[gɑ]（与图5.1a 所示连续统恰好一样）。基础信号在右耳呈现，啭声噪声在左耳呈现。

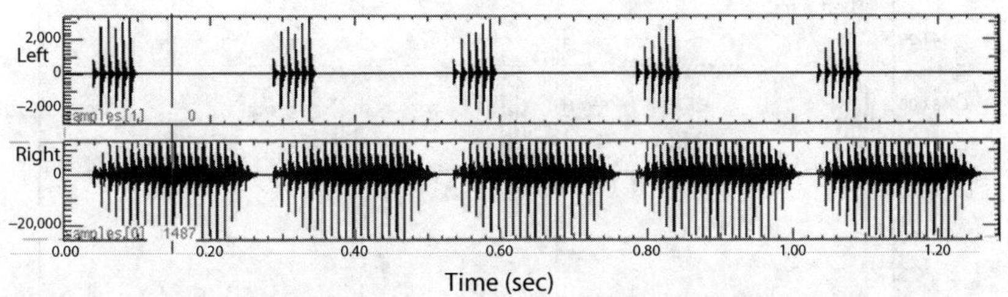

图 5.5　用来检验复式感知的刺激的波形。上栏显示的是呈现给左耳的信号轨迹，下栏显示的是呈现给右耳的信号轨迹。

图 5.6 中的语图凸显了这些复式感知刺激的特殊之处。在图 5.6 底部的语图中你可以看到，序列中 5 个音节中每一个刺激的基础刺激都是一样的，在每一个刺激中都有一个原本应该是第三共振峰所在位置的空隙。图 5.6 顶部所显示的啭声正好就填补了这些空隙。序列中的第一个刺激有一个向下变化的啭声，最后一个则有一个向上变化的啭声。当把这些啭声添加到你所得到的基础刺激中时，几乎就完全是图 5.1a 所呈现的[dɑ]—[gɑ]连续统了。

在正常的听觉感知中，左耳听到的较响亮的声音似乎来自身体的左边，而右耳听到的较响亮的声音似乎来自身体右侧。在复式感知现象中情况也是如此。唪声听上去来自左侧而基础刺激听上去来自右侧。尽管如此,还是出现了一个在常规感知中不会发生的现象。唪声(即便它听上去像是来自与基础刺激不同的地方)影响了基础刺激的语音知觉。如果唪声像[dɑ]的 F_3,听者会把基础刺激听成"da";而如果唪声像[gɑ]的 F_3,听者会把基础刺激听成"ga"。这种现象被称为"复式"的原因就是唪声听上去就像在同一时刻存在于两个地方:作为一个孤立的非言语声的唪声噪声,作为决定基础刺激中辅音发音部位的语音成分。这是个很奇妙的效应,它说明言语感知中"语音的整合性"程度非常高,感知系统能够把常规情况下不会彼此结合的声学单元黏合在一起。

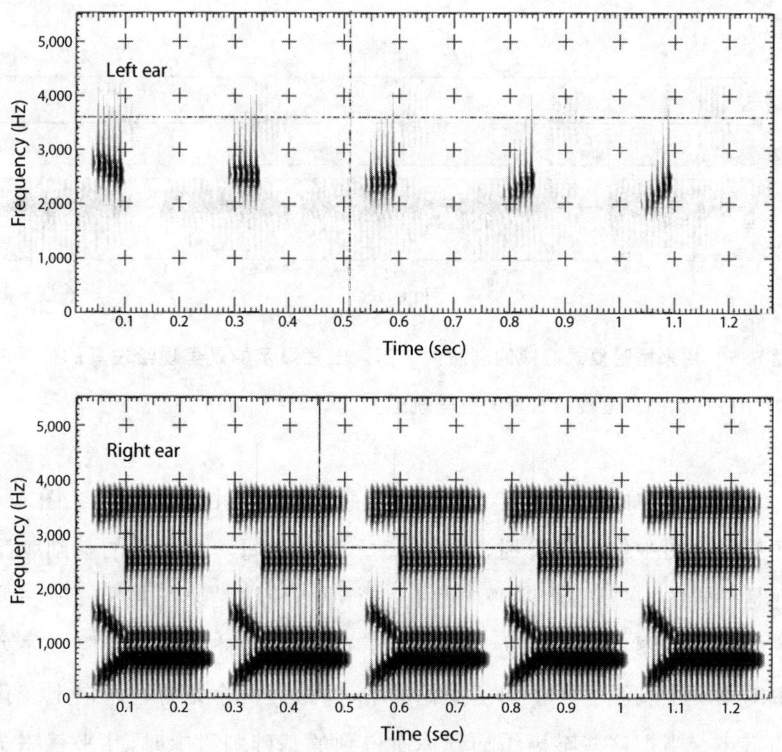

图 5.6 复式感知刺激中左耳和右耳的刺激语图。这些刺激实际上与图 5.1 所示刺激相同,除了区别[dɑ]和[gɑ]的关键信息被单独呈现给左耳。

这里介绍可以说明言语感知中语音整合性的另一个现象。想象一下你制作了一个有人在说"ba""da"和"ga"的视频。现在来用这些音节的音频给视频中的其他音节配音,就是说,[bɑ]的某个视频拷贝的声轨上现在是[dɑ]的音频录音,而它的另一个视频拷贝的声音是[gɑ],以此类推。这些音频/视频失匹配的测试项之间会出现一些有趣的混淆现象,特别是它们之中的一个已经成为语音感知中语音整合性的一个著名的、令人瞩目的示范。

某些失匹配测试项听起来就是完全不对的。例如,当你给视频[bɑ]配上音频[dɑ],听音人会报告说,这个测试项就是"ba"(与双唇的显著并拢动作一致),但它听上去不大正常。

真正著名的音频/视频失匹配发生在你给视频[gɑ]配上音频[bɑ]的时候,产生的视频听上去不是两个输入音节中的任何一方,相反,它听起来像"da"! 这个感知演示叫作**麦格克效应**,它得名于第一个发现此现象的 Harry McGurk(McGurk and MacDonald, 1976)。这是一个惊人的强势错觉,只有当你闭上眼睛才会消失。即便知晓音频信号是[bɑ],你也只能听到"da"。

麦格克效应展示了语音感知是怎样的一种过程,在此过程中我们运用语音学知识产生语音上具有整合性的知觉。作为听者,我们结合从耳和眼所获得的信息来对说话人所说内容进行语音判断。这个过程需要特定的语音学知识而不仅仅是关于言语活动的一般知识。例如,Walker et al. (1995)证明,当听者认识说话者且知道声音并不属于脸部图像的主人时(用一个人的声音给另一个人的脸配音),音频/视频的整合就会被遏制。这表明语音整合性是语音感知的本质,而且是一种基于听者已习得的知识而被学会的感知能力。

麦格克效应的发生　无数重现实验

麦格克效应在语音感知中的确是一种普遍现象,所以很多研究者鼓捣过不少实验来看看它到底是怎么起作用的。这种现象实在是太普遍了,以至于我们可以从"麦格克效应"这个名词中

造出一个动词——“McGurk”,意思是具有麦格克效应。这里是麦格克效应的一些例子:

婴儿具有麦格克效应 (Rosenblum et al. ,1997)

即便电视机倒置,你也可以产生麦格克效应(Campbell,1994)

日语母语听音人比英语母语听音人产生的麦格克效应小(Sekiyama and Tohkura,1993)

男性的面部可以与女性的声音产生麦格克效应(Green et al.,1991)

熟悉的面容不会与错配的声音产生麦格克效应(Walker et al.,1995)

5.3 语言学知识[①]影响语音感知

至此我们已经看到,我们感知语音的能力一定程度上受到了人类听觉系统的非线性和其他特征的影响。我们也看到,我们在听话的时候能听到什么,某种程度上是由我们作为说话人所获得的知识决定的。现在我们转向语音感知中的另一种可能性,即,语音感知可能也受到我们母语的语言结构知识的影响。

关于母语的言语声库影响语音感知的证据,我已经把它们放入5.2节,所以在本节提到“语言结构”时我所关注的不是音系知识,取而代之的是,我准备展示语音感知中词汇效应的一些证据——也就是说,听到词汇和听到语音是有区别的。

我应该从一开始就指出这个问题存在争议。我认为语音感知受到我们所听声音模式的词汇身份的影响,但是你应该知道我一些亲爱的同行会对我持此种观点感到失望。

① 与5.2节中的“语音学知识”相似,这里的“语言学(linguistics)知识”也不是指语言学理论知识,而是指后天习得的语言知识特别是母语的语言知识,例如语言的单位和结构等。

科学的方法:关于信服

一个合理而过硬的科学论断关涉很多要素,我并不打算在这里讨论这些要素。不过,我的确想谈谈有关我们如何取得进步的一个关键点。这个关键点就是,没有人能够宣布一个论断是胜是败。撰写研究论文时,我常常颇为自己的论断和聪慧所感动。我认为我已经解决了问题,很乐意向全世界宣布我的结论。但是,我的论著的真正结论永远是我的读者所书写的,而且不断地被每一个新近读到的人所书写。他们会对我的结果是否正确合理或有效做出裁决。科学方法的这个层面,包括对提交发表的论文的同行评审,是引领我们走向正确答案的一部分要素。

在这一点上,语音感知是否被词汇加工所影响是个有趣的问题。我们专业中最顶尖的研究者——最聪明且最有影响力的——对此问题意见不一。一些人信服某个论断或者某组结果,而另一些人则更倾向于一些不同的发现或者思考这个问题的一种不同的方法。我觉得有趣的是,这个争论已经持续了很长很长的时间。而更为有趣的是,在这个争论持续的同时,研究者们在此问题上积累了越来越多的数据,不同的理论开始变得有点彼此难以区分了。当然,在本书中你并未读到这些内容!

“耳朵栽跟头”的发生方式表明,听者在语音感知中应用了他们的词汇知识。Bond (1999)报告了诸如“拔丝太妃糖(spun toffee)”被听成“有趣的长袜(fun stocking)”、“包装服务(wrapping service)”被听成“拖车救援服务(wrecking service)”之类的感知错误。在他的误听数据库中,几乎所有的误听都是词的错误感知而不是音位的错误感知。当然,有时候我们也会听错语音,而且也许会认为说话人把词音念错了,但是Bond的研究表明,即便交际过程是失败的,听者也依然努力地去听词。考虑到我们在言语交际中的目的是听懂对方在说什么,而且词(或者更专业一点儿,语素)是我们谈话时彼此交流的单位,Bond的研究是非常有意义的。

人们倾向去听词的这种直觉,被关于辅音发音部位的一个巧妙的扩展实验所证实,我们在 5.1 和 5.2 节中讨论过该实验。这个效应叫作**加农效应**,以最先发现此效应的研究者的姓氏命名(Ganong,1980),它采用类似图 5.1 所示的一个连续统,但是在连续统的一端是一个词,而在另一端是非词。例如,我们在[dɑ]—[gɑ]连续统中增加一个尾音[g],就会得到一个介于词"dog"到非词[gɑg]之间的连续统。与我们在[dɑ]—[gɑ]连续统中会得到的"da"反应相比,在这个新的连续统中,我们会得到更多的"dog"反应,这就是 Ganong 的发现,这也使得我认为语音感知某种程度上受到词汇知识的影响。你还记得前文中的"感知磁石"的概念吗?对,在加农效应中,词汇的表现就像感知磁石一样;当连续统的一端是词,听音人就倾向于将更多的刺激听成词汇测试项,而将较少的刺激听成位于连续统另一端的非词选项。

Ganong 对实验的控制很谨慎,他使用了诸如"tash"—"dash"和"task"—"dask"的成对连续统,这两个连续统具有很大的相似性,其中的一个在/t/ 端是真词("task"—"dask"),而另一个在/d/端是真词("tash"—"dash")。这样的话,听者反应为"d"的数量差异是两个连续统的细微声学差异而不是连续统端点是否成词所造成的可能性就变小了。人们也发现,当被辨认的声音处于测试词末尾时,词汇效应更强,比如在"kiss"—"kish" 和 "fiss"—"fish"中。如果我们记得在心理词典中激活一个词需要花点时间,这个发现就显得很有意义了。

可以表明语言学知识(以词识别方式)影响语音感知的第三种现象,Warren 发现它时称之为"音位恢复"(Warren,1970)。图 5.7 说明了音位恢复现象。上栏是"legislation"这个词的语图,下栏显示了同一个录音的语图,其中的[s]用一段宽带噪声替代。当人们听到图 5.7b 所示噪声替代版本的声音文件时,他们在[ˌlɛʤɪsˈleˈʃn̩][①] 中"听见"了这个[s]。Samuel(1991)报告了一个重要证据,表明这个[s]在噪

① 这里的国际音标似有误,应为[ˌlɛʤɪsˈleɪʃn̩]或[ˌlɛʤɪsˈleᶦʃn̩]。

声替代刺激中真的被感知到了。他发现听音人无法说出词的噪声增加版本(宽带噪声只是简单地添加到已经存在的[s]上)和噪声替代版本(添加噪声之前先切除[s])之间的差异。这就意味着这个[s]的确被感知到了——它被恢复了——因此,关于"legislation"一词的知识决定了你对这个噪声突发片段的感知。

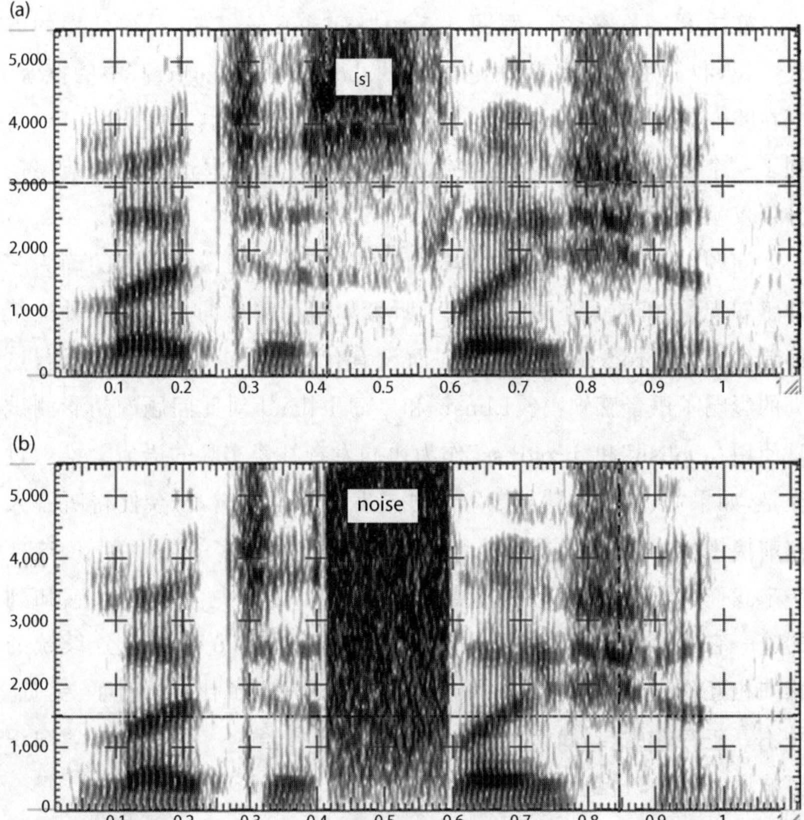

图 5.7　(a) 单词"legislation"的语图,标注出了[s]的噪声。(b)再次呈现这个词的语图,但[s]被宽带噪声替代。

Elman and McClelland(1988)提供了关于语言学知识影响语音感知的另一个重要证据。他们使用音位恢复加工引入一个语音的感知,这个语音随后参与了一个协同发音补偿。这个两步加工过程略微复杂,但却是文献中最高明且最有影响力的实验。

第一步:协同发音补偿。我们使用跟图 5.1 中的连续统一样的一个[dɑ]-[gɑ]连续统,但我们用[ɑs]和[ɑʃ]代替其语境音节[ɑl]和[ɑr]。与在流音语境中所看到的效应一样,使用这些擦音语境的音节也产生了协同发音补偿。听音人在语境为[ɑs]时比在语境为[ɑʃ]时听到了更多的[gɑ]。

第二步:音位恢复。跟图 5.7 中"legislature①"的[s]被处理的方式一样,我们用宽带噪声替换掉单词"abolish"和"progress"中的擦音。现在我们在"progress"中得到了一个被感知到的[s],在"abolish"中得到了一个被感知到的[ʃ],但在我们的实验测试项中这些词的结尾信号仅仅是噪声而已。

问题在于"progress"和"abolish"中[s]和[ʃ]的恢复是否的确为一种感知现象,抑或只不过是类似于听者如何猜测单词身份的一种决策偏差。有个"progress"这样的词而没有什么"progresh"这样的词,这真的影响了语音感知吗? Elman 和 McClelland 对此问题的精彩测试是使用"abolish"和"progress"作为协同发音补偿实验的语境。推理过程是,如果"被恢复的"[s]产生了协同发音补偿效应,就会使得听音人在前接恢复的[s]时比在前接恢复的[ʃ]时听到更多的"ga"音节,这样一来我们就不得不下这样的结论,[s]和[ʃ]的确是被听音人感知到的——它们的确以感知的形式存在,而且能够与[dɑ]-[gɑ]连续统的感知相互作用。猜猜 Elman 和 McClelland 发现了什么? 对了:错觉,并不真正存在的[s]和[ʃ]造成了协同发音补偿——关于语言学知识影响语音感知,这是相当了不起的证据。

5.4 感知相似性

现在为了给本章做结论,我想讨论一下测量语音感知相似性空间

① 图 5.7 中所用单词为"legislation",此处可能是原文有误。

的过程。在后面的章节中，这个方法在我们讨论不同类型的声音、它们的声学特征以及它们的感知相似性时将会有用。感知相似性也是将语音特征与语音演变以及从语音演变中产生的语言音系模式加以系联的关键参数。

这个方法包括向听者呈现测试音节，要求他们辨认音节中的声音。一般来说，对于谨慎制作的"实验室语音"(即，语音是在语音学实验室里对着话筒念音节表而产生的)，听者在这个任务中很少会发生辨认错误，所以我们通常会给测试音节添加噪声以强制产生一些辨认错误。噪声水平根据噪声与测试音节的强度峰值比例进行评估，这叫**信噪比**(SNR)，测量单位为分贝。为了分析听者的反应，我们把它们列入一个**混淆矩阵**中。该矩阵中每一行对应一个测试音节(该音节的10 个测试项数据的重叠)，每一列对应于听者可选的反应之一。

表 5.2　擦音(以及[d])的混淆，引自 Miller and Nicely (1955)。

	"f"	*"v"*	*"th"*	*"dh"*	*"s"*	*"z"*	*"d"*	*Other*	*Total*
[f]	199	0	46	1	4	0	0	14	264
[v]	3	177	1	29	0	4	0	22	236
[θ]	85	2	114	0	10	0	0	21	232
[ð]	0	64	0	105	0	18	0	17	204
[s]	5	0	38	0	170	0	0	15	228
[z]	0	4	0	22	0	132	17	49	224
[d]	0	0	0	4	0	8	189	59	260

表 5.2 显示的是 Miller and Nicely(1955)大型辅音感知研究中的混淆矩阵，SNR 条件为 0 dB。没错儿，这些数据是老早以前的，但却很棒。看一下混淆矩阵中的第一行，我们可以发现[f]被呈现了 264 次，被正确地辨认为[f]有 199 次，误判为"th"46 次。注意，Miller 和 Nicely 对某些声音的呈现次数多于另一些声音。

即便在进行复杂的数据分析之前，我们也可以从这个混淆矩阵中得到一些相当迅速的回答。例如，为何"Keith"有时候被儿童念成

“Keif”? 你瞧,根据 Miller 和 Nicely 的数据,[θ]在 232 次的辨认中有 85 次被认作[f]——它跟[f]的混淆多于跟其他任何测试音的混淆。这结果很酷,但这些数据在其他潜在的有趣问题上会告诉我们些什么,还是不清楚——例如,为何“this”和“that”有时候发音会带[d]?要解决这个问题,我们就需要寻找一种方法来把我们在实验中观察到的混淆背后的感知“空间”绘制成图。现在我们就转向绘图问题。

5.4.1 距离地图

鉴于上述原因,我们现在尝试把混淆矩阵中的信息抓取出来,以获得导致混淆的感知系统的图景。我们将要采取的策略使用了一个距离列表,并将它们重构为一个地图。例如,考虑一下下列这些俄亥俄州城市的距离。

Columbus 到 Cincinnati,107 英里

Columbus 到 Cleveland,142 英里

Cincinnati 到 Cleveland,249 英里

根据这些距离,我们可以像图 5.8a 一样把这些城市放置在一条直线上,Columbus 位于 Cleveland 和 Cincinnati 之间。一条直线就可以描绘出这些距离,因为 Cincinnati 到 Cleveland 的距离就是其他两个距离的简单相加(107 ＋ 142 ＝249)。

下面则是一个需要二维平面的例子。

Amsterdam 到 Groningen,178 千米

Amsterdam 到 Nijmegen,120 千米

Groningen 到 Nijmegen,187 千米

图 5.8b 中显示的是描绘荷兰这些城市之间距离的二维地图。为了制作这张图,我把 Amsterdam 和 Groningen 画在一条线上,令它们之间的距离为 178 千米。然后我画出距离 Amsterdam 120 千米的一条圆弧,我知道 Nijmegen 必定处于这条圆弧的某个位置上。其后我又画出距 Groningen 187 千米的一条圆弧,我知道 Nijmegen 也在这条圆弧的某个位置上。这样,Nijmegen 一定处于两条圆弧的交点

上——距 Amsterdam 120 千米，且距 Groningen 187 千米。基于与两个已知点的距离而给第三点定位的方法叫作**三角定位法**。图 5.8b 所示的三角是这三个城市之间相对位置的精确描绘，正如你可以在图 5.9中看到的地图一样。[①]

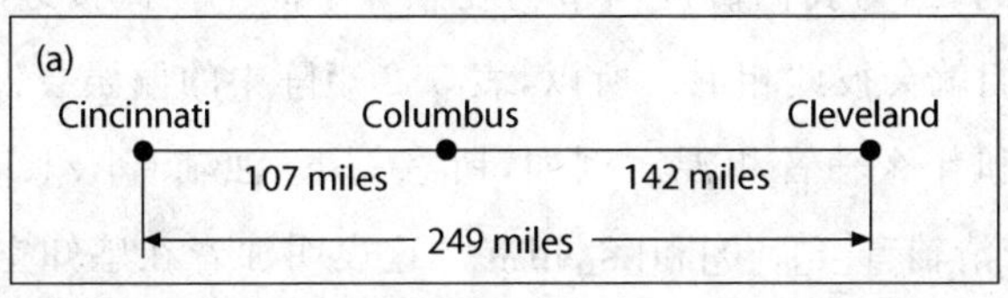

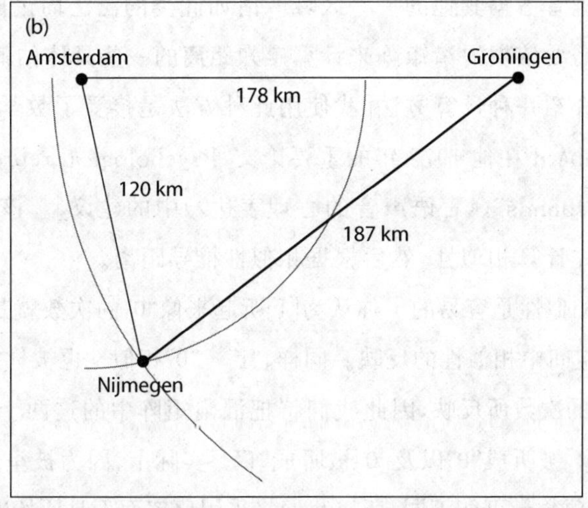

图 5.8　(a)俄亥俄州三个城市的一维地图，一个维度足以表示它们之间的距离。(b)荷兰三个城市的二维地图，圆弧显示 Nijmegen 在地图上如何被定位。

你私下里可能会想："嗯，这太棒了，但这和语音感知有什么关系呢？"问得好。实际上我们可以根据混淆矩阵来计算感知距离，利用一种叫作多维标度测量的三角测量法的扩展方法，我们还可以从一个混淆矩阵中生成一幅感知地图。

---

① 原文的图 5.9 因技术原因删去，感兴趣的读者可自行查阅荷兰地图。

5.4.2 擦音的感知地图

本节我们将使用**多维标度测量(multidimensional scaling,简称MDS)**来制作导致表 5.2 混淆模式的感知空间。

这个分析的第一步是将感知混淆转换为距离。我们相信这种尝试是合理的,因为我们假设当事物在感知空间中彼此接近时,在**辨认任务**中它们就会彼此相混。所以,表 5.2 矩阵中的偏误会告诉我们什么辅音会和什么辅音相混。例如,留意一下,浊辅音[v]、[ð]、[z]和[d]很少与清辅音[f]、[θ]和[s]相混。这表明浊音在感知空间中彼此靠近而清辅音占据其他的一些区域。诸如此类的泛泛而论固然不错,但我们却需要依据混淆矩阵来计算**感知距离**的一些具体估值。

这里介绍一种计算方法[我使用此种方法是接受了数学心理学家 Roger Shepard 在他 1972 年的重要论文"Psychological representation of speech sounds"(《言语声音的心理表达》)中的建议]。该方法分为两步。首先计算相似性,然后根据相似性推导距离。

计算相似性是容易的。你认为[f]听起来像"θ"的次数就是"f"和"θ"在你感知空间中相似性的反映。同样,"f"-"θ"相似性也被你报告[θ]听起来像"f"的次数所反映,因此我们将把混淆矩阵中的这两个单元结合起来——[f]被听成"θ"以及[θ]被听成"f"。实际上,因为被呈现的[f]和[θ]的测试项数量可能不同,所以我们将采用比率而不是原始次数。

注意,对于矩阵中的任意两个辅音单位我们都有一个包含四个单元的子矩阵:(a)是出自 Miller 和 Nicely 数据的"f"/"θ"对比反应率子矩阵。例如,留意一下,表中的数值 0.75 就是[f]测试项被认作"f"的比率(199/264 = 0.754)。随这个子矩阵列出的是它的两种抽象形式。

(a)

	"f"	"θ"
[f]	0.75	0.17
[θ]	0.37	0.49

(b)

	"f"	"θ"
[f]	p_{ff}	$p_{f\theta}$
[θ]	$p_{\theta f}$	$p_{\theta\theta}$

(c)

	"i"	"j"
[i]	p_{ii}	p_{ij}
[j]	p_{ji}	p_{jj}

子矩阵(b)中的变量用代码表示辨认比率，如此，“p”就表示比率，第一个下标字母为行标，第二个为列标。这样，$p_{\theta f}$就是指[θ]测试项被认作“f”的次数比这个变量。在数据中，$p_{\theta f}$等于0.37。子矩阵(c)将这种表达进一步抽象，将任意两个声音表示为i和j，这样我们就得到了混淆（下标的两个字符不同）和正确回答（下标字符相同）的子矩阵。

混淆矩阵中的非对称现象

[θ]被认作“f”多于[f]被认作“th”，这一事实中是否存在某些深层的意义？也许是因为听音人不倾向于把所听声音说成是“th”——也许是因为在答题纸上必须区分“th”和“dh”令人困惑。表5.2所反映的可能就是这种情况，因为总体上“f”的响应比“th”的响应多很多。但是，“s”响应相对较少的现象表明，我们不能企图太过依赖响应偏好解释，因为“s”对[s]的映射在英语中是普遍的而且是无歧义的。关于[f]和[θ]混淆的不对称，一个有趣的事实是，感知混淆与跨语言的语音演变倾向相符（即，[θ]更倾向于演变为[f]而不是相反的关系）。这仅仅是巧合，还是存在某种因果关系呢？Shepard计算混淆矩阵相似性的方法掩盖了这个有趣的细节，他假设$p_{f\theta}$和$p_{\theta f}$是对同一对象——“f”和“θ”的混淆性——的两次不完美测量。这两个估值因此就被结合起来形成“f”—“θ”相似性的一个估值。这并不是要否认非对称性当中可能会有一些有趣的东西，只是说为了制作感知地图，混淆矩阵中非对称的原始数据就被忽略了。

这里就是Shepard根据混淆矩阵计算相似性的方法。我们把两个声音之间的混淆以正确响应的数量来加以衡量。数学上的计算就是：

$$S_{ij}=\frac{p_{ij}+p_{ji}}{p_{ii}+p_{jj}} \tag{5.1}$$

在这个算式中，S_{ij}为范畴i和j之间的相似性。在Miller和

Nicely 数据中的"f"和"θ"的情况中(表 5.2),相似性的计算就是[①]:

$$S_{ij}=0.43=\frac{0.17+0.37}{0.75+0.49}$$

我必须说,关于这个算式,Shepard 仅仅称它为"曾被发现是可用的"。有时候仅把两个混淆比率的均值 p_{ij} 和 p_{ji} 作为对相似性的测量,你会得到近乎相同的结果,但是,当某个矩阵中出现一个范畴的混淆聚集于两种特定响应,而另一个范畴的混淆相当广泛地分布在可能的响应中,Shepard 的算式会做得更好——例如,可能会发生这样的情况,有人对使用某种特定备选回答存在偏见。

好了,以上就是根据混淆矩阵得到相似性估值的方法。要根据相似性得到感知距离,只要计算相似性自然对数的负值即可:

$$d_{ij}=-\ln(S_{ij}) \tag{5.2}$$

这个计算基于 Shepard 定律,它表述的是感知距离和相似性之间为指数关系。此定律也许隐含了关于心理加工的一个深层真相——它出现在各种彼此无关的研究背景中(Shannon and Weaver,1949;Parzen,1962),但那是个不同的话题了。

好吧,现在我们还是回到制图上来,我们已准备好绘制英语擦音和"d"的感知空间地图,而不是在地理空间上把荷兰若干城市的相对位置绘成地图。表 5.3 显示了使用公式(5.1)从 Miller 和 Nicely 混淆矩阵(表 5.2)中计算出的相似性。

表 5.3 美式英语擦音(和[d])的相似性,基于 Miller and Nicely(1955)在 SNR 为 0 dB条件下的混淆矩阵。

	"f"	*"v"*	*"th"*	*"dh"*	*"s"*	*"z"*	*"d"*
[f]	1.0						
[v]	.008	1.0					
[θ]	.434	.010	1.0				
[ð]	.003	.345	.000	1.0			

① 根据算式(5.2),这里的 S_{ij} 应为 0.44。

续表

	"*f*"	"*v*"	"*th*"	"*dh*"	"*s*"	"*z*"	"*d*"
[s]	.025	.000	.170	.000	1.0		
[z]	.000	.026	.000	.169	.000	1.0	
[d]	.000	.000	.000	.012	.000	.081	1.0

图 5.10 显示的是基于这些相似性的感知地图。关于这幅地图，需要注意的第一件事是浊辅音位于一侧而清辅音位于另一侧。这个分布体现了我们之前对原始混淆数据的观察，即清音很少被认作浊音，反之亦然。同样有趣的是，清擦音和浊擦音在垂直轴上以相同的方式排序。这也可能是一个前/后维度上的关系，或者可能与声音的某些声学特性存在某种有趣的关联。

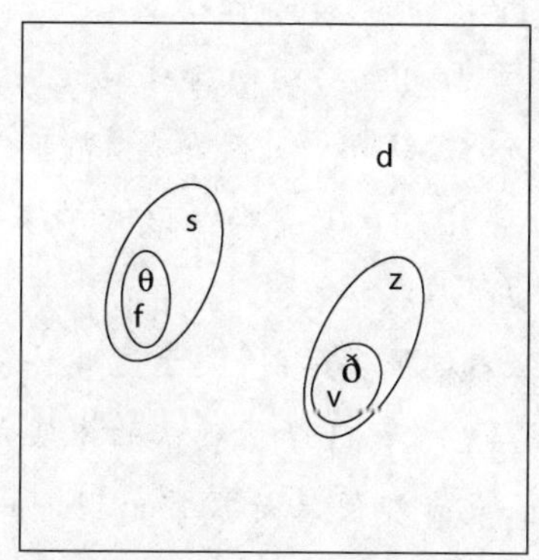

图 5.10　英语中擦音和[d]的感知地图。图中各点的位置是根据 Miller and Nicely(1955)对混淆数据所做的多维标度测量来确定的。被圈起来的音组是对相同数据进行分层聚类分析之后得到的聚类。

在图 5.10 中，我在一些声音聚类周围画上了椭圆。这显示了分层聚类分析（在大多数统计软件包里都可以得到的另一个精细的数据分析方法——更多内容参见 Johnson，2008）所揭示的这些声音之间两个层级的相似性。在感知地图的第一个聚类层级上，"θ"和"f"彼此聚集而"v"和"ð"彼此聚集。在包含范围更广一些的层级上，咝音与邻近的非咝音一起被包括进来("s"并入清辅音类而"z"并入浊辅音类)。未在图中显示的下一个层级的聚类将[d]与浊擦音放在一起。

聚类分析和 MDS 结合在一起,使我们对感知地图有了一个非常清晰的认识。注意,这些基本上只是数据可视化技术,我们并没有在混淆矩阵中增加任何信息(尽管我们的确认定一个二维空间足以描写这些声音的混淆模式)。

关于"this"和"that"的辨认,我们必须说这些结果表明[ð]-[d]之间的选择以及[ð]-[z]之间的选择并不仅仅由听觉/感知相似性驱动:显然有其他因素在起作用——否则我们就会发现"vis"和"vat"分别是"this"和"that"的辨认结果。

MDS 和声学语音学

在声学语音学中,我们的基础性难题之一一直是如何判断声学语音信号的哪些方面是重要的而哪些是无关紧要的。望着一幅语图,你看见了一小片纹样——问题是,那部分声音是否存在,听者留意到了吗? 那片声音重要吗? 语音学家曾用若干方法来解决"它重要吗?"的问题。

例如,我们曾经看过很多语图,关于这片神秘的纹样,我们问过:"它总是会出现吗?"被语音学所确认的事实之一是,如果一个声学特征总是出现,或者即便只是常常出现,那么听者就会在感知中期待它存在。这甚至同样适用于边擦音[ɬ]和[ɮ]的语图上有时看到的所谓"爆发冲直条"(爆发冲直条看上去像塞音除阻爆发——见第 8 章——但出现于擦音噪声中间部位)。这些声音有点含着口水的感觉,但这个在语音产生层面有些无关紧要的特征,在感知中却似乎是有用的。

在语音产生的声学理论中,对于"它重要吗?"的另一个回答一直是辨认那片纹样的来源。例如,有时房间混响会给语图"添加"阴影。(实际上,在卷轴式磁带录音机时代,我们必须小心磁性声音图像在卷轴上的磁带层之间传输时出现的磁性阴影。)如果你掌握语音产生和语音声学关系的理论，你会这样回答："这个不重要，因为说话人没要说这个。"我们将在本书后续章节中对语音产生的声学理论进行深入探究。

对于"它重要吗?"这个问题，我最喜欢的回答之一是"Cooper法则"。Franklin Cooper 在 1951 年与 Al Liberman 和 John Borst 合写的论文中，对发现"被感知语音的声学关联物"的问题给出了一些评论。他们指出，"关于声学刺激和听觉感知的关系存在很多问题，这些问题仅仅依据对语图的观察无法解决，无论这些语图数量有多大，变化有多丰富"(一个供语音技术工作者考虑的重要问题)。与仅仅观察语图相反，他们提出，"通常情况下需要在语图中进行一些有控制的修改，然后评估这些修改对所听到的声音的作用。为了达到这些目的，我们制作了一种仪器"(第一代语音合成器之一)。这是一个非常精彩的直接回答。那片纹样重要吗? 好吧，合成语音时把它扔掉，看看声音听起来是不是像别的什么。

最后是来自 MDS 的回答。我们将感知空间绘制成图，然后寻找感知地图上的维度和我们感兴趣的声学性质(比如那片神秘的纹样)之间的关系。如果一个声学特征与一个感知维度紧密相关，那么我们就可以说这个声学特征可能的确是重要的。这个方法的优点是它以自然产生的语音为基础，而且允许同时对许多声学参数进行探究。

推荐阅读

Best, C. T. (1995) A direct realist perspective on cross-language speech perception. In W. Strange (ed.), *Speech Perception and Linguistic Experience: Theoretical and methodological issues in cross-language speech research*, Timonium, MD: York Press, 167—200. 阐述了一种跨语言语音感知的理论，在跨语言感知中，听话者将新的、不熟悉的声音映射到母语的语音库中。

Bond, Z. S. (1999) *Slips of the Ear: Errors in the Perception of Casual Conversation*, San Diego: Academic Press. “原生态”误听的收集和分析——基于常规谈话。

Bregman, A. S. (1990) *Auditory Scene Analysis: The Perceptual Organization of Sound*, Cambridge, MA: MIT Press. 听觉格式塔的理论和证据——一部非常重要的著作。

Campbell, R. (1994) Audiovisual speech: Where, what, when, how? *Current Psychology of Cognition*, 13, 76—80. 关于麦格克效应的感知弹性。

Cole, R. A. (1973) Listening for mispronunciations: A measure of what we hear during speech. *Perception & Psychophysics*, 13, 153—6. 该研究表明,人们在言语交际中常常对错误发音听而不闻。

Cooper, F. S., Liberman, A. M., and Borst, J. M. (1951) The interconversion of audible and visible patterns as a basis for research in the perception of speech. *Proceedings of the National Academy of Science*, 37, 318—25. “Cooper 法则”的来源。

Elman, J. L. and McClelland, J. L. (1988) Cognitive penetration of the mechanisms of perception: Compensation for coarticulation of lexically restored phonemes. *Journal of Memory and Language*, 27, 143—65. 见诸报道的最巧妙也最有争议的语音感知实验之一。

Flege, J. E. (1995) Second language speech learning: Theory, findings, and problems. In W. Strange (ed.), *Speech Perception and Linguistic Experience: Theoretical and methodological issues in cross-language speech research*, Timonium, MD: York Press, 167—200. 阐述了一种跨语言语音感知的理论,在跨语言感知中,听话者将新的、不熟悉的声音映射到母语的语音库中。[①]

Ganong, W. F. (1980) Phonetic categorization in auditory word recognition. *Journal of Experimental Psychology: Human Perception*

① 与对 Best(1995)的 PAM 模型的推荐一样。

and Performance, 6, 110—25. 关于人们在语音感知中如何专注于听词的问题,该研究是一项具有高度影响力的展示。其基本结果现在以"加农效应"而为人所知。

Green, K. P., Kuhl, P. K., Meltzoff, A. N., and Stevens, E. B. (1991) Integrating speech information across talkers, gender, and sensory modality: Female faces and male voices in the McGurk effect. *Perception & Psychophysics*, 50, 524—36. 麦格克效应中对性别失配的声音和人脸的整合。

Jakobson, R., Fant, G., and Halle, M. (1952) *Preliminaries to Speech Analysis*, Cambridge, MA: MIT Press. 语音学和音系学的经典著作,从声学方面定义了一系列区别性的音系特征。

Johnson, K. and Ralston, J. V. (1994) Automaticity in speech perception: Some speech/nonspeech comparisons. *Phonetica*, 51 (4), 195—209. 该研究中的一组实验表明,过度学习会导致语音感知中的某些"特殊性"。

Kuhl, P. K., Williams, K. A., Lacerda, F., Stevens, K. N., and Lindblom, B. (1992) Linguistic experiences alter phonetic perception in infants by 6 months of age. *Science*, 255, 606—8. 该研究展示了婴儿的感知磁石效应。

Liberman, A. M., Harris, K. S., Hoffman, H. S., and Griffith, B. C. (1957) The discrimination of speech sounds within and across phoneme boundaries. *Journal of Experimental Psychology*, 54, 358—68. 语音知觉中范畴感知的经典证明。

Lotto, A. J. and Kluender, K. R. (1998) General contrast effects in speech perception: Effect of preceding liquid on stop consonant identification. *Perception & Psychophysics*, 60, 602—19. 该研究表明,至少一部分协同发音补偿效应(Mann, 1980)是声学对比造成的。

Mann, V. A. (1980) Influence of preceding liquid on stop-consonant perception. *Perception & Psychophysics*, 28, 407—12. 该研究是

对诸如[ɑl dɑ]和[ɑr gɑ]序列中的协同发音补偿现象的最初展示。

McGurk, H. and MacDonald, J. (1976) Hearing lips and seeing voices. *Nature*, 264, 746-8. 该文报告的听视觉语音感知效应已被称为“麦格克效应”。

Miller, G. A. and Nicely, P. E. (1955) An analysis of perceptual confusions among some English consonants. *Journal of the Acoustical Society of America*, 27, 338-52. 关于美式英语语音混淆性的示范性参考文献。

Parzen, E. (1962) On estimation of a probability density function and mode. *Annals of Mathematical Statistics*, 33, 1065-76. 由实例估算概率的一种方法。

Pastore, R. E. and Farrington, S. M. (1996) Measuring the difference limen for identification of order of onset for complex auditory stimuli. *Perception & Psychophysics*, 58(4), 510-26. 论送气作为区别性特征用于语言的听觉基础。

Pisoni, D. B. (1977) Identification and discrimination of the relative onset time of two-component tones: Implications for voicing perception in stops. *Journal of the Acoustical Society of America*, 61, 1352-61. 关于送气作为区别性特征用于语言的听觉基础的另一个文献。

Rand, T. C. (1974) Dichotic release from masking for speech. *Journal of the Acoustical Society of America*, 55(3), 678-80. 对复式感知效应的首次证明。

Remez, R. E., Rubin, P. E., Pisoni, D. B., and Carrell, T. D. (1981) Speech perception without traditional speech cues. *Science*, 212, 947-50. 该研究首次展示了人们如何感知仅用随时间变化的正弦波合成的句子。

Rosenblum, L. D., Schmuckler, M. A., and Johnson, J. A. (1997) The McGurk effect in infants. *Perception & Psychophysics*, 59, 347-57.

Sekiyama, K. and Tohkura, Y. (1993) Inter-language differences in the influence of visual cues in speech perception. *Journal of Phonetics*, 21, 427−44. 作者发现,麦格克效应随人们所说语言的不同而不同。

Shannon, C. E. and Weaver, W. (1949) *The Mathematical Theory of Communication*. Urbana: University of Illinois. 该著作创建了"信息论"。

Shepard, R. N. (1972) Psychological representation of speech sounds. In E. E. David and P. B. Denes (eds.), *Human Communication: A unified view*. New York: McGraw-Hill, 67−113. 从混淆矩阵测量感知距离。

Walker, S., Bruce, V., and O'Malley, C. (1995) Facial identity and facial speech processing: Familiar faces and voices in the McGurk effect. *Perception & Psychophysics*, 57, 1124−33. 关于自上而下的知识如何调节麦格克效应的一个极为有趣的展示。

Warren, R. M. (1970) Perceptual restoration of missing speech sounds. *Science*, 167, 392−3. 对"音位恢复效应"的首次证明。

练习

【重点术语】

定义下列术语:刺激连续统,语音正弦波模拟,复式感知,麦格克效应,加农效应,信噪比,混淆矩阵,三角定位法,多维标度测量,辨认任务,感知距离。

【简答题】

1. 给自己念的"sue"和"see"录音。观察这些录音的语图。起始的 /s/音彼此有什么不同?现把"sue"中的 /s/ 粘接到"see"中的 /i/ 上,把"see"中的 /s/ 粘接到"sue"中的 /u/ 上,这里就会发生协同发音的感知补偿。描述一下这里关涉到的协同发音的音姿。

2. 将你的浏览器指向一个"误听歌词"的网页,比如 http://www.

kissthisguy.com/,选择三个你认为你可以用预期歌词和误听歌词之间的声学语音学相似性加以解释的误听现象。如果给出了你所说的预期歌词和所听到歌词的语图,你会得到额外加分(而且更加可能得到正确答案)。顺便提一句,你能找到误听结果不是词的案例吗?

3. 用尺子和圆规绘制以下面矩阵中的距离进行编码的感知空间。注意这是发音人声音感知差异的一个矩阵。我们给听者播放一对词,并问他们"这对词听起来像是同一个人念了两遍还是两个不同的人念的?",然后我们以不同的说话人被认为是"相同"的次数来测量相似性。表中的距离值使用公式(5.1)计算。这样,当听者听到发音人 AJ 和 CN 的词对时,回答"相同"的次数为 15%[1.9=−ln(0.15)]。你能说出来哪两个发音人是双胞胎吗?

	AJ	CN	NJ	RJ
AJ		1.9	0.3	1.9
CN	1.9		2.3	2.5
NJ	0.3	2.3		1.9
RJ	1.9	2.5	1.9	

4. 计算表 5.2 中"ð"和"d" 的感知距离。"ð" 距离 "d" 更近还是距离"z"更近?

5. 你也许注意到了本章中我使用了两种不同的符号来表示语音。这里是文中隐含的解释:

[θ]——声音的语音学发音或声学物理特性

"θ"——声音的感知表示法

一些研究者认为像"θ"这样的感知表示法是语音音姿方面的,即听者以声道活动而不是以单纯的感知方式来解释语音。本章中哪些内容与这种语音感知的"音姿学"观点相容或者不相容?

第二部分

语音分析

第 6 章

元音

6.1 元音产生的管道模型

假若声道**横截面积**是均匀的，像在中央元音中一样，那么**声源—滤波理论**就可以对声道共鸣频率(即共振峰值)进行预测。另外，还有一对发音动作与此处的分析相关，它们可以改变声道长度(双唇前伸和喉头降低)。但是，为了解释其他元音的声学性质，就必须把声源-滤波理论加以扩展，将涉及声道收窄的声道构造也包括进来。

对元音中声道收窄的声学效应进行模拟的一个方法是将声道看作一系列管道而不是单根管道(Fant,1960)。本节描写了一对声道的**管道模型**，可以用来模拟元音的某些特征。这个讨论建立在第 2 章所阐述的思想基础之上，特别是基于这样一个事实，即管道的共鸣频率可以根据其长度计算出来。

图 6.1 显示了一个管道模型的例子，它适合于某些声道构造(本节的这个讨论依据 Stevens,1989)。在这个模型中，声道被分割成两根管道，如图所示，设后声管的横截面积为 A_b，它比前声管的横截面积 A_f 小很多。我们可以认为后声管在声门处封闭而在与前声管的连接处开放；我们同样可以认为前声管在与后声管的连接处封闭，而在另一端开放，开放的这一端对应双唇。这样一来，由于两根声管都是在一端封闭而在另一端开放，通过前后声管(或声腔)的长度 l_b 和 l_f，我们就可以使用声道共鸣频率的公式($F_n=(2n-1)c/4L$)分别计算它

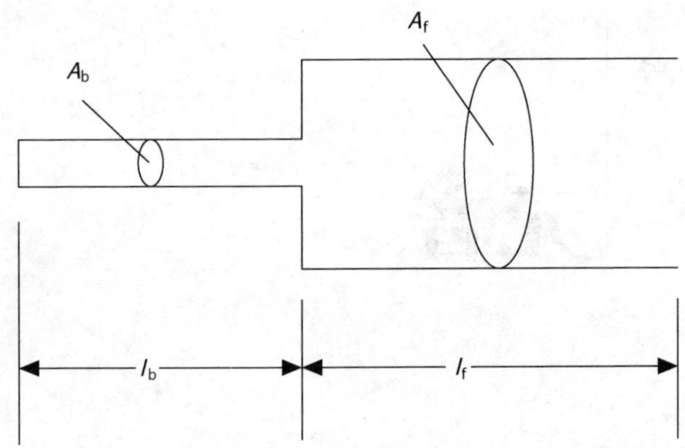

图 6.1 与[ɑ]的声道形状近似的双管道模型。

们的共鸣频率。因此,后腔的共鸣频率就是:($F_{bn}=(2n-1)c/4l_b$),而前腔的为:($F_{fn}=(2n-1)c/4l_f$)。

声源—滤波理论的社交技巧

你也可以用声源—滤波理论计算你自己的声道长度,或者,如果你愿意的话,计算氦气中声音的速度。

从声源—滤波理论中我们得知,在给定声道长度后可以计算中央元音的共振峰频率。因此,如果知道了共振峰数值,你就应该能够估算出声道长度。作为初次尝试,"ahead"这个词里的第一个元音是由一个几乎没有收窄点的(中性)声道产生的,但是这种中性声道元音的具体音质因人而异,所以也许值得做点实验来看看你的中性声道元音听起来是什么样的。要做到这点,就需要制作各种元音的语图,通常是介于[ə]和[æ]之间的某个音色,并且要注意元音的共振峰值(在本章我们将讨论不同的声道形状是如何导致不同的共振峰值的)。当共振峰均匀分布时,即当 F_1和 F_2之间的距离与 F_2和 F_3之间的距离相同,以此类推,你就知道声道的横截面积接近均匀状态,即中性声道的形状。

至此，既然已经找到了自己的中性声道元音，你就可以计算你的声道长度了。采用为共振峰设计的公式（$F_n=(2n-1)c/4L$），将它变换一下，把 L 放到左侧（$L=(2n-1)c/4F_n$）。例如，我的中性元音 F_3 为 2,600 Hz，所以我的声道长度约为 16.8 cm。我曾被一位电视台记者（他为自己悦耳的声音感到非常自豪）问道："这语图能够说明你我的声音之间有什么差异呢？"当我告诉他语图表明他的声道比我的短时，他很惊讶。我从未想到过他可能对自己的身高有点儿敏感。

当一个人吸入氦气然后说话，声道的共鸣频率会增加（因此这个人的说话声也会显得滑稽）。不用说，这不是因为声道长度的变化，而是因为声介质（氦气和空气）的变化，以及由此产生的声速的变化。所以，如果你知道了某人的声道长度，通过测量以氦气呼气时产生的中央元音的共振峰，你就应该能够得到氦气中的声速。例如，当我呼出某种未知气体来发音时，我的中央元音 F_3 是 1,960 Hz。这样的话，使用共振峰计算公式的变换版本（$c=F_n4L/(2n-1)$），我们就可以计算出这种神秘气体中的声速为 26,300 cm/s。如果你想知道这是什么气体，去参考书中查查吧。

图 6.2 显示了这个具有不同前后声腔长度（声道总长度保持在 16cm）的模型所产生的共鸣频率。在这张**诺模图**中，发音参数显示在横轴上，声道的声学输出显示在纵轴上。图 6.2 横轴上显示的参数是以厘米为单位的后声腔长度，该管道模型的共鸣频率显示在纵轴上。当后声腔很短时，它的共鸣频率就非常高，所以声道的最低共鸣频率就与前声腔相关（在 $l_b=0$ 的条件下，其声道模型就与我们在第 2 章中讨论过的单管模型一样）。当后声腔长度超过 4 cm 一点时，它的最低共鸣频率就低于前声腔的第二个共鸣频率。于是，当后声腔的长度在 4 cm 到 8 cm 之间时，该管道模型的最低共鸣频率（F_1）为前声腔的一个共鸣频率，而第二个共鸣频率（F_2）则是后声腔的一个共鸣频率。当前后声腔的长度相等时（（$l_b=l_f=8$ cm），两个声管具有相同的共

鸣频率。在这种双声管系统中,前后声腔的共鸣并不会以相同的频率实现,因为我们一开始的假设是后声管在一端开放且前声管在一端封闭,这个假设严格地说并不准确。根据前后声管的相对横截面积(A_b和A_f),两个声管在声学上彼此耦合,当两个声管的共鸣频率理论上大致相同时,它们与针对非耦合声管所预测的频率略有差异(声耦合在第7章会有进一步的讨论)。当$l_b = l_f$时,声耦合的F_1值约为750 Hz,F_2值约为1,250 Hz。声耦合的具体效应取决于两个声管的横截面积,只要前后声腔的共鸣频率趋于相同就会发生耦合。

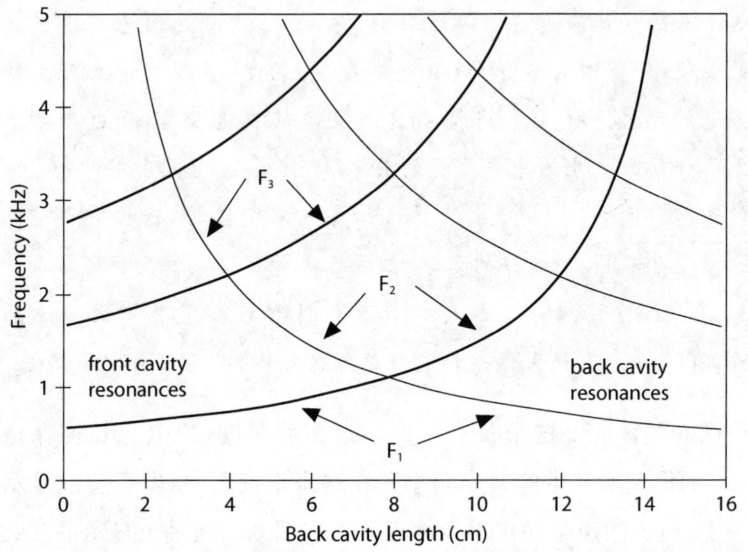

图6.2 图6.1所示管道模型中不同后腔长度的后声管(细线)和前声管(粗线)的自然共鸣频率。声道的总长度是16 cm,所以前声腔长度为16 cm减去后声腔长度。

图6.1所显示的管道模型(后声腔长度大约与前声腔长度相同,后声腔的横截面积远远小于前声腔的横截面积)是元音[ɑ]的一个合理的(尽管过于简化)声道模型。使用图6.1的双管道模型,我们可以正确地预测,相对于中央元音的F_1和F_2,[ɑ]的F_1较高而F_2较低。

图 6.3 显示了声道的另一种管道模型。在这种情形下，有一个收窄点将前后声管分隔开来。如前所述，我们可以像计算一个均匀管道的共鸣数据一样，分别计算前后声管的共鸣频率。前声管的共鸣数据计算使用一端封闭（收窄点）一端开放（双唇）管道的共鸣频率计算公式；后声管的共鸣数据计算使用两端封闭管道的公式（下面的公式 6.1），因为后声管两端实际上都是封闭的。回忆一下第 2 章，该公式跟一端开放管道的计算公式一样，从管道长度推导出共鸣频率，共鸣频率随着管道长度的减小而增大。

$$F_n = \frac{nc}{2L} \tag{6.1}$$

该公式中 n 是共鸣频率的序号，c 是声速（35,000 cm/s），L 是声管长度（l_b）。

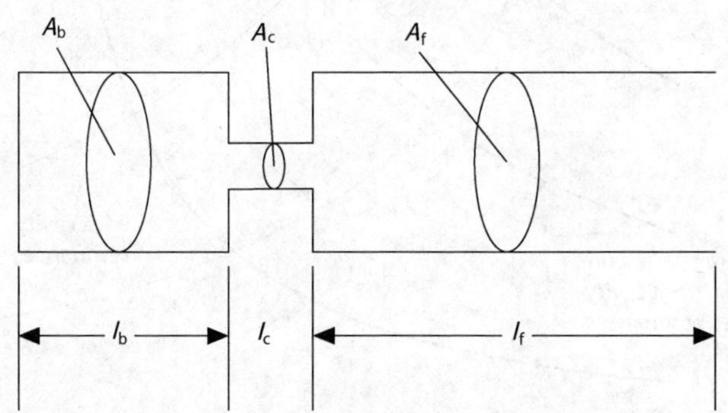

图 6.3　声道构造的管道模型，声道某处存在较短的收窄段。

除了前后声腔的共鸣，在图 6.3 所示的声道构造中，后声管和收窄段形成了一个叫作**亥姆霍兹共鸣器**的共振系统，其中收窄段的气体像活塞一样在收窄部分振荡。你从啤酒（或软饮料）瓶顶端向内吹气所产生的噪音就是亥姆霍兹共鸣器（把湍流作为声源）的结果。瓶颈类似收窄段，瓶体类似声道后腔。该亥姆霍兹共鸣器的自然共鸣频率由后腔空气和收窄段空气的相对体积决定，可以通过公式（6.2）计算。

$$f=\frac{c}{2\pi}\sqrt{\frac{A_c}{A_b l_b l_c}} \tag{6.2}$$

这个管道模型的声学输出如图 6.4 所示。在诺模图的共振峰计算中，声道模型的总长度像上文一样固定为 16 cm，收窄段长 2 cm，前声管的长度随后声管长度而变($l_f=16-2-l_b$)。诺模图(图 6.4)显示了收窄位置从声门延伸到双唇范围内的声道共鸣频率(有些收窄位置对于人类来说不可能出现)。正如已讨论过的与图 6.2 相关的内容那样，当前后声管发生声耦合时，它们的共鸣频率不会真的交叉(例如当 l_b= 10 cm 时的 F_2)。第一共振峰(虚线表示)为亥姆霍兹共鸣频率，它作为后声腔长度的函数而发生变化。

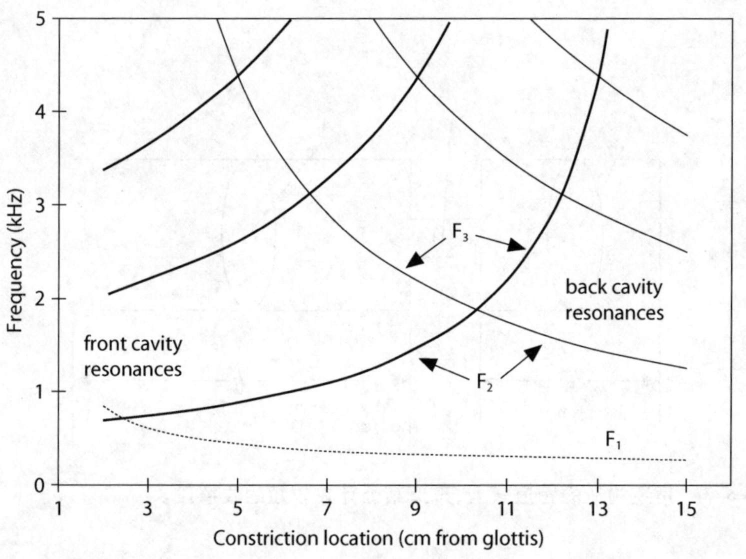

图 6.4　图 6.3 所示的模型中后声管(细线)和前声管的共鸣频率(粗线)以及亥姆霍兹共鸣频率(虚线)。频率作为不同后声管长度(l_b)的函数而绘制，收窄段长度固定为 2cm，模型总长度固定为 16cm。

要理解你在图 6.4 中之所见，就要记住均匀开管的共鸣频率依赖于管道长度。较短管道的共鸣频率比较长管道的高。所以，观察图中

的 F_2 频率数值，我们看到当收窄处位于距离声门 3 cm 到 10 cm 的地方时，该模型输出的第二个最高的频率（F_2）是前声管的共鸣频率，因为前声管较长时它的共鸣频率就比较低，后声管较短时其共鸣频率就较高。当收窄处向前移动时，后声管变长，所以它的共鸣频率就变低；前声管变短，所以它的共鸣频率就变高。当收窄处距声门略小于 11 cm 时，声腔与 F_2 的关联从前腔转换为后腔。也就是说，后声腔的最低共鸣比前声腔的最低共鸣更低。在这个管道模型中，距离声门 11cm 的收窄近似于高前元音[i]的声道构造。我们将在下文看到，根据这个管道模型预测的共振峰数值（F_1 = 300 Hz，F_2 = 1,900 Hz，F_3 = 2,200 Hz）与在元音[i]中发现的接近。

6.2 微扰理论

模拟声道收窄的声学效果还有另一种方法，通常称为**微扰理论**。在这种模拟元音声学特性的方法中，气压和声速之间的关系起着重要作用。[关于微扰理论的更多讨论可以在 Chiba and Kajiyama（1941）以及 Mrayati et al.（1988）的论著中找到。]

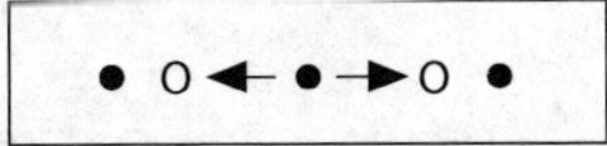

图 6.5　空气粒子原地振荡。最大声压点出现在某粒子紧挨周边粒子的情况下，而最大速度点出现在空气粒子与周边粒子距离相等的情况下。

想象一下一个空气粒子如图 6.5 中的情况一样原地振动。在空气粒子与它的周边粒子挤在一起的地方，它处于正在变换运动方向的进程中。它的运动速度变慢了，是因为与周边粒子挤在一起的缘故；由于空气粒子挤压在一起，气压处于极大值，但是因为粒子处于改变运动方向的进程中，所以速度处于极小值。当粒子向回震荡到另一个方向，就到达了周边粒子中间的位置，此处拥挤度（气压）为最小值，而速度为最大值。速度和气压之间的关系如图 6.6 所示。速度极大值对应于气压等于零的点,气压极大值对应于速度等于零的点。

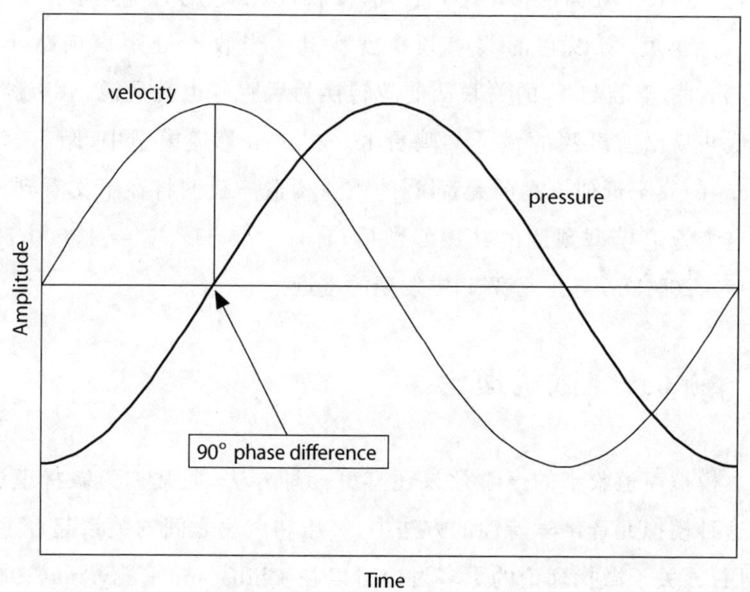

图 6.6 速度与气压的关系。当速度达到正的最大值或负的最大值时,气压等于零,而当气压为正的最大值或负的最大值时,速度等于零。

图 6.7 引自 Chiba and Kajiyama(1941)的经典研究,它显示了声道中(均匀直管,且为矢状剖面)的驻波。这些波形显示的是粒子位移驻波(如图 2.7—2.9 中一样)。回忆一下第 2 章,声道的自然共振在声门处的声压最大而在双唇处的声压最小。由于声压和速度之间的关系(图 6.6),自然共鸣也是在声门处速度最小且在双唇处速度最大,如图 6.7 所示。在图 6.7 中,最大速度点标为 V_n,这些是驻波**波腹**所在的位置。**波节**(最大声压点)出现在速度为零的地方。一端封闭的均匀声管中四个最低共鸣频率的速度波以标有 F_n 的分别成对的声管和声道图显示。每一对的上图显示的是一根均匀声管,下图显示的是速度波节在声道中的大致位置。

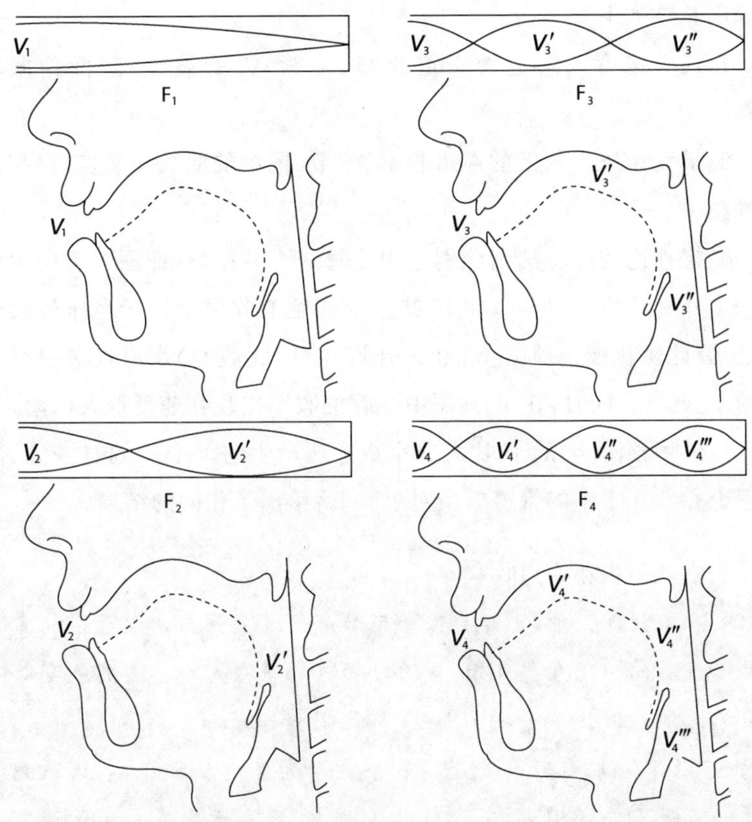

图 6.7　一端开放且无收窄的直管中，驻波波腹（最大速度点）和波节（最人声压点）的位置。波腹标为 V_n（从声道前部开始以上撇符编号），波节以均匀管中正弦波的相交点显示。前四个共振峰（标为 F_n）的波节和波腹以单独的图形分别显示。基于 Chiba and Kajiyama (1941) 绘制。

考虑到在最大速度点位置出现的动能以及在最大声压点位置出现的势能，Chiba 和 Kajiyama 所描述的微扰理论将声道收窄与共振峰频率系联起来。如果声道是在较高动能处（速度最大值）收窄，空气粒子的运动就受到阻碍，因而运动频率就会下降；而另一方面，若声道在较高势能处（气压最大值）收窄，空气粒子的运动就被加强，因而运动频率就会升高。声道收窄对于声道共鸣频率的影响可以用两条经验规则总结如下：

1. 最大速度点附近的声道收窄(标为 V_n 的波腹)降低共振峰频率。

2. 最大声压点附近的声道收窄(波节，图中的曲线交叉点)提高共振峰频率。

微扰理论的经验法则分别适用于每一个共振峰(即图 6.7 所示的每一个共鸣频率)。例如，在 F_1 共振中咽腔的收窄出现于声压最大处附近，因此微扰模型预测[ɑ]的 F_1 比在中性(无收窄)声道构造中所发现的 F_1 更高。同时，在 F_2 共振中咽腔的收窄出现在速度最大值附近，因此该模型预测[ɑ]的 F_2 比无收窄声道所产生的 F_2 低。这样一来，微扰理论和图 6.1 中的管道模型对于[ɑ]就给出了相同的结果。

横截面积和声道收窄

在微扰理论中，元音共振峰频率是通过关注与均匀管道的差异而预测的。凭直觉可知，与均匀管道的差异是由声道的收窄导致的。所以微扰理论的经验法则就用声道收窄位置加以阐述。关于“收窄”，我们不一定是指一个主动的声道收窄音姿，认识到这一点很重要。相反，在这里的语境中，收窄意味着相对于均匀管道来说横截面积较小。声道横截面积可以在一个特定点上较小，尽管并不存在主动收窄的音姿。“ash”这个词中的元音[æ]就是一个例子。发[æ]时的中央矢状 X 光片始终没有显示出任何主动的声道收窄迹象。但是，假设声道中的横截面积保持不变，F_1 和 F_2 都比你预测的要高。这个声学模式与声道在紧靠喉腔上方的地方(对于 F_1 和 F_2 都是最小速度点)横截面积较小的情况一致。[æ]中的这个“收窄”只不过是声道的一个解剖学特征，而不是主动收窄音姿导致的结果。

对于[i]的 F_2，这两个模型也给出了相同结果。图 6.4 中的诸模图显示，当收窄处位于距离声门 10 cm 处，正如元音[i]中的情况一样，F_2 的值接近 2 kHz。这个结果与微扰理论对于相同声道构造的分析是一致的。再看一下图 6.7，注意声道中距声门 10 cm 处的收缩（假设声道总长度为 16 cm 左右）使得声道在 F_2 的声压最大值位置变窄，根据微扰理论，我们预计 F_2 频率要比在中性无收窄的声道中高。我将把这个问题作为习题，让读者去比较一下微扰理论和管道模型对于[i]的其他共振峰的预测。

美式英语[ɹ]的第三共振峰（F_3）很好地说明了微扰理论的效用。这个声音在产生时有三处同时发生的声道收窄（双唇，舌冠，咽腔），它不像其他具有元音性的语音，因为其 F_3 的频率异乎寻常地低（Lindau, 1985）。美式英语[ɹ]的声道构造比我们到目前为止在管道模型中看到的任何声音都要复杂，但是较低的 F_3 用微扰理论很容易预测。舌头的隆起或后卷（是哪种情况无关紧要）使得声道在 V'_3 位置变窄；圆唇使得声道在 V_3 处变窄；咽腔的收窄使得声道在 V''_3 处变窄。因此，[ɹ]中的三个收窄点都发生在 F_3 驻波中靠近速度最大值的地方，这样，微扰理论就正确地预测出[ɹ]中的 F_3 频率比其他任何元音性语音都相对低一些。

对元音[i]和[ɑ]所做的微扰理论和管道模型的对比表明，这两种理论对于元音共振峰做出了相似的预测。但是，当声道中的收窄不止一处时，比如[ɹ]中的情况，对于某种特定声道构造，运用微扰理论就更容易一些，而对于不那么复杂的声道构造，使用管道模型来推导一系列发音的共振峰数值的定量预测，则会更加简单。

微扰理论和管道模型还存在另一个重要区别。管道模型假设声道共鸣来自声道中特定腔体的共鸣特性。即，由管道模型预测的共振峰值与其中一个或另一个声管相关。所以，管道模型的假设能够更加契合具有相对收窄点因而两个声管之间不大耦合的声道构造的发音。另一方面，微扰理论的假设更适合声道基本通畅的发音。

6.3 "首选"元音——量子理论和自适应分布

当讨论声门宽度与声学输出映射中的量子关系时，我呈现的图

(图 2.4)是一种**诺模图**。发音参数的值,即声门宽度,绘制在横轴上,假想的声学输出绘制在纵轴上。量子理论预测,声门宽度的发音—声学映射中的平台部分(稳定区域)会决定跨语言的首选声门发音情况。与之类似,Stevens(1989)认为,像图 6.2 和 6.4 那种将口腔的元音发音与声学输出联系起来的诺模图可以用来预测元音库中的一些跨语言倾向。他指出,在诺模图上某个共振峰的声腔隶属关系发生变化的那些点(前后声腔的共鸣频率相交的点)上,一系列的发音位置也许会导致相似的声学输出。例如,在图 6.4 中,当后腔长度在 10 cm 到 11 cm 之间时,F_2有一个稳定区域;2 cm 的后腔长度变化范围导致了大致相同的 F_2值。这个观察可以预测,元音[i]在世界语言中是普遍存在的,它的收窄点距离声门约 10 cm(硬腭部位的收窄),声学特征为较高的 F_2以及 F_2和 F_3之间不远的距离。根据图 6.2 中的曲线还可以进行一个相似的跨语言预测。这张图显示了前后声腔长度大致相同(在模型中为 8 cm)时它们最低共鸣频率的交点。这个声道收窄点是元音[ɑ]的典型情况,声学特征为频率相对较高的 F_1和频率相对较低的 F_2。最后,在我没有复制的 Stevens 的那些诺模图中,他演示了图 6.3 中的管道模型加上圆唇之后,软腭附近存在一个稳定区域,正如在[u]的发音中一样。

基于上述分析,量子理论主张把发音和 F_2频率映射中具有稳定性的区域定义为声学上最稳定的元音(指在发音中具有最大发音冗余度的元音),即角元音[①][i]、[ɑ]和[u]。这些也是在世界语言中出现得最频繁的元音(Maddieson,1984)。

Lindblom(1990)的**自适应分布**理论为角元音提供了对跨语言选择倾向的不同解释。以自适应分布的观点来看,角元音在世界语言中最为普遍恰好是因为它们是角元音。即,若元音中能够产生的 F_1和 F_2的可能数值范围是给定的,那么能够在最大程度上稳定地相互区分的元音就是那些具有最大区别度的元音。因此,如果假设听者听见元

---

① 即元音舌位三角形中位于顶角位置上的元音。

音差异的能力对于音段库施加了选择的压力(在语言的历时发展中),我们就可以预测,世界语言中最具有普遍性的元音应该是那些具有共振峰极值(见6.5节)的元音。自适应分布是一种关于交际中的稳定性的理论,它考虑到了听者的角色;而量子理论仅从交际的一个方面关涉了稳定性,即发音-声学映射。尽管自适应分布提供了关于首选元音的预测,但是这个理论尚未扩展至其他言语声中。相反,量子理论虽然聚焦于言语交际中的一个较窄侧面,但它已经被应用于若干类型的音段之中。

6.4　元音共振峰和声学元音空间

图6.8显示了 Jalapa Mazatec 语[①](墨西哥 Oaxasa 地区所说的一种 Otomanguean[②] 语言)中一系列单词的语图,这些语图说明了该语言中常态嗓音的单元音[③]的情况。词表如下所示:

[si] 脏

[se] 他唱歌

[sɑ] 月亮

[so] 你

[su] 不冷不热的

每一个元音中的头三个共振峰中心频率都被勾画出来。如你所见,这些单元音中的共振峰都相对稳定。此外,这些语图还表明元音之间的差异是由第一和第二共振峰承载的。

---

① Jalapa Mazatec 语是 Mazatec(马萨特克语)的一种,属于 Otomanguean(奥托曼格安语系)。

② 又称 Oto-Manguean,汉译名称为"奥托-曼格安语系"。

③ 原文为"plain voiced vowels"。Jalapa Mazatec 语中的元音区分不同的发声态,包括常态嗓音、气嗓音和嘎裂嗓音,这里的 voiced 应当是指 modal voiced。

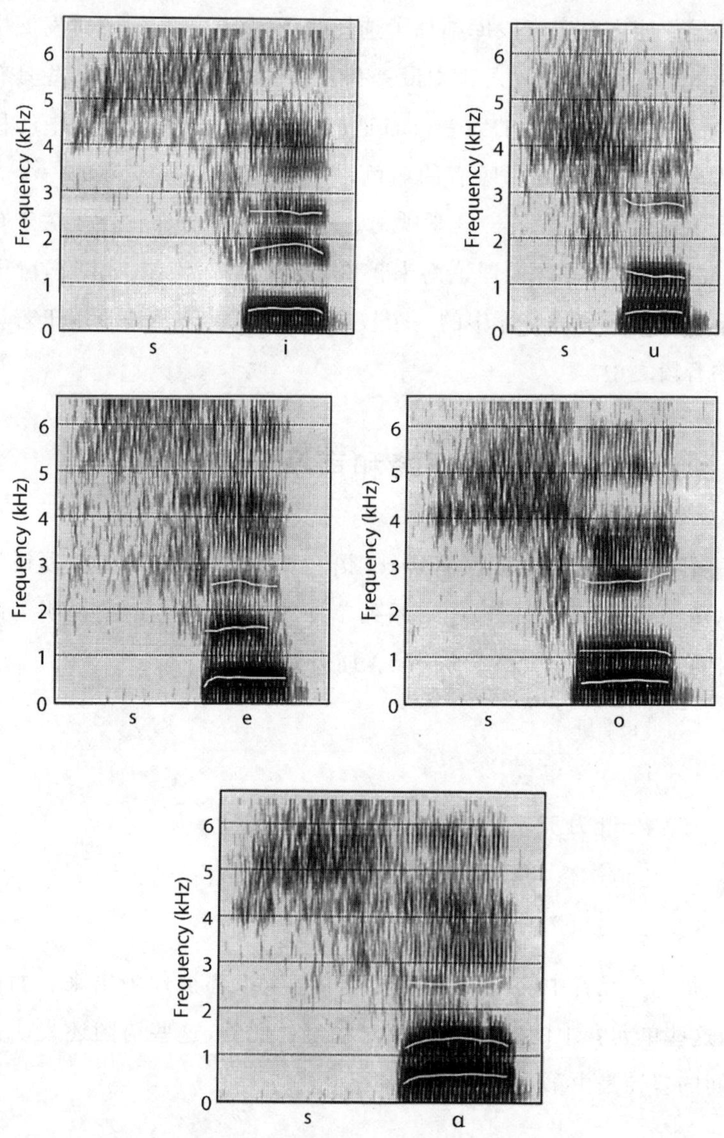

图 6.8　正文中所列 Jalapa Mazatec 语单词的语图，为一位男性发音人所发。每张语图下方给出了这些词的国际音标转写。

图 6.9 显示了在“声学元音空间”中绘制的五个 Mazatec 语元音的平均 F_1 和 F_2 频率。注意，声学元音空间与传统的以听觉印象为基

础的元音三角图相似。元音高度与 F_1 频率反相关，[**高**][1]**元音**的 F_1 较低，而[**低**]**元音**的 F_1 较高（F_1 轴的低频绘制在顶端，是为了强调内省式元音高度与 F_1 频率之间的相关）。同样，元音前度与 F_2 相关，[**前**]**元音**的 F_2 较高而[**后**]**元音**的 F_2 较低。元音特征的这些声学关联物已经被关注了数个世纪，语图仪发明之后它们就非常直观易懂了（Joos，1948）。有人曾提出元音的区别性特征与这些声学特征而不是发音特征相关，因为元音的发音存在个体差异，语言学上的元音“高度”和“前度”与元音产生中所测量到的舌位的高度和前度之间也存在不一致性（Johnson et al.，1993；Ladefoged et al.，1972），人们测量到的肌肉紧张度与语言学的“紧张度”也存在不一致性（Raphael and Bell-Berti，1975；又见 Lindau，1978，1979；Halle and Stevens，1969；Perkell，1971；Stockwell，1973）。

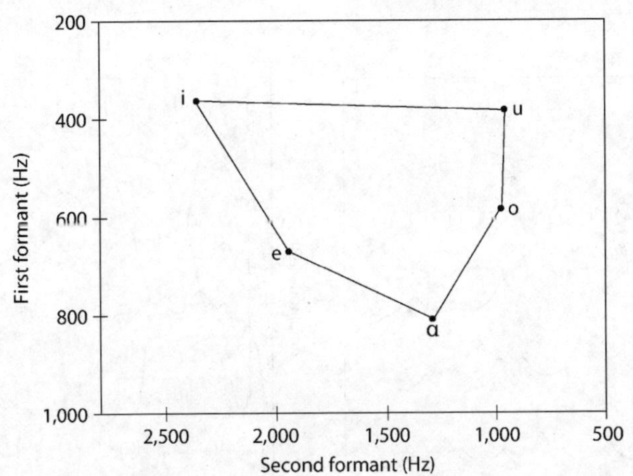

图 6.9　Jalapa Mazatec 语常态嗓音单元音声学元音空间，为四位男性发音人的均值。

---

① 用方括号[ ]表示某个音具有括号内的某个语音特征，例如，“[高]”表示某个元音是高元音。

6.5 元音的听觉和声学表达

元音的听觉特征不同于它们的声学表达——在语图中所见以及声源－滤波理论所预测到的那些——这是由我们在第 3 章讨论过的听觉系统的非线性所导致的(关于元音听觉表达的进一步讨论,参见 Liljencrants and Lindblom,1972; Syrdal and Gophal,1986; Miller,1989;Traunmüller,1981)。

图 6.10 说明了声学频谱和听觉频谱的一些差异:(a)显示的是图 6.8 中 Mazatec 语五个元音的 LPC 谱,(b)显示的是相同元音的听觉谱。制作这些听觉谱的声学波形窗口,与用于通过外围听觉系统的计算机模拟来制作 LPC 谱的窗口相同(4.5 节)。我画了线条分别连接所有元音的头两个共振峰,在听觉谱中画了另一条线连接嗓音的第一个谐波。

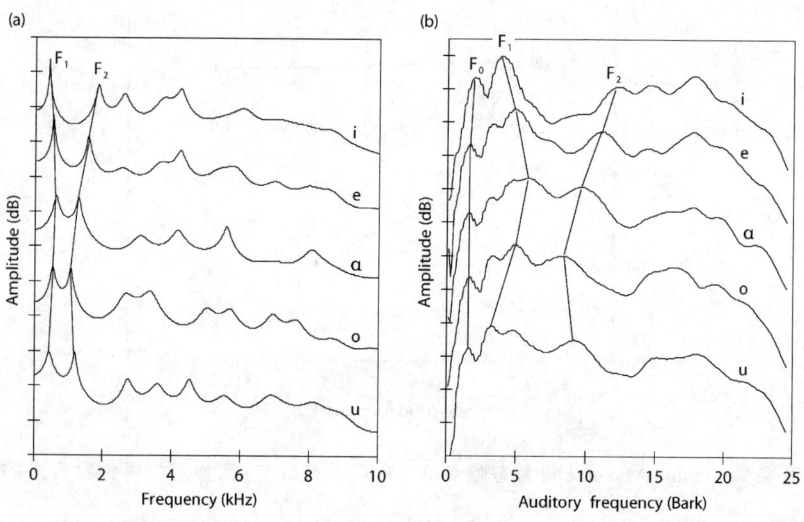

图 6.10　图 6.8 所示元音的声学和听觉频谱:(a)采自元音中部的 LPC 谱;(b)相同声学波形窗口的听觉谱。两幅图中纵坐标刻度间隔都是 20 dB。LPC 谱和听觉谱的窗长都是 20 ms。

声学和听觉频谱在频率范围上(两者都是 0－10 kHz)是匹配的，因此你在各种表达形式中所看到的差异是由分析的特性而不是人为的呈现所导致的。听觉和声学频谱最显著的差异之一与 F_1和 F_2所占据的显示比例有关。F_1和 F_2在声学频谱上止步于频率范围底部四分之一范围内,而它们在听觉频谱中占据了频率范围的半壁江山。因此,F_1或 F_2的变化在听觉频谱中很容易被注意到,但它们的变化在 LPC 谱中却总是不大清晰。这种差异与人们的一个观察对应,即,言语交际中使用的许多信息存在于 2,000 Hz 频率以下(Miller and Nicely,1955)。

图 6.10 中听觉和声学元音谱的另一个不同之处在于,第一谐波(F_0)在听觉谱中被解析出来,但在 LPC 谱中却没有。当然,在声学表达中可以计算出解析 F_0的 FFT 频谱,但这样做的话共振峰就不会得到很好的界定。听觉频谱颇为有趣,因为听觉临界频带在低频处有足够窄的带宽把一次谐波作为一个单独的峰值分解出来,而高频处的临界频带则有足够宽的带宽使相邻谐波模糊成一片形成共振峰。因此,听觉系统的非线性频率响应增强了 F_1/F_2区域的相对重要性,而临界频带的带宽则往往将共振峰中的谐波模糊化了。

6.6 跨语言的元音感知

图 6.11 显示的是引自 Terbeek (1977)跨语言元音知觉研究的感知空间。Terbeek 使用了自然发音的单元音,这些元音位于[bəb_]语境中,由他自己发音。他采用了一个相当有趣的方法测量感知距离。他将元音三个一组地呈现,要求听者判断哪两个彼此更为相像而哪两个彼此最不相像。这样的话,听者可能会听到诸如这样的例子:

A	B	C
bəbi	bəby	bəbu

并且判断[i]和[u]是最不相像的,[y]和[u]是最相似的。然后,

Terbeek 做出了一个“相异矩阵”,统计一对特定元音被判断为比另一对更不相像的次数。

我从四种不同语言的听者中抽取了 Terbeek 的相异矩阵,并且绘制了你在图 6.11 中所看到的感知地图。在这些展示中有许多值得注意的有趣之处,不过这里我们只关注有关元音感知的四种一般性观察。

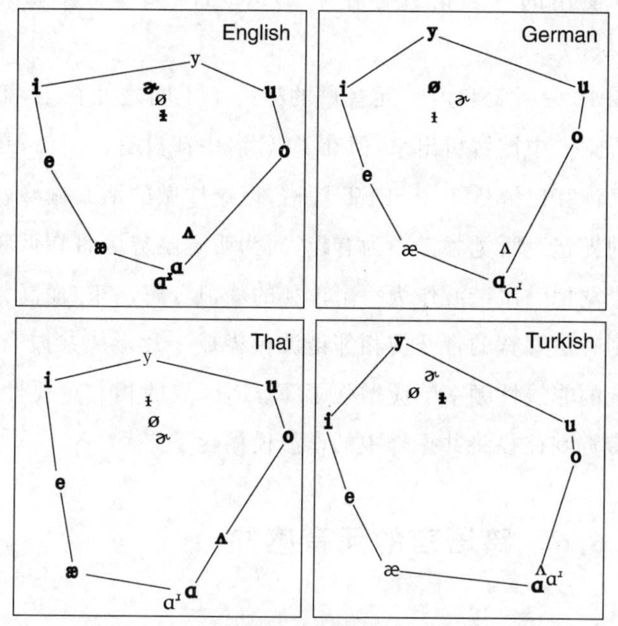

图 6.11 说英语、德语、泰语和土耳其语的听者的元音感知空间。这些元音空间是根据 Terbeek(1977,附录 I)的相异矩阵计算出来的。在 MDS 算法中,我使用了将原始相异性与归一化距离相系联的回归系数来缩放空间,并且旋转了元音空间,使得[i]和[u]的连接线为水平线。用非黑体符号标出的元音表示它在某语言中不会出现(例如,英语没有/y/音位)。

首先注意这些元音感知空间与图 6.9 中声学元音空间的相似程度。这个现象令人惊讶,因为感知空间是根据听者对相似性和相异性的判断来建立的，而声学空间不过是 F_1 和 F_2 分布的图示。显然，共振峰频率在元音感知中至关重要。

其次，注意某种语言中区别性音库是如何影响知觉的。为理解这一点，可将德语和土耳其语的元音感知空间与英语和泰语的感知空间进行比较。德语和土耳其语都有作为音位的 /y/，因此，颇为有趣的是，[y]远远偏离其他元音，在感知空间顶部形成一个峰形。与之类似，德语和土耳其语中都不存在具有区别性的[ʌ]，与泰语和英语相比，[ʌ]在这两种语言中似乎与[ɑ]合并在一起。如果一个语音在使用中具有区别性，相较于这个语音在该语言中不被用来区分词汇的情况，听者就倾向于把它听成一个与其他邻近声音更为不同的声音。

再次，注意[æ]所发生的情况。尽管这个特殊的元音在德语和土耳其语中的出现并不具有区别性，但这两种语言的听者认为[æ]与[e]和[ɑ]不同，他们的判断与英语和泰语听者一样，而[æ]对于英语和泰语听者来说是一个音位。关于[æ]的这个观察似乎表明，原始的声学/听觉区别性在所有语言中都很重要。[ʌ]在听觉空间中可能与[ɑ]落在一起，因为它们在听觉上很相似，但[æ]具有足够的区分度，使得它不会与其他元音相混。

最后，注意感知空间的几何形状是如何在语言之间产生变化的。这些完全相同的声学信号被具有不同语言背景的听者听到，所以就产生了有趣的现象：对于说英语的人来说，高、前、圆唇元音[y]更接近高、后、圆唇元音[u]，而对于说德语和土耳其语的人来说，[y]和高、前、展唇元音[i]更为相似。这种跨语言的差异可能与美式英语[u]的发音有关——也就是说，我们倾向于把它发得更靠前，像高、央、圆唇元音[ʉ]，或者甚至像[ɨ]一样央化且展唇。这两种语音表达都导致较高的第二共振峰频率，像[y]中所见的第二共振峰一样。所以，尽管 Terbeek 所用[u]的 F_2 频率可能较低，但对于说英语的人来说，它代表了一个也可以具有更高 F_2 频率的元音范畴，因此[y]和[u]比[y]和[i]更像。对于说德语和土耳其语的人来说，可能是[y]的感知激活了[i]舌位靠前的知识，因此[i]和[y]的相对较大相似性反映了英语使用者所没有的发音知识。对比[ɑ]在土耳其语中的相对靠后舌位和在其他语言中更加央化的舌位,我们也可以看到一个相似类型的语言特异性感知组配。这可能是因为土耳其语中存在的元音舌位后度和谐律向土耳其语母语者强调了[ɑ]和其他[后]元音在语言学上的密切关系,而这种关系在本研究中的其他语言音系中并不凸显。

推荐阅读

Chiba, T. and Kajiyama, M. (1941) *The Vowel: Its Nature and Structure*, Tokyo: Kaiseikan. 这是一本经典著作,涵盖了包括元音声学和感知在内的较大范围的语音学问题。最为著名的内容是对元音声学微扰理论的具有影响力的讨论。

Fant, G. (1960) *Acoustic Theory of Speech Production*, The Hague: Mouton. Fant 的许多不同的元音管道模型(包括本章所使用的简单直管模型)为元音的声学模拟设立了标准。

Hagiwara, R. (1995) Acoustic realizations of American /r/ as produced by women and men. *UCLA Working Papers in Phonetics*, 90, 1—187. 关于/r/的声学和声道解剖学研究。

Halle, M. and Stevens, K. N. (1969) On the feature "advanced tongue root". *Quarterly Progress Report*, 94, 209—15. Research Laboratory of Electronics, MIT.

Johnson, K., Ladefoged, P., and Lindau, M. (1993) Individual differences in vowel production. *Journal of the Acoustical Society of America*, 94, 701—14.

Ladefoged, P., DeClerk, J., Lindau, M., and Papcun, G. (1972) An auditory-motor theory of speech production. *UCLA Working Papers in Phonetics*, 22, 48—75.

Liljencrants, J. and Lindblom, B. (1972) Numerical simulation of vowel quality systems: The role of perceptual contrast. *Language*, 48, 839—

62. 关于元音分布的一个具有影响力的研究，因为元音分布或许与元音系统中的跨语言模式相关。

Lindau, M. (1978) Vowel features. *Language*, 54, 541－63. 关于元音语音学的一个重要综述。

Lindau, M. (1979) The feature "expanded". *Journal of Phonetics*, 7, 163－76.

Lindau, M. (1985) The story of /r/. In V. Fromkin (ed.), *Phonetic Linguistics: Essays in Honor of Peter Ladefoged*, Orlando, FL: Academic Press. 对 /r/ 的一些跨语言的发音和声学特性的综述。

Lindblom, B. (1990) Explaining phonetic variation: A sketch of the H&H theory. In W. J. Hardcastle and A. Marchal (eds.), *Speech Production and Speech Modeling*, Dordrecht: Kluwer, 403－39. 这项研究提出了一种语音变异理论，在该理论中，说话人根据假定的听者交际需求主动调整语音变化。这一理论也催生了跨语言元音类型学的"自适应分布"理论。

Maddieson, I. (1984) *Patterns of Sounds*, Cambridge: Cambridge University Press. 具有高度影响力的语音类型学研究，其中的一些章节涉及语音的所有主要类型。为此研究而编制的音段清单数据库是语音学研究的一个里程碑。

Miller, J. D. (1989) Auditory-perceptual interpretation of the vowel. *Journal of the Acoustical Society of America*, 85, 2114－34. 提出了一种元音听觉表达模型。

Mrayati, M., Carré, R., and Guérin, B. (1988) Distinctive regions and modes: A new theory of speech production. *Speech Communication*, 7, 257－86.

Perkell, J. (1971) Physiology of speech production: A preliminary study of two suggested revisions of the features specifying vowels. *Quarterly Progress Report*, 102, 123－39. Research Institute of

Electronics, MIT.

Raphael, L. J. and Bell-Berti, F. (1975) Tongue musculature and the feature of tension in English vowels. *Phonetica*, 32, 61—73. 该研究的问题:[紧]元音是“紧张”的吗?

Stevens, K. N. (1989) On the quantal nature of speech. *Journal of Phonetics*, 17, 3—45. 演示如何使用诺模图标识量子元音区域。

Stockwell, R. P. (1973) Problems in the interpretation of the Great English Vowel Shift. In M. E. Smith (ed.), *Studies in Linguistics in Honor of George L. Trager*, The Hague: Mouton, 344—62. 对英语长/短和紧/松的语言学分析。

Syrdal, A. K. and Gophal, H. S. (1986) A perceptual model of vowel recognition based on the auditory representation of American English vowels. *Journal of the Acoustical Society of America*, 79, 1086—1100. 提出了一种元音听觉表达模型(基于 Bark 标度)。

Terbeek, D. (1977) A cross-language multidimensional scaling study of vowel perception. *UCLA Working Papers in Phonetics*, 37, 1—271. 这是跨语言元音感知的一项大型研究,对于所有试图研究元音感知的学者来说,这是一个文献阅读的起点。

Traunmüller, H. (1981) Perceptual dimension of openness in vowels. *Journal of the Acoustical Society of America*, 69, 1465—75. 元音听觉表达的另一个模型。

练习

【重要术语】

定义下列术语:声源—滤波理论,横截面积,管道模型,诺模图,亥姆霍兹共鸣器,微扰理论,波腹,波节,自适应分布,[高]元音(用 F_1 定义),[低]元音(用 F_1 定义),[前]元音(用 F_2 定义),[后]元音(用 F_2 定义)。

【简答题】

1. 参照图 6.1 和图 6.2，当后声腔长度为 5 cm 时，F_1和 F_2的频率是多少？F_1是前腔共鸣频率还是后腔共鸣频率？当前声腔长 5 cm 时，F_1和 F_2的频率是多少？它们所属的声腔是什么？

2. 根据公式(6.2)，收窄面积(A_c)在 F_1频率中具有重要作用。通过计算参数如下的声道的 F_1来证明这一点：$A_b=3\ \text{cm}^2$，$l_b=4$ cm，$l_c=2$ cm，收窄面积的范围为从 $A_c=0.05\ \text{cm}^2$ 到 $A_c=0.2\ \text{cm}^2$。当 $A_c=0\ \text{cm}^2$ 时 F_1频率是多少？

3. 图 6.12 显示了典型的男性和女性发音人的 F_3驻波并标出了发音器官的位置。使用微扰理论描述[ɹ]的发音中会产生最低 F_3的发音动作。这些“最佳”发音动作在男女之间有什么差异？

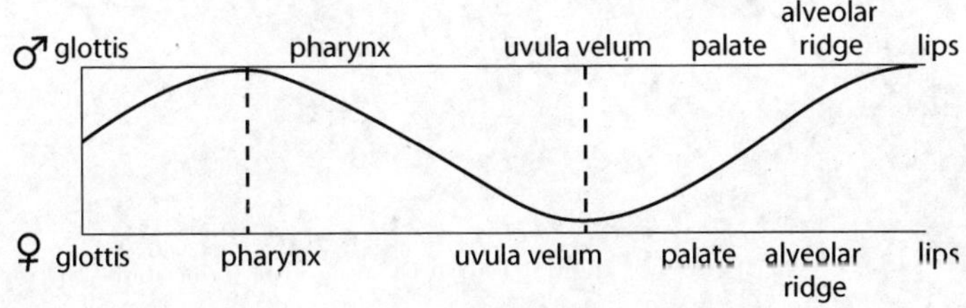

图 6.12　第三共振峰的驻波(在一端开一端闭的管道中)，男、女发音人的典型发音器官位置被标出。引自 Hagiwara(1995:12)；此图获允复制。

4. 在中点处测量图 6.8 所示的 Mazatec 语元音的第一和第二共振峰频率，然后将它们与图 6.9 所示均值一起绘制在图上。图 6.8 所示词的发音人的数值与均值有何不同？通过比较能发现他的声道比均值长或者短的迹象吗？有证据表明他说话的风格或者速度与其他人有差异吗？

5. 一个二合元音在声学元音空间中是何种样子？在时域上等间距分布的 4 个或 5 个点上测量图 4.9 中二合元音共振峰的值，把共振峰值绘制在声学元音空间中(用线连接起来)。自适应分布理论(或许还有量子理论)假设元音范畴在声学空间中以位置不同而彼此区分，那么二合元音如何使“首选”元音理论变得复杂化?

6. 图 6.10b 中[e]、[ɑ]和[o]的 F_0 和 F_1 之间的小尖峰是什么？为何在这些频谱中会出现这个尖峰？听觉频谱的这个特点会怎样导致在耳蜗语图中难以发现 F_1？

第7章 擦音

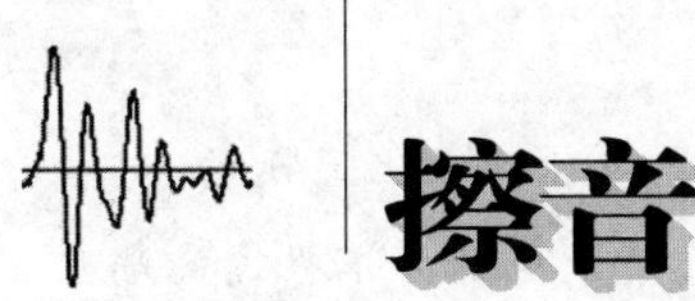

语音产生的声学理论除了对元音声学给出了理论描述，还对擦音的声学特性给予了解释。擦音中的噪声声源（声能）为湍流，该湍流因空气从声道某处的收窄部分穿出而产生。这种非周期性噪声被声道进行了滤波。本章首先阐述擦音中的湍流噪声源和声道滤波，继而描述擦音产生中发音－声学映射的一些量子特性，然后对擦音的听觉和声学特性进行比较。本章以擦音感知的小节作为结束。

7.1 湍流

当你向一个吸管吹气时，它会产生非周期性的嘶嘶声。这种噪声是不规则空气粒子运动的声学结果，由空气从相对较窄的通道穿出时产生。当通道内快速移动的空气撞击静止的外部空气时，气流变得紊乱（噪声产生的主要面积在吸管末端的八倍直径以内）。决定气流是否**湍急**的主要因素是通道的大小和气流的体积速度（每单位时间通过某点的空气体积）。例如，如果每秒 100 cm^3 的空气流过通道，若通道面积小于 10 mm^2，就会产生**湍急气流**；但如果通道面积为 20 mm^2，则不会产生湍流。所以，从狭窄的吸管中比从较宽的吸管中更容易获得湍流。

高速公路和擦音的空气动力学

高速公路上汽车的运动行为给擦音的若干流体力学特性提供了很好的类比。

粒子速度,即空气粒子的速度,就像速度表上显示的车速。**体积速度**,即通过某点的空气粒子数量,就像你开车碾过的那些汽车数量计数器中的某个计数器所产生的计数,该计数测出了单位时间内通过某处的汽车数量。

层流产生于所有汽车都处于各自车道内且顺畅地在高速公路上行驶的情况下。当这些汽车频繁变道时就会产生**湍流**;它们除了向前运动,还会产生随机的左右移动。

当高速公路从两车道变宽为六车道时,就会产生**通道湍流**。当道路变宽,汽车就会迅速地从狭窄通道驶出并改变车道。**障碍湍流**就像有辆汽车在高速路上抛锚时所发生的变道现象,(其余)汽车改变车道以绕过障碍物行使。

空气动力学阻抗,即通道对气流的阻力,该现象可以从双车道和四车道公路的区别中看到。一般情况下,宽通道能够比窄通道具有更大的体积速度。即,宽通道对车流的阻碍较少。

如果体积速度保持不变,粒子速度会随通道宽度减小而增大。车道数量从四个变为两个时,变道之前车辆会有一次较大程度的减速,一旦进入道路的狭窄部分,汽车就会加速。为了让通过狭窄部分的汽车数量与通过宽敞部分的汽车数量相同(相同的体积速度),汽车在狭窄部分必须行驶得更快(更大粒子速度)。

由于湍流中的空气粒子运动是不规则的,因此与湍流相关联的气压波也就是随机的,就像白噪声中的声压一样。但是,与白噪声不同的是,擦音中所见**湍流噪声**的频谱通常不是完全平坦的。如图 7.1 所示,在 1,000 Hz 以上,频谱的振幅随着频率的增加而逐渐降低。

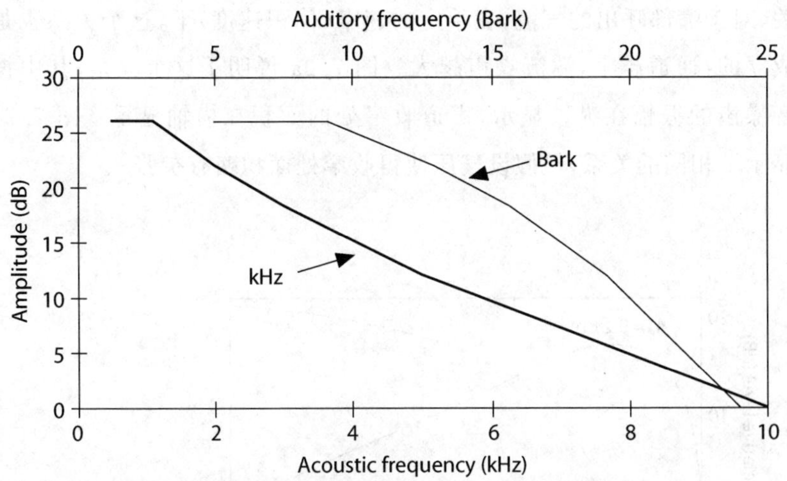

图 7.1 湍流噪声的功率谱(见 Shadle,1985)。粗线显示的是以 kHz 为单位的频谱,细线显示的是 Bark 频率标度的同一个谱。

这种类型的噪声出现在擦音和大多数清音中。例如,在[h]中,当来自肺部的空气通过声门时产生湍流,因为声带之间的通道相对较窄,且气流速度相对较高。(在声门清擦音[1]中气流速度相当高,可以通过比较发[h]和[ɑ]所能持续的时间来进行判断。)因此,在 *heed* 这个词中,[h]和元音的主要区别在于[h]的声源是在声门处产生的非周期性湍流噪声,而[i]的声源是周期性复合波(浊音)。元音和[h]都具有共振峰值,这是声道的滤波作用导致的(尽管在[h]中气管也对声源的声学滤波有所贡献,且所起的作用比在元音中更大)。其他擦音在特定的声道共鸣频率处也具有声能,但在我们讨论擦音的发音部位之前,还需要阐述有关湍流噪声的两个问题。

首先,湍流噪声的振幅取决于空气粒子通过声道时的速度。(这是指粒子速度,参阅关于"高速公路和擦音的空气动力学"的"闲话"匣子。)空气粒子运动得越快,声音越响。由于粒子速度与通道面积有

---

① 原文为"aspiration",这个术语既可以指"送气",也可以指"声门清擦音",根据上下文,这里应该指声门清擦音[h]。参见 R. L. 特拉斯克(编)《语音学和音系学词典》(*A Dictionary of Phonetics and Phonolgy*)。北京:语文出版社,2000 年,26 页。

关,对于嘴部呼出的气流,在给定的速率(体积速度)下,这个关系也是成立的:通道越窄,湍流噪声越大。图 7.2a 说明了这个关系,其中擦音噪声的振幅在纵轴显示,声道收窄处的面积在横轴显示。图 7.2b 显示了相同的关系,但假设气压使得收窄处面积略有扩张[①]。

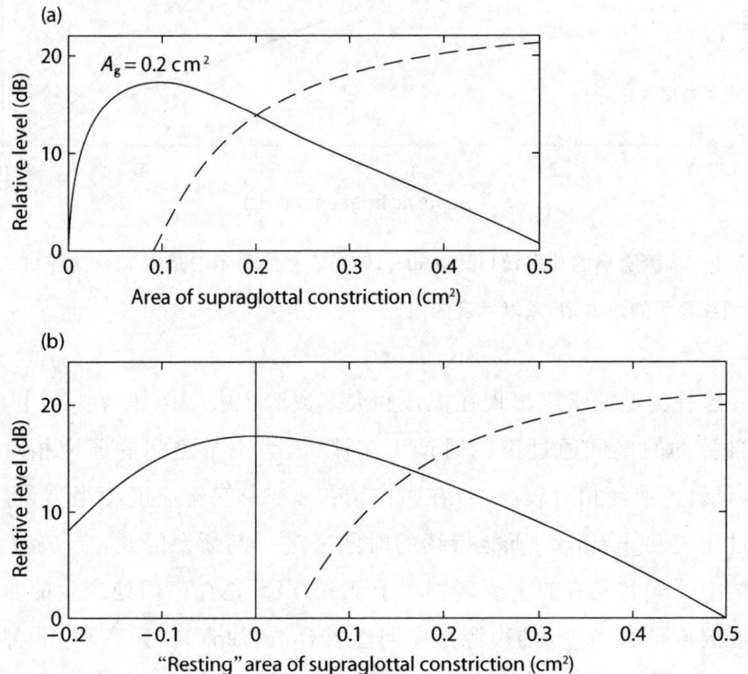

图 7.2　声道中的相对振幅,它是湍流收窄处横截面积的函数。实线显示的是在收窄处产生的湍流的振幅,虚线显示的是声门湍流的振幅,它们各自都是收窄面积的函数。(a)显示的是模拟结果,假设声道面积不变;(b)显示的是假定收窄面积可能会被收窄处后面的气压扩大的相似结果。A_g 表示声门面积。基于 Stevens (1989:22)绘制。

---

① 图 7.2b 中的"resting" area of supraglottal constriction 是指没有气压作用时声门上收窄处的面积,假设气压作用使得收窄面积的扩张幅度为 0.2 cm^2,如果把收窄面积的最小值设定为 0,那么在没有气压作用的条件下,收窄面积的最小值就是 −0.2 cm^2。详见 Stevens, K. N. (1998), *Acoustic Phonetics*, 106−112. The MIT Press。

其次，除了一股空气从一个狭窄的通道穿出时可以产生噪声的情况之外，当一股空气撞击到气流下游的某个障碍物时也会产生湍流噪声。图 7.3 显示的是这种构造的一个例子。障碍物的出现使得湍流噪声的振幅增大(比较高速公路变宽时的变道和一辆车堵塞车道时的变道)，噪声产生于障碍物所在处，而不是在距通道收窄处有固定距离的某个位置。可以说，几乎所有擦音噪声都涉及由气流撞击障碍物产生的湍流。在[s]和[ʃ]中，上、下齿分别作为产生湍流的障碍物；不过请注意，即便在你(手动)使上唇上抬时，[f]的幅度也会减小，这表明上唇在唇齿擦音的产生中起到了障碍物的作用。(这可能与 Maddieson 1984 年的研究有关，该研究观察到唇齿擦音在世界语言中比双唇擦音更为常见，因为障碍湍流往往比声道湍流更加响亮。)

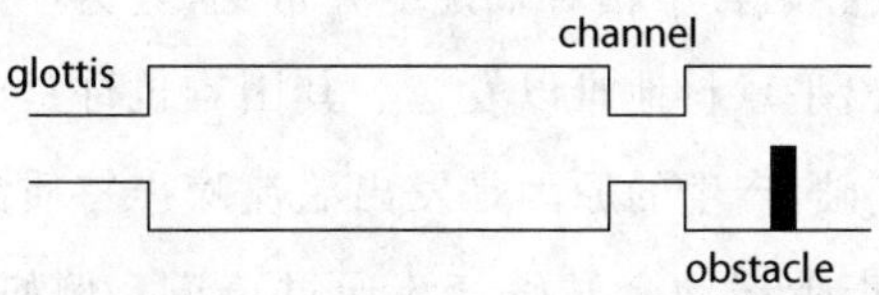

图 7.3　有阻擦音的管道模型，显示的是产生气流的通道以及气流在通道上遇到的阻碍。与该模型联系最频繁的是咝音[1][s]和[ʃ]。

Shadle (1991)区分了包含“**腔壁**”**源**和“障碍”源的擦音，在“腔壁”源擦音中气流冲击了声道中的某个腔壁——软腭擦音[x]就是一个例子，“障碍”源擦音需要制造一股撞击前齿的气流。对此区分，我们还可以增加像[v]和[f]的“唇”源，在这些擦音中气流针对的是上唇。这些不同类型的擦音都需要一个阻碍。唯一无阻的擦音类型产生于双唇，或许也产生于声门。注意，大声发出双唇或者声门擦音噪声极为

---

① 咝音(sibilant)：通常指频谱上具有高频能量集中区的擦音或者塞擦音。参见 R. L. 特拉斯克(编)《语音学和音系学词典》(*A Dictionary of Phonetics and Phonology*)，北京：语文出版社，2000 年，238 页。

困难。实际上,在一些语言中——例如 Navajo 语[①]——音位 /h/ 是使用口腔擦音变体[x]或[ç]产生的。在认真的美式英语发音中我也见过此种现象。

“腔壁”和“障碍”擦音的差别与阻碍相对于气流的方向有关。例如,在一个“腔壁”擦音中阻碍与气流接近平行,而在一个“障碍”擦音中阻碍更接近气流的直角位置。Catford(1977)指出,阻碍方向和气流之间的锐角在气流中产生涡流,由于涡流是周期性的,因此就引发了具有固定音高的复杂周期波(像在一根管风琴管中一样)。他认为,牙齿有病和正常的人(155 页)所产生的[s]的频谱就是证据,气流通过牙齿产生周期涡流,这些涡流产生了[s]频谱中的高频成分。Shadle(1991)通过调控阻碍位置发现了较大的频谱变化,这些变化与非周期性噪声源之前和之后的前腔滤波特性均有关联。

浊擦音在世界语言中相对来说不算常见,且会产生种种语音学驱动的变体,而且出乎意料地难以发音。其困难也许是产生跨语言模型和音系模型的基础,产生的原因是发出湍流噪声特质的擦音需要较大的体积速度,而声带振动会妨碍气流通过声道。例如,当你把一张纸挂在脸上,你可以轻易地用清唇齿擦音[f]将它吹开,但你不会用浊唇齿擦音[v]。这是因为在发嗓音时声带关闭(或者近乎关闭)和打开的时间一样多。因此,假定肺部产生的气压量(声门下气压)是接近的,发嗓音时的体积速度就比声门保持打开时低了许多。由于产生湍流需要一定量的气流,浊擦音就可能失去摩擦而变为流音。注意,这个交替不一定需要声道收窄度的变化,以相同的声道收窄度,你可以产生一个清擦音或者一个浊流音。McDonough(1993)提出,这种现象是浊边通音和清边擦音产生交替的基础,在某些语言中它们的音系区别是清浊,由于侧面通道宽度的缘故,这种音系区别会导致清音情况下有摩擦而浊音情况下无摩擦。

---

① 纳瓦霍语,是北美原住民纳瓦霍人(Navajo nation)的语言,使用人口分布于美国西南部的亚利桑那州、犹他州和新墨西哥州,其中新墨西哥州的使用人口最多。

7.2 擦音的发音部位

当你发出收窄点始于咽腔、然后向前移至齿龈的一系列擦音时，也许会听到擦音在"音高"上的变化。（本节的分析依照 Heinz and Stevens，1961）。在诸如此类的系列擦音中所听到的频率变化是由声道滤波活动中的变化导致的，特别是声道前腔长度的变化。在图 7.3 所示的管道模型中，前腔从较窄通道，即收窄点，延伸至双唇，阻碍包含于其中。

由于声源位于前腔，且声道紧缩时前后声腔的声耦合较弱，擦音中声道的声学滤波活动主要由前腔共鸣频率决定（其共鸣频率可以使用第 6 章中计算元音共鸣频率的公式算出，$F_n=(2n-1)c/4L$）。当擦音的收窄点位于咽腔时，前腔较长，共鸣频率因而就比擦音收窄点前移位于口腔时要低。

声耦合

收窄会导致声阻抗，很像它所导致的空气动力学阻抗，但是这两种类型的阻抗并不相同。例如，当你保持口鼻闭塞并产生一个短的浊音，比方在一个浊双唇塞音或哼哼声的过程中，并没有空气从声道中逸出，但声音却传出来了。这是因为产生于声门的声波可以通过脸颊振动，就像邻家的立体声穿透你家的墙壁一样（注意固体的声学滤波效应，只有低频噪声可以通过）。**声耦合**指声阻抗：声音通过某种声学障碍而被传输的程度。在擦音中，前后声腔并没有较好地耦合，且声道收窄处的声阻抗相当大。所以，尽管空气会经过收窄处，但只有相当少的声音被传输至后腔或从后腔传出。因而，后腔的共鸣频率对擦音的频谱影响很小。

图 7.4 显示了一个双管模型的擦音频谱。每一个频谱旁的数字表示前腔的长度（单位 cm）。前腔越短，最低谱峰值越高（无前腔除外，标为 0，下文会对之加以讨论）。还要注意，当前腔为 2.2 cm 时谱峰的振幅

最高。前腔长度为 1.5 cm 时振幅较低,Stevens(1989)将这个现象归因于从双唇辐射出去的高频声音中声阻尼的增加(当声音从双唇辐射时,频谱上的相对振幅每倍频程增加 6 dB)。他说,口腔中收窄位置较后的擦音振幅阻尼是由于“声源对前腔更小的耦合程度”造成的(24 页)。我不明白为什么会是这样。当我第一次看到这张图时,我错误地认为他已模拟了声管壁在柔性状态下所发生的声阻尼。这样你就会预期具有较大壁空间的声管(具有更大前腔长度的声管)会有更强的声阻尼,因而具有带宽更大、振幅更弱的共鸣频率(关于带宽的更多信息见第 9 章)。

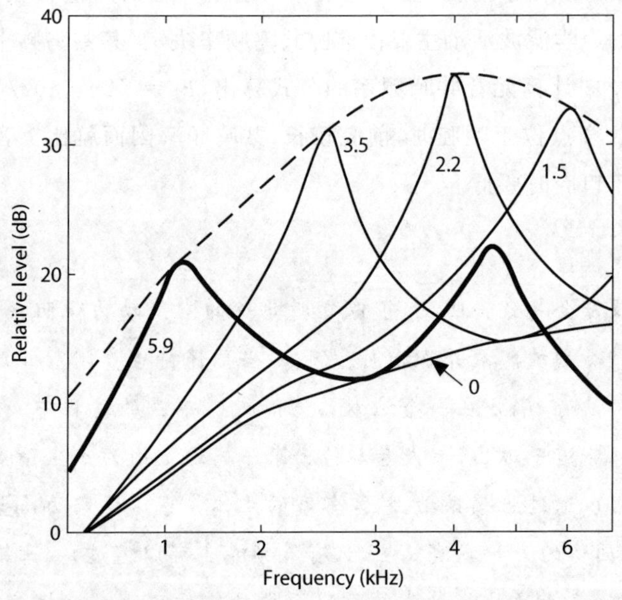

图 7.4　由一个与图 7.3 所示模型相似的管道模型所产生的擦音频谱。这些频谱由 5 种不同前腔长度的模型产生,图中显示了每个频谱对应的前腔长度(单位 cm)。基于 Stevens(1989:25)绘制。

尽管声谱中声能的位置能够就擦音的发音部位提供大部分我们所需要知道的信息,但声道共振峰的存在与否也可以作为发音部位的一种声学征兆。一些擦音产生于口腔中很靠前的位置,比如[f],可能根本没有声道滤波(见图 7.4 中前腔长度为 0 的擦音频谱)。与元音不同,擦音中噪声声源的位置是有变化的。在咽擦音[ħ]和[ʕ]中,声能的来源在咽部,共鸣声道相对较长;而在像[f]和[v]这样产生于唇部湍流的唇擦音中,在声道收窄点前部几乎没有声道参与滤波。因此,唇擦音的频谱上并没有峰值,而是能量分散在很大的频率范围内(如图 7.1 所示的湍流谱)。Jakobson et al.(1952)将具有单一凸显共振峰的频谱称为[**集聚**],而把那些只有很少或没有声道滤波,或是相反地具有较长前腔并因此具有多个尖峰的频谱称为[**分散**]。

圆唇在擦音产生中的效应与在元音产生中的效应相同;它降低了元音的共振峰频率。因此,例如美式英语 *see* 中的[s]似乎是非圆唇的,但是在 *sue* 中它因为后接 [u]而发生协同发音的圆唇。也许你能听到这两个[s]的差异。有趣的是,美式英语中的另一个糙音性的[①]擦音(在该擦音中上齿为阻碍物)[ʃ],除了发音部位与[s]不同之外,通常还伴随圆唇。这个附加的发音*增大*了[s]和[ʃ]之间的声学差异。

许多语言中[ʃ]的产生也被**舌下腔**的出现所影响(见图 7.5)。在俄亥俄州立大学语言学实验室对英语母语者的一个非正式调查中,我发现 8 个母语者中 7 人发[ʃ]时使用了舌下腔(你可以通过牙签测试来检查你自己发音中的这种现象。在一个持久擦音的发音过程中,向牙齿中插入一根牙签,并捅捅舌头。如果你捅到舌头底部,那就有了发音中存在舌下腔的证据)。舌下的这个空间有效地增加了声道前腔的长度,因而降低了它的共鸣频率。因此,尽管[s]和[ʃ]具有相近的发音部位,它们的声学特性却明显不同,因为[ʃ]具有一个舌下腔,而[s]要么只有一个非常小的舌下腔(对于舌尖靠上的[s]来说),要么根本没有(对于舌尖靠下的[s]来说)。

---

① 原文为"strident",也有学者将它译为"刺耳的"或"粗糙的"。在 Jakobson-Halle 的区别性特征系统中(Jakobson et al.,1952。具体信息见本章"推荐阅读"),[粗糙]和[集聚]一样也是一个区别性特征,具有这一特征的语音(通常是擦音)比不具有这一特征的语音具有更大的噪声性。当然并非所有擦音都具有糙音性。

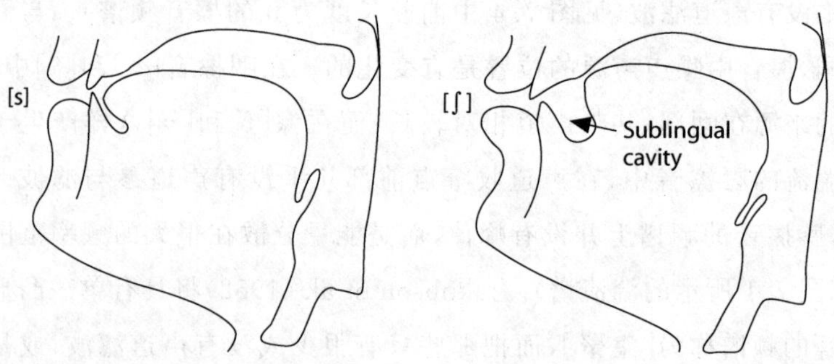

图 7.5 **英语中[s]和[ʃ]的 X 光追踪图,显示了[ʃ]的舌下腔。源自 Straka (1965:38)。**

7.3 量子理论与擦音

将擦音产生的发音参数与擦音声学特征关联起来的两种诺模图可以显示擦音的量子区域(声学稳定性区域)。第一种图可以再现为图7.2的样子,它关联了声道收窄程度和擦音的相对振幅。这张图说明了区分"发音方法"或者"收窄"的量子基础。在某个范围内的收窄尺度上,任何程度的收窄都导致本质上具有相同振幅的摩擦噪声,特别是考虑到口腔内气压对于声道体积的作用时(见图 7.2b,稳定区域从−0.1 cm² 延伸至0.1 cm²)。这个发现表明,擦音仅是声道仅有的几种自然声学输出的一种;其余的输出则是非延续性[①]音中的无声段和响音性语音的层流。换言之,在语音学和音系学理论中我们所说的收窄的不同程度是自然的声学类别,因为不同范围的收窄体积导致了(它们分别对应的)声学输出的稳定类型[②]。[注意,声门"擦音"[h]和[ɦ]是擦音,如果我们把擦

---

① "非延续性"原文为"noncontinuant",这里的翻译参照了 R. L. 特拉斯克(编)《语音学和音系学词典》(*A Dictionary of Phonetics and Phonology*)(北京:语文出版社,2000 年,66 页)对 continuant 的翻译。

② 这里的意思是某一范围内的收窄体积对应某一稳定的声学输出类型。括号中的内容为译者所加。

音这个类别定义为用湍流产生的语音。但是，与其他擦音不同，从它们前后声管为耦合关系（即，类似元音的共振峰间距）的角度说，它们是非辅音性的，而辅音性的声音不具有前/后耦合，因此会扩大共振峰之间的间距，在辅音性和非辅音性的音段边界上发生共振峰数量的突变。]

第二种诺模图如图 7.6 所示。该图显示了一个擦音双管模型中前后声管之间的耦合效应。如前文所说，当前腔长度变短，擦音中共振峰频率就会提高。尽管后腔共鸣不会在辐射出来的擦音中出现，或者只有微弱体现，但是前后腔之间的耦合对于诺模图仍有作用。注意前后腔共鸣频率汇聚时所发生的前腔共鸣频率的非连续性。

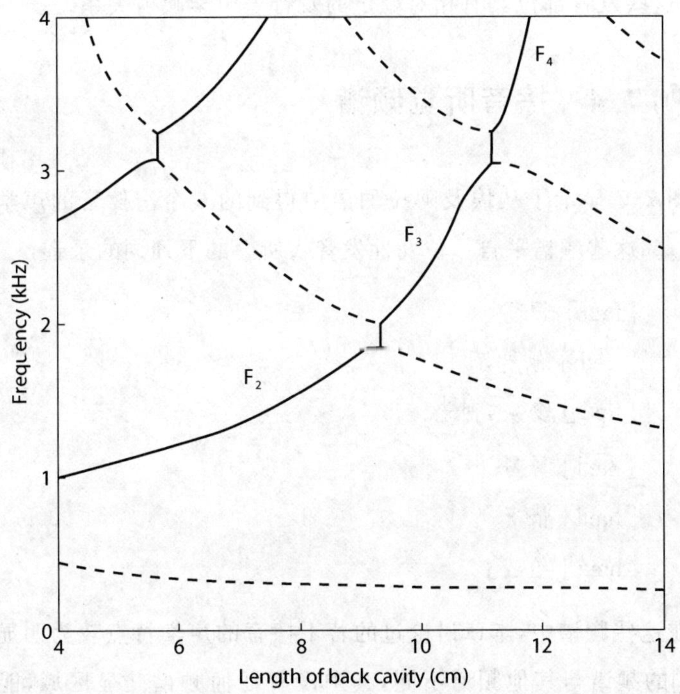

图 7.6　前后声腔的声耦合对擦音共鸣性质的作用。前腔共鸣频率用实线显示，后腔共鸣频率用虚线显示。最低位置的虚线是后腔亥姆霍兹共鸣频率。引自 Stevens(1989:26)。

当收窄点位于声道后部(即,当前腔长且后腔短时,如诺模图左侧所示),擦音的最低共鸣频率会与邻近元音的第二共振峰匹配。因此,在[xa]([x]为软腭清擦音)中,擦音的最低共鸣频率峰值与后接元音F_2频率的起始点匹配。对于更为靠前的声道收窄点来说,当前腔共鸣频率与后腔共鸣频率相交时,擦音共鸣频率峰值的共振峰归属会发生变化。因此,[ç](硬腭清擦音)中的共鸣频率峰值就会与后接元音的F_3而不是F_2频率相匹配。由于两个耦合管道的共鸣频率不可能总是完全相等,因此在诺模图上每一个前后腔共鸣频率相交处(在每一个擦音共鸣峰值的共振峰归属变化处)都有一个跳跃。根据 Stevens (1989)的看法,这种非连续性是发音部位之间边界的标记,对于擦音来说,这些发音部位具有相对稳定的发音－声学映射关系。

7.4 擦音听觉频谱

图 7.7 显示了从埃及阿拉伯语中得到的 6 个清擦音的声学频谱(LPC)。这些频谱采自一位女性发音人所念的下列词的录音:

[fæːt] 通过

[sæːb] 他走了

[ʃæːb] 变灰,变老

[χæːl] 舅舅

[ħæːl] 情况

[hæːt] 给我

在这些频谱中,本章讨论过的若干擦音的声学特点较为明显。注意,[f]的频谱与其他频谱不同,其中没有任何频谱凸显区域,能量倾向于分布在整个频谱中。其他频谱的谱能量峰值所在频率区域各不相同,[s]的能量集中区域频率位置最高,[h]比其他擦音具有更多的低频凸显。这个现象与我们早先所做的预测一致,该预测基于前腔共鸣频率决定擦音声道滤波函数的假设,因此擦音的发音部位从后向前移动时,频率能量峰就会从高频向低频变化。还要注意的是,[h]的频谱很像元音谱,尽管其较高共振峰的振幅比我们通常在元音中所见到的要大。

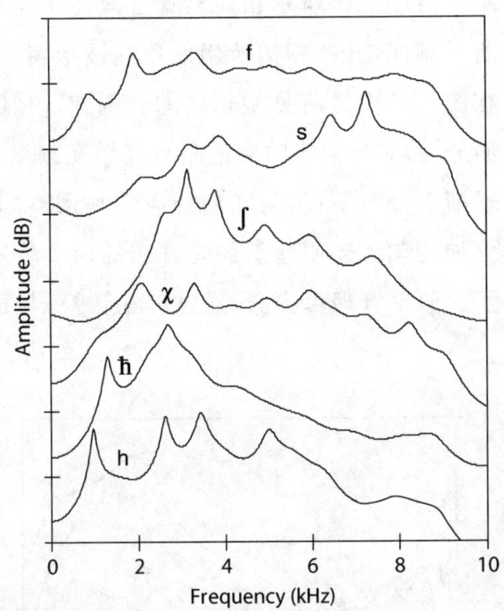

图 7.7　上文所列词表中埃及阿拉伯语擦音的声学频谱。使用 LPC 分析,从擦音噪声中部的波形窗中作出频谱,并且将它们在振幅标度上进行了移位(忽略总体振幅差异),以便更容易对频谱形状进行对比。纵轴标度上的刻度间距为 20 dB。

注意,图 7.7 中擦音[s]和[ʃ]有本质区别。[ʃ]的频谱峰位于约 3.5kHz,而[s]的频谱峰在 8 kHz 附近,尽管在约 4 kHz 之处也有一个较小的峰值。许多研究者都注意到,擦音声学特征的测量较为困难(特别是舌冠擦音),因为可能会存在若干频谱峰,就像[s]的产出一样,而且在不同的话语中,它们当中可能是这个也可能是那个具有最大振幅。人们同样注意到,擦音谱峰频率可能存在较大范围的人际变异。这些观察导致了描述擦音频谱特征的重心技术的发展(Forrest et al.，1988;Jassem,1979)。关于这个问题,思考一下擦音的听觉表达是很有意思的。如第 4 章中所讨论的那样,人类听觉系统中的两个主要特征是听觉频率标度的非线性和高频区域的听觉临界带宽。与声学表达相比,这两个特征结合起来彻底改变了擦音的听觉表达。

图 7.8 显示了与图 7.7 所示相同擦音音段的听觉频谱。这些频谱使用了前文所示制作 LPC 频谱所用的相同波形窗,它们显示的许多特征与我们在图 7.7 中之所见是相同的。例如,[f]的频谱比其他擦音更为平坦而分散,其他擦音的频谱凸显区域在频率上随着声腔收窄区域后移而逐渐下降。不过,与它们的声学频谱不同的是,听觉频谱似乎分布得更加均匀。还要注意的是,[s]的两个较宽频谱能量区域的差距缩小了。似乎有理由推测,通过听觉转换,与描述擦音声学

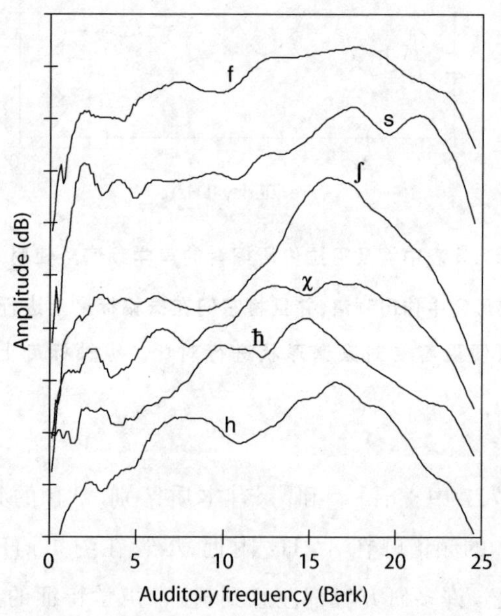

图 7.8　图 7.7 所示擦音的听觉频谱,作图所使用的波形窗与图 7.7 计算 LPC 频谱所使用的相同;与图 7.7 所示频谱相似,听觉频谱也在振幅标度上进行了移位,以便对频谱形状进行对比。纵轴刻度间距为 20 dB。

特征有关的一些困难即便还未完全消失，也会有所减弱。在这点上值得注意的是，商用语音识别系统中使用最多的频谱分析技术采用了一种听觉分析形式，名为 Mel 频率倒谱编码(Davis and Mermelstein, 1980)，由于 Mel 标度是一种听觉频率标度，因此减弱了高频区域的不确定性，在此区域说话人的发音可能会有显著差异，而这种差异对听者的感知影响甚微。

除了跟测量擦音噪声以及在计算机语音程序中识别它们有关的应用问题以外，图 7.8 所示的听觉表达还提出了一个有趣的理论问题。观察图 7.7 中的声学频谱(要知道，在阿拉伯语中所发现的擦音区分范畴在已知世界语言中具有代表性)，5 kHz 以上的大部分频率范围不会用来区分擦音噪声，这个现象似乎颇为奇怪。为何有 4 个擦音的频谱峰都聚集在 4 kHz 以下，而只有[s]的频谱峰在此之上？10 kHz以下只有一半的频率范围在擦音的信号区分中似乎是有用的。从[ʃ]的发音来看，这种特异性尤为突出，[ʃ]的发音通常使用舌下腔且伴有圆唇，这有助于声道前腔的延长，因而也就降低了与该擦音所关联的频谱凸显区域的频率(前面曾经提到过)。声学频谱上的这种特异性在图 7.8 的听觉频谱中并不存在。在听觉频谱中擦音的频谱峰在可见频率范围内更接近均匀间隔。这就暗示着频谱峰位于[s]和[ʃ]之间的擦音在世界语言中不是常见的，这并非因为它们很难发出，而是因为它们很难被听出来。

7.5　擦音感知的维度

英语清擦音在感知空间的位置如图 7.9 所示。这张图显示了两个多维标度测量分析的结果——一个是母语为美式英语的听者的结果(白色背景上的黑色字母)，一个是母语为日语的听者的结果(深色背景上的白色字母)。所有听者都听到相同的美式英语刺激，并对这些刺激是“f”“th”“s”“sh”或是“h”进行辨认。我使用第 5 章所述方法，以 Lambacher et al.(2001)发表的混淆矩阵结果作图。

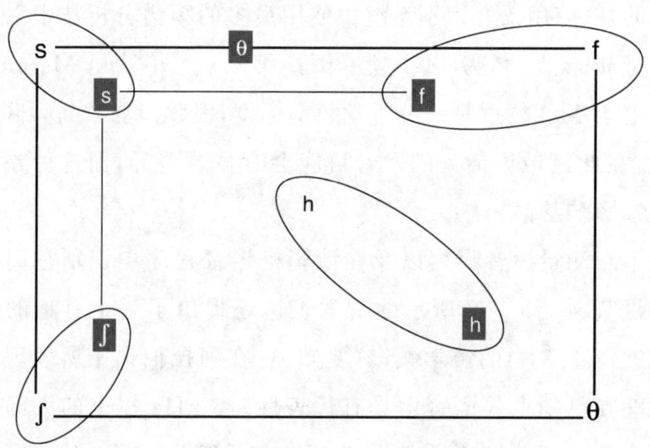

图 7.9 对 Lambacher et al. (2001)所报告数据的多维标度测量分析。说美式英语的听者的感知空间用白色背景上的黑色字母标出,说日语的听者的感知空间用深色背景上的白色字母标出。刺激为一位美式英语母语者的发音。

首先看美式英语听者的感知空间。这些听者对于实验中的声音只有极少的混淆(约 94%的辨认正确率),所以在这个二维空间中,我们得到的这 5 个擦音彼此分散到了它们所能达到的最大限度——每个角上和中间位置各有一个。注意,咝音性或糙音性擦音都在左侧,口腔非咝音性擦音[f]和[θ]都在右侧(美式英语听者)。收窄部位相对靠前的两个擦音[s]和[f]都在空间顶部,而两个相对靠后的擦音[ʃ]和[θ]都在底部。

水平维度上的声学关联物可能是擦音噪声振幅——[s]和[ʃ]具有比其他擦音更响的擦音噪声。垂直维度可能与擦音噪声的频谱形态有关——[ʃ]和[θ]具有更多的低频成分。[h]的频谱非常分散,这就可以解释它何以在空间中部。

现在观察一下日语听者的结果(白色字母标示)。首先注意,日语听者空间在美式英语听者空间之内。这就意味着日语听者正确辨认这些美式英语擦音的能力要弱一些。其次注意,有 3 个擦音在空间角落的位置与英语听者的位置相同,它们是[f]、[s]和[ʃ]。对于这些擦音来说,日语听者和美式英语听者的空间具有大致相同的形态。

再看一下[θ]的情况。在日语听者空间中[θ]跟[s]比跟其他任何擦音都接近,但是对美式英语听者来说这两者比任何两个其他擦音都分得更开。有两个因素在起作用。第一,[θ]不是日语中的一个表层音位变体。与该研究中的其他任何擦音都不同,它完全是一个外语语音。第二,尽管[s]和[θ]的擦音噪声彼此有较大差异,但它们的共振峰过渡段(发音部位的重要征兆)较为相似。日语听者可能会依赖此相似性而忽略对于美式英语听者来说似乎是非常重要的擦音噪声差异。

在这个简短的案例中我们所看到的是,擦音在知觉中被同时组织于语音学和语言学的维度中。语言学维度与擦音的声学/听觉维度并不矛盾,但我们看到了语言学中的对立系统可能会以何种方式导致听者依赖某些听觉特性而忽略其他特性。

推荐阅读

Catford, J. C. (1977) *Fundamental Problems in Phonetics*, Bloomington: Indiana University Press. 一部语音学概论,与大部分教材不同,这部教材深入讲解了语音空气动力学。每当学生们问我:"进入研究生院之前的暑期我能读点什么?"我总是推荐这本教材。

Davis, S. and Mermelstein, P. (1980) Comparison of parametric representations for monosyllabic word recognition in continuously spoken sentences. *IEEE Transactions on Acoustics, Speech, and Signal Processing*, ASSP 28, 357－66. 描述了作为频谱表达的Mel 频率倒谱编码。

Forrest, K., Weismer, G., Milenkovic, P., and Dougall, R. N. (1988) Statistical analysis of word-initial voiceless obstruents: Preliminary data. *Journal of the Acoustical Society of America*, 84, 115－23. 提出了一组测量擦音特性的参数(基于数据分布的统计矩方法)。

Heinz, J. M. and Stevens, K. N. (1961) On the properties of voiceless fricative consonants. *Journal of the Acoustical Society of America*, 33, 589—96. 擦音声学的经典研究。

Jakobson, R., Fant, G., and Halle, M. (1952) Preliminaries to Speech Analysis, Cambridge, MA: MIT Press. 语音学和音系学的经典之作,它提出了以声学术语定义的区别性音系特征。

Jassem, W. (1979) Classification of fricative spectra using statistical discriminant functions. In B. Lindblom and S. Öhman (eds.), *Frontiers of Speech Communication Research*, New York: Academic Press, 77—91. 使用各种带通滤波器能量测量方法对擦音频谱进行量化。

Lambacher, S., Martens, W., Nelson, B., and Berman, J. (2001) Identification of English voiceless fricatives by Japanese listeners: The influence of vowel context on sensitivity and response bias. *Acoustic Science & Technology*, 22, 334—43. 本章 7.5 节中所讨论的擦音知觉研究。

Maddieson, I. (1984) *Patterns of Sounds*, Cambridge: Cambridge University Press. 世界语言的语音类型学研究,该著作出现于本书若干章的推荐阅读中。其中的"擦音"一章为本章提供了一些关键性的考察结果。

McDonough, J. (1993) The phonological representation of laterals. *UCLA Working Papers in Phonetics*, 83, 19—32. 对擦音的空气动力学与其音系表达之间关系的研究。

Shadle, C. (1985) The acoustics of fricative consonants. *RLE Technical Report*, 506, MIT. 对擦音噪声的理论和模型的深入研究,该研究对擦音空气动力学和声学提出了重要见解。

Shadle, C. (1991) The effect of geometry on source mechanisms of fricative consonants. *Journal of Phonetics*, 19, 409 — 24. 是 Shadle (1985) 所著部分内容的简易版本。

Stevens, K. N. (1989) On the quantal nature of speech. *Journal of Phonetics*, 17, 3—45. 也讨论了擦音“量子”问题。

练习

【重要术语】

定义下列术语：紊乱（turbulence）[①]，湍流性气流（turbulent airflow），粒子速度，体积速度，层流，湍流（turbulent flow），通道湍流，障碍湍流，空气动力学阻抗，湍流噪声，壁源擦音，声耦合，[集聚]，[分散]，舌下腔。

【简答题】

1. 在图 7.5 的矢状截面中标出最高粒子速度点（假设通过口腔的体积速度恒定）。假若声道开口直径与图中所示宽度是成正比的，标出这些声道构造中噪声的产生点。

2. 这里的擦音声学分析假设前后声腔没有发生声耦合，因为擦音的收窄处非常狭窄。在擦音产生的哪一个时间点上这个假设最有可能是错的？你预期前后声腔的耦合会如何影响擦音频谱？

3. 本章建议塞、擦等其他阻碍类型最好在声学上加以定义，根据此建议讨论浊擦音和[h]。

4. 比较图 7.6 和图 6.4。在第 6 章中，我提出元音的稳定区域出现在最低的前后共鸣频率的交汇点上；但在本章中这些点被定义为从擦音的发音到声学映射中最不稳定的区域。例如，一个后腔长 7 cm 的元音被认为处于诺模图非稳定区域中，但是一个具有该长度后腔的擦音被认为处于稳定区域。这个观察与试图发现同样适用于元音和辅音的发音部位特征有何关联？

---

① 练习中区分了 turbulence，turbulent airflow 和 turbulent flow，因此 turbulence 应该是指气体或液体运动呈现的紊乱状态。为不使读者产生困惑，这三个术语都给出了原文。

第 8 章

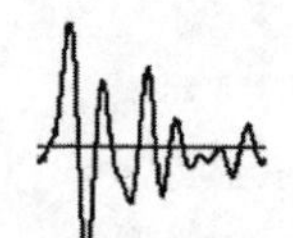

塞音和塞擦音

与元音或擦音相比,塞音和塞擦音具有更复杂的发音和声学特性。前面关于元音和擦音的章节忽略了声音的动态性质而将它们看作稳态事件,因为以稳定的声学目标或者发音姿态[①]来考虑元音和擦音是相当合理的。对于塞音和塞擦音来说,情况就不同了。在塞音的发音过程中,主要的发音姿态是声道的完全闭塞,造成的声学结果就是无声段(或者,若有声带振动,则为沉闷的噪音)。但是,通过运用不同的发音部位和产生塞音除阻音以及伴随噪声的机制,人类语言使用的塞音种类比这个简单描述所预测的多得多。基于这个原因,有必要

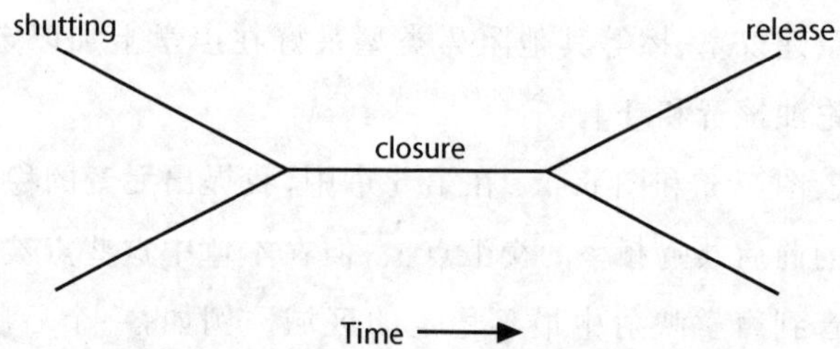

图 8.1　塞音或塞擦音产生在时程上的三个阶段。图中的线条表示关闭阶段发音器官彼此趋近以及除阻阶段彼此分离。

① 原文为"articulatory postures",其意思相当于 gesture(音姿),为忠实于原文,这里翻译为"发音姿态"。

划分出**塞音和塞擦音发音过程中的三个阶段**，这三个阶段分别对应三个时间段（见图8.1），每一个阶段可以用语音产生的声学理论描述为声源和声道滤波函数的结合。第一个阶段是发音器官形成塞音闭塞的运动（关闭/成阻运动[①]），第二个阶段是闭塞段本身，第三个阶段是闭塞的解除。

8.1 塞音和塞擦音的声源函数

8.1.1 发声类型

在讨论塞音和塞擦音的声源函数之前，我们先观察一下不同**发声类型**的声学特征，尽管发声类型在元音和擦音以及塞音中可能发生明显不同的变化。跨语言的嗓音类型主要有三种，它们是：常态发声、嘎裂发声和气嗓音发声。**常态发声**在所有语言中都存在，一些语言区分常态嗓音与其他的一种或两种嗓音。尽管声带振动是极为复杂的现象（例如，可以参考一下 Bless and Abbs，1983 和 Laver，1980），但我将仅仅关注看上去与声学最有关联的一个方面：在每一个声门周期中声带打开的时间总量。顺便说一下，要注意 Ladefoged and Maddieson (1996)选择了一种相关的测量——口腔气流峰值——作为测量不同发声类型最可靠的方法。你可能还记得关于擦音的空气动力学的讨论，口腔内的体积速度与声门阻抗有关；清音比浊音具有更强的口腔内气流。因此，声门阻抗在浊音中是变化的，它取决于声带在每一个声门周期中处于打开状态的时间总量（假设声门下气压相当）。

在常态发声中，声带在每个声门周期的半程是闭合的，在另一个半程则是打开的（大致如此）。因此，声门在每个周期中打开的时间比

① 原文为“the shutting movement”，直译为“关闭运动”，这个阶段汉语语言学界一般叫作“成阻”，斜线后面的内容为译者所加。下同。

例(**开商**)为 0.5。在**嘎裂发声**中,声带像两片小牛肝一样松散地靠在一起,空气像气泡一样从中冒出。这就导致声门周期的闭相较长而开相相对较短(因此开商较小)。在**气嗓音发声**中,声带振动,但两片声带的接触面不多(对于某些人来说,在气嗓音发声时声带并不完全闭合),因此声门在每个声门周期相对较长的时间内都是打开的。图 8.2 显示的是合成的声门波形(由语音合成器产生),它们表明了小、中、大开商之间的差异。这些波形的基频都是 100 Hz。

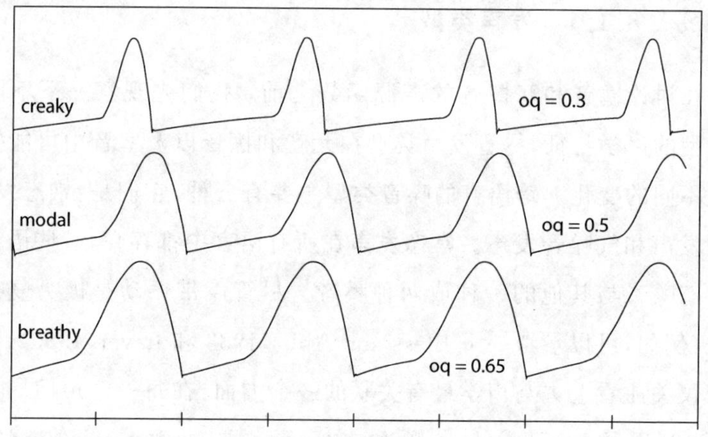

图 8.2 通过改变语音合成器中声门开商(oq)[①]产生的声门波形。在最上面的波形中,嘎裂嗓音的模拟方式是保持声门关闭超过每个声门周期的 70%,并在剩余 30%的周期中快速打开声门。在第二和第三个波形中,开商分别增加到声门周期的 50%和 65%来模拟常态嗓音和气嗓音。

由傅里叶定理可知,嗓音波形(复杂周期波)的任何变化都会导致频谱的变化。图 8.3 所示的合成语音波形的频谱说明了这一现象。(注意,如果我们保持脉冲形状不变,通过拉伸或收缩闭相来改变音高周期,只有谐波之间的间隔会改变,频谱形状则将保持不变。)图 8.2

① oq 表示开商,英文缩写通常用大写的 OQ 表示,原文为小写。

所示的气嗓音发声波形比嘎裂发声和常态发声更像正弦波。这个特点反映在图 8.3 所示的频谱中，其中第一谐波较为凸显，其他所有谐波的振幅都较低。这是因为复合波中的第一个谐波是一个频率与噪音波形基频相同的正弦波（在本例中为 100 Hz），并且由于气嗓音波形有点像正弦曲线，因此其第一谐波在频谱中最为突出。嘎裂嗓音的波形与正弦波最不相似，反映在其频谱中，第二、第三和第四谐波的振幅均高于第一谐波。第一和第二谐波的振幅之差是判定发声的相对气嗓音性或嘎裂嗓音性的可靠方法，特别是对于低元音，其第一共振峰对这两个谐波的振幅影响不大。F_0、响度和元音音色的变化都会改变第一和第二谐波的相对振幅，因此在使用这种发声类型判定方法时务须谨慎。另一个频谱差异是频谱的斜率，这个参数在实践中更难测量（由于声道共振的影响）。注意，随着频率的增加，气嗓音频谱中谐波振幅下降的速度比常态嗓音或嘎裂嗓音频谱中的谐波振幅下降的速度更快。这种方法也被用来比较发声类型。

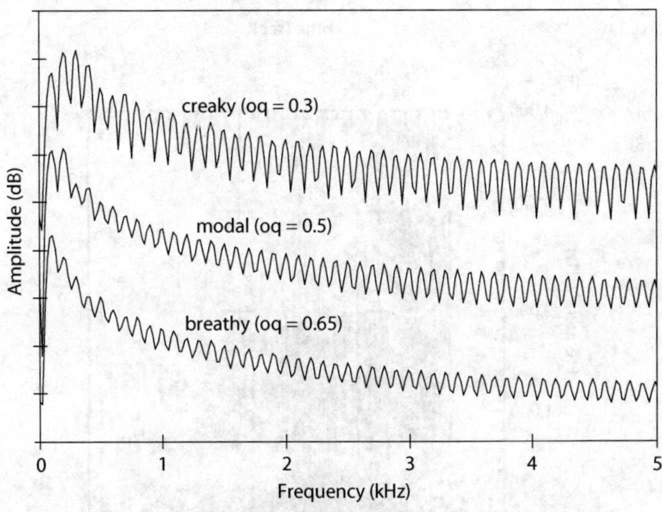

图 8.3　**图 8.2 所示合成声门波的功率谱。在振幅轴上对这些频谱进行了移位以使它们便于区分。纵轴上的刻度间隔为 10 dB。**

由开商变化产生的这些波形和频谱差异通常也伴随着一些其他声学特性的差异。嘎裂嗓音所涉及的肌肉张力常常导致声带振动减慢,因此嘎裂嗓音的基频可能低于常态发声或气嗓音发声。在语图上,嘎裂嗓音中的嗓音脉冲比常态发声时的间隔要远一些(见图 8.4 的说明)。这种差异是英语嘎裂嗓音的可靠声学关联物。与之类似,

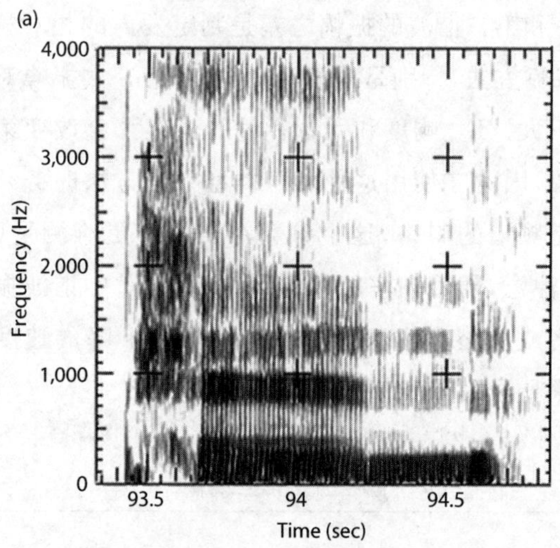

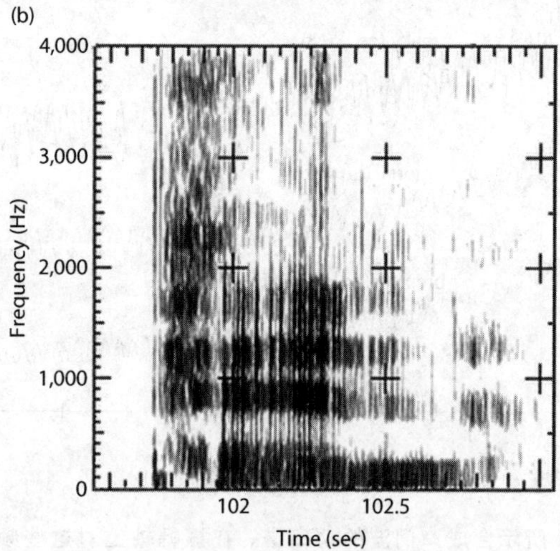

图 8.4 英语“pin”的常态发声(a)和嘎裂发声(b)的语图对比。

气嗓音中的较长开相会导致每个声门周期中声门都在一定时间内打开到足以允许高速气流通过的程度，因此在气嗓音发声的每个声门周期中都会产生一些声门摩擦(**送气噪声**)(气嗓音发声因此而得名)。

塞音和擦音在不同的语言中可能会有显著差别，这取决于它们的发声类型。这些嗓音区别在产生塞音和塞擦音三个阶段中的任何时间段都有可能发生。

8.1.2　塞音和塞擦音中的声源

塞辅音在声道*关闭*/成阻阶段最常见的声能来源是嗓音。嗓音可能是常态的，也可能是较为少见的嘎裂音或气嗓音。**前喉化塞音**在闭塞段伴随有嘎裂发声，**前送气塞音**在闭塞段有一定量的送气噪声(声门产生的湍流)。

在*闭塞段*，嗓音是唯一可能的声源，否则闭塞段就是无声的。造成这种限制的原因既有空气动力学的，也有声学层面的。可听到的送气不大可能出现，因为噪声声源和口腔外的空气之间没有直接的声耦合。所以，声道壁抑制了闭塞段可能产生的任何湍流。塞音闭塞段的空气动力特性也阻止了送气或其他摩擦噪声声源的产生。由于声道在塞音闭塞段完全堵塞，来自肺部的空气无处可出。这对于送气来说尤为困难，因为送气需要伴随大量气流；但这也可以阻止其他任何摩擦噪声的产生。在塞音闭塞段，嗓音的产生也会受到空气动力特性的妨碍，尽管还没有被完全阻止。空气流经声带，进入被堵塞的声道，但声道很快就充满空气，因此肺部的空气无处可去，嗓音的产生也就无法继续。这样一来，我们在频谱图中就经常看到，一些在塞音闭塞段早期出现的嗓音，在闭塞段结束处就衰减消失了。说话者既可以通过声道仅有部分闭塞的手段令嗓音持续，也可以设法扩大口腔，从而延长嗓音的时间。**内爆发音**(气流向内的声门音)就是一种口腔扩张动作的结果：喉头降低(Lindau，1984)。其他可用的口腔扩张动作包括：(1)舌根向前，(2)面颊或咽部肌肉张力的减弱(以便让闭塞段的被动扩张成为可能)。诸如[mb]或[ᵐb]的**前鼻化塞音**从历时的角度看来自浊塞音，其产生过程中闭塞段的噪音通过打开鼻腔来完成(注意,口塞音的音姿在[mb]中扩展到鼻音和口音两部分)。因此,闭塞段这种有所变化的实现方式可能也是塞音闭塞段空气动力特性对噪音的约束驱动的。

在塞音的*除阻*段发现了几种不同类型的声源。其中的第一个,塞音除阻爆发,不是可选的,对于塞音除阻来说是唯一的声源。当声道内升高的气压被释放时,就会产生塞音爆发。空气高速冲出口腔,产生一个持续仅 2 毫秒或 3 毫秒的气压脉冲。因此,爆发噪声标志着塞辅音的除阻时刻。与声道关闭/成阻阶段一样,除阻也可以伴随噪音(常态噪音、嘎裂噪音或气噪音)或送气。

在送气塞音中区分两种声源很重要。爆发噪声产生于辅音的发音部位(如擦音噪声一样),而送气噪声则产生于声门。因此,两种声源的声道滤波并不相同。此外,爆发噪声持续的时间很短,而送气噪声可以相当长。在塞音闭塞段除阻后的几毫秒内,声道收窄处过于狭小以致无法容纳声门处产生送气所需的气流量。因此,在除阻之后,爆发的条件正好合适(高压积聚,非常狭窄的声道开度),但送气的条件不合适;此后,随着收窄处进一步放开,送气的条件就满足了(当收窄处对于较大体积的气流有足够的开度时)。这两个声源在送气辅音除阻阶段的相对凸显度如图 8.5 所示。

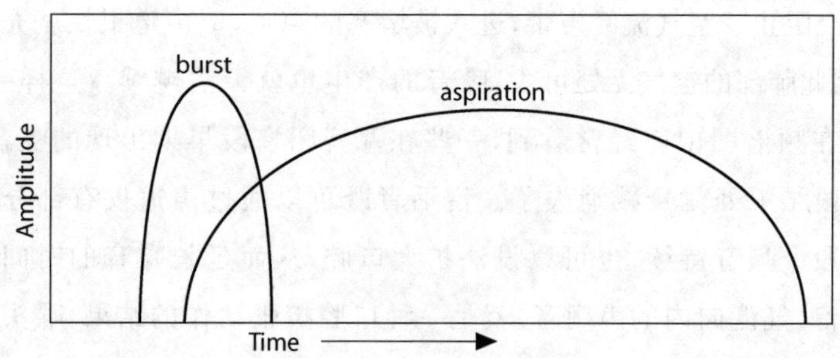

图 8.5 送气塞音除阻中的爆发噪声和送气噪声示意图。

口腔关闭产生的声音

这里提出了一个问题，即我们能听到的，以及在语图上能看到的塞音闭塞段的噪音是怎样的。我们在塞音闭塞段听到的噪音就像楼上邻居把音响开得太响时所听到的音乐。如塞音的噪音一样，楼上音响发出的声音可能没有直接的空气传输通道（除非楼上和楼下的窗户都打开），但是因为地板（你的天花板）以其共振频率传输了音乐，你还是可以听到音响的声音。然而，这种撞击墙壁的音乐听起来并不像在放置扬声器的房间时它所呈现的那样。你能听到的只有音乐低音部“嘣、嘣、嘣”的声音。你听得到节拍，但听不到旋律。这是因为地板和墙壁的共鸣频率很低（它们是大型沉重物体），所以它们对低音的共鸣最好。与之相似，当声带在塞音闭塞阶段振动时，虽然声道壁传输了声音，但仅会传输低频成分。因此，在语图中，塞音闭塞段的噪音显示为语图底部的低频条带，称为**浊音横杠**。

有若干方法可以产生**塞音除阻爆发**。最为人们所了解的除阻爆发类型是在肺气流塞音中发现的，就像我们在英语中看到的那样。在**喷音**（气流向外的声门音）中，塞音闭塞部位后面的气压通过在闭塞段关闭声门并抬高喉部而产生，它通常比肺气流塞音的气压更大，导致的爆发振幅也更大。舌面后喷音的情况尤其如此，因为发舌面后喷音时可能产生比其他发音部位的喷音更高的**口内**（在口腔里）气压，原因是发[k]时的口腔比发[p]时小。因此，舌面后喷音在世界语言中比其他喷音更为常见就不足为奇了。（对[k’]在世界语言中普遍存在的这种解释，John Ohala 持反对意见，他认为发音部位靠后的塞音的除阻爆发通常比发音部位靠前的塞音的除阻爆发在感知上更为凸显，因为收窄点前面的声道更长，所以爆发就包含了关于发音部位的更多信息。）喷音还具有两种除阻爆发的特征：口腔除阻和声门除阻（Lindau，1984；McDonough and Ladefoged，1993）。因此，有时这些**“声门化”塞音**被转写为一个声门塞音跟随一个口腔塞音的符号[kʔ]，在 IPA 中记作[k’]。

不过,内爆发音的塞音除阻爆发(气流向内的声门音)比肺气流塞音的弱。这可能是因为内爆发音在闭塞阶段的气压积聚通常不是很大。重要的是,要认识到较弱的爆发并不一定意味着气流向内,这不过是内爆发音的口内气压在闭塞段不需要较大变化的一种倾向。

喷音的除阻爆发通常比任何其他类型的除阻爆发都大得多,因为在喷音中,口腔内气压和大气压之间的差异相当大。由于喷音是由舌和口腔顶部之间一个非常小的空气腔产生的,舌头相对较小的运动会造成口腔内气压发生巨大变化,因此就有可能产生非常响亮的内除阻爆发。

8.2 塞音中的声道滤波函数

影响塞辅音声学特性的声道滤波有两种类型。其一,紧随闭塞段而形成的声道构造决定了除阻爆发段的频谱特性。其二,紧邻闭塞段前后的声道构造和运动决定了共振峰在塞音产生的成阻和除阻阶段的走向。

塞音爆发段本质上是具有平坦频谱的瞬态噪声(见第 1 章)。因为除阻时闭塞处的通道仍然很窄,所以这种噪声声源就是由塞音闭塞点之前那部分声道的共鸣形成的,而且声道前后腔也没有发生声耦合(图 8.6)。因此,塞音爆发段在声学上类似于擦音。唇塞音没有声道前腔,所以其频谱由声源的声学特性决定,声道对之没有影响。这样一来,唇塞音的除阻爆发就没有共振峰的峰态,其能量扩散至所有频率。齿塞音和齿龈塞音拥有较短的前腔,因此具有频谱能量的高频峰值。硬腭塞音和软腭塞音具有较长的前腔,因此在频谱上具有低频峰值,且通常比其他塞音除阻段更加具有共振峰结构[①]。

---

① 这里的意思可能是指发音部位靠后的塞音除阻噪声在频谱上具有不止一个频率区域的能量集中区,而发音部位靠前的塞音除阻噪声的能量通常集中在某一个高频区域。

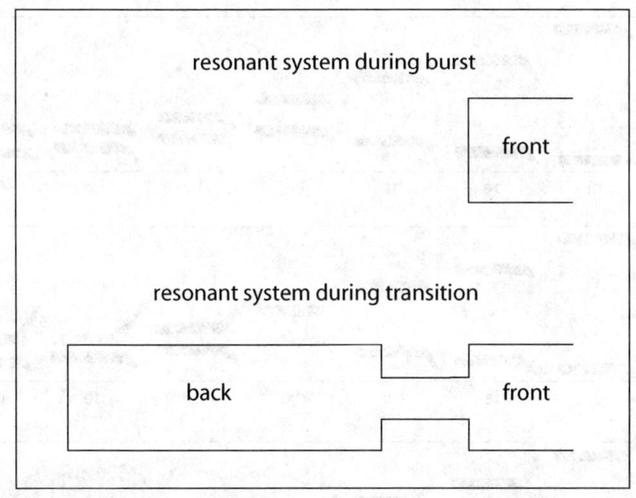

图 8.6　塞音爆发和除阻阶段的管道模型。

在塞音爆发后的除阻部分和塞音的成阻阶段，声道的前后腔在声学上是耦合的，噪音和送气的声源都位于声门。因此，根据我们用来讨论元音共振峰值的模型（微扰理论和双管模型），我们可以更好地理解塞辅音这些发音阶段的声学特性。顾名思义，成阻和除阻是动态过程而非稳态姿势；所以，像二合元音一样，它们所包含的关于发音部位的信息显示在共振峰的动程中而不是在特定的共振峰数值中。当然，动程的特点取决于其起讫点，如图 8.7 所示。

Delattre et al. (1955)使用这些共振峰模式来控制语音合成器的输出结果。这些模式说明了产生图中音节所需的共振峰动程和稳定状态。回忆一下第 6 章，前元音的第二共振峰（声道共鸣频率）高，低元音的第一共振峰高。图 8.7 的要点是，共振峰走向（**过渡段**）取决于其后接元音的种类，这些过渡段为感知特定塞音发音部位提供了信息。在[d]的例子中这点尤为突出。当元音的 F_2 较高时，F_2 的过渡段上升至元音段；但当元音的 F_2 较低时，过渡段就是下降的。Delattre 等人发现，过渡段在感知上较为重要的部分实际上并没有出现在声学信号中，而是可以从一组音节中推测出来，如图 8.7 所示。例如，如果

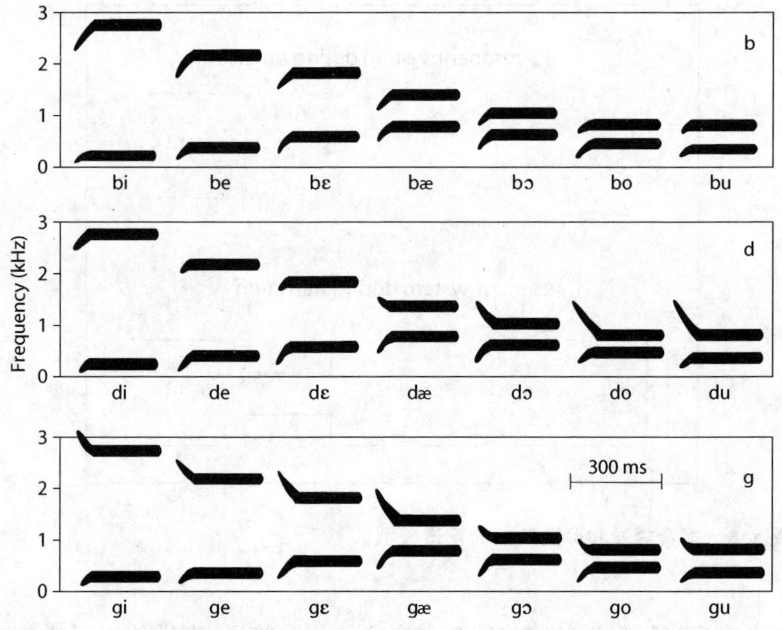

图 8.7　塞音除阻段的 F_1 和 F_2 过渡段模式，该模式用于合成后接不同元音的[b]、[d]和[g]。源自 Delattre et al.(1955:770)，并获允出版。

你将以[d]开始的音节的 F_2 轨迹叠加起来，并将这些轨迹在时间轴上倒向延伸，它们就可能在 1,800 Hz 左右的地方相交。Delattre 等人把这个假想的起始频率称为 F_2 **音轨频率**。在他们的研究中，唇音的 F_2 音轨频率为 720 Hz，而软腭音的 F_2 音轨较高，在 3,000 Hz 处。他们对软腭音的估算有误，因为他们使用的是只有两个共振峰的合成刺激；但他们的模型是正确的。唇音的音轨在低频处，齿龈音的音轨位于中间水平，软腭音的音轨更高一些。

造成音轨并不真正实现的原因是塞音产生过程中前后腔声耦合的变化。如前所述，当前腔和后腔耦合时，声道的声学特性会发生突然的改变。在塞音除阻的瞬间，前腔和后腔是不耦合的，因此后腔的共鸣频率对语音频谱没有影响；但是随着闭塞进一步放开，前后腔就变得耦合了。这就可以解释这样的事实：[d]的除阻爆发比[g]具有更高的共鸣频率，而[g]的 F_2 音轨比[d]更高。[d]的除阻爆发是由前腔共鸣(频率较高)形成的，但 F_2 音轨与后腔共鸣相关。[g]的爆发和 F_2 音轨都与前腔共鸣频率有关。

前腔和后腔耦合的快速变化也可以解释，为什么所有塞辅音在塞音成阻期附近的 F_1 都较低。在成阻过程中，两个腔是不耦合的，因此没有第一共振峰(因为第一共振峰是亥姆霍兹共鸣频率——见第6章)。亥姆霍兹共鸣器产生了 F_1，一开始它的颈部非常狭窄(因此 F_1 较低)。随着收窄处放宽，亥姆霍兹共鸣器的颈部增大，因此 F_1 频率也随之增大。此外，随着闭塞的解除和收窄处变宽，前后腔也变为声耦合状态。塞音闭塞阶段的情况与之相反，第一共振峰始于相对较高的位置，随着收窄点的形成而下降。

共振峰过渡段

所有共振峰在唇(双唇)塞音的闭塞段都较低。根据微扰理论，你可以认为这是因为所有声道共鸣的速度节点(双唇)处都有一个收窄点。舌冠(齿和齿龈)塞音的 F_2 音轨略高于均匀管的第二共鸣频率。舌冠塞音闭塞段附近的 F_3 也高于均匀管。这些效应是在声道前部附近有收窄的双管模型中进行预测的(图6.4)。在舌脊[①](硬腭和软腭)塞音中，塞音闭塞段附近 F_2 和 F_3 会发生汇聚，因为闭塞部位靠近前腔和后腔共鸣频率的交汇点。当然，美式英语软腭音变体(在前元音和后元音之前的变体)的共振峰音轨会发生变化。

8.3 塞擦音

塞音的除阻段可能会有摩擦而不是产生噪音或送气。这种“摩

① 原文为“dorsal”。根据 R. L. 特拉斯克(编)《语音学和音系学词典》(*A Dictionary of Phonetics and Phonology*)，dorsal 可以指舌面后，也可以指发音时主要收紧部位位于舌面前和舌面后的所有音段，因此只能随文翻译，本章8.1.2节中根据上下文把该词译为“舌面后”。由于这里作者特别用括号说明 dorsal 对应的被动发音部位包括了硬腭和软腭，因此翻译为“舌脊”。参见《语音学和音系学词典》88－89页，北京：语文出版社，2000年。

擦”塞音称为塞擦音。摩擦噪声通常产生于与塞音相同的发音部位(会有一定的变化空间,比如塞擦音[ts]和[ʧ]就表明了这一点)。不过,这并不是塞擦音的固定性质,因为的确会有多部位塞擦音。例如,McDonough and Ladefoged(1993)发现,Navajo 语中被转写为[tˣ]的塞音在声学上和音系上都是塞擦音。在北 Sotho 语[①]和相关语言中也发现了多部位塞擦音。塞擦音与塞音和擦音序列的主要声学区别在于,在塞擦音中,摩擦噪声的振幅迅速上升到塞擦音中的最高振幅,在擦音中则上升得慢些。这个特性被称为**上升时间**,如图 8.8 所示。

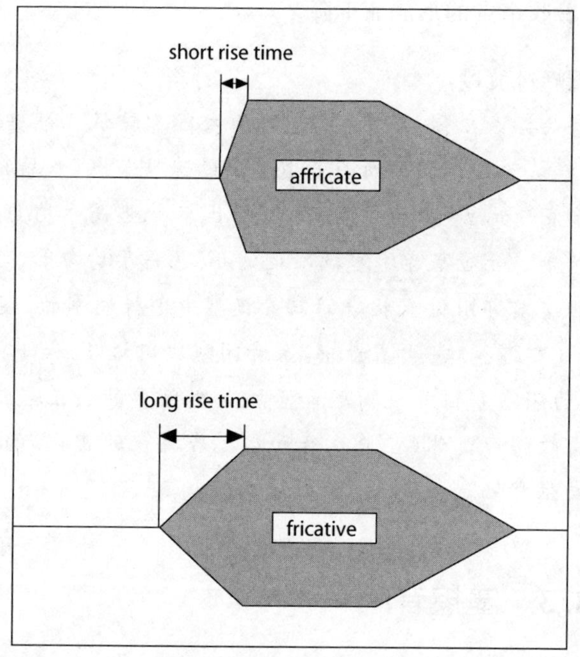

图 8.8 塞擦音和擦音波形包络差异的示意图。振幅在塞擦音中快速上升,在擦音中上升较慢。

---

① Northern Sotho language(北索托语),属于班图语系(Bantu),分布在南非东北部地区。

8.4　塞音的听觉特性

图 8.9 显示了英语母语者所说的三个无意义音节[bɑ]、[dɑ]和[gɑ]的声学语图[①]和耳蜗语图。该图说明了塞音声学和听觉表达的两个重要区别。首先，如我们在第 6 章中所见，相对而言，F_2 区域在听觉表达中比在声学语图中更为突出（尽管两张图都显示了 0 到 11 kHz

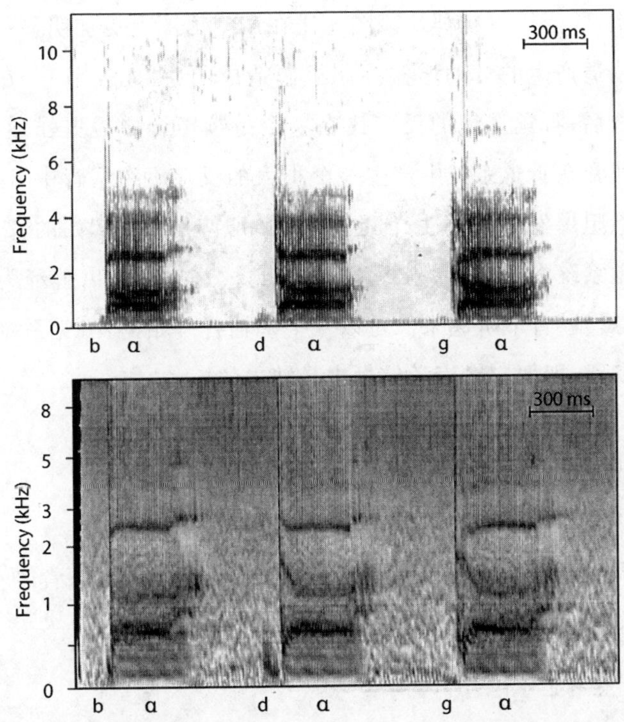

图 8.9　一位说英语的男性发音人所发的[bɑ]、[dɑ]、[gɑ]的声学语图（上）和耳蜗语图（下），该图说明了塞辅音声学和听觉表达之间的一些差异。

---

① 原文为“spectrograms”，为了和耳蜗语图形成对应，本节的“spectrogram(s)”均译为“声学语图”。

的频率范围)。在图 8.9 中,这个现象在耳蜗语图上塞音除阻后较大的 F_2 动程中非常明显。因此,尽管 F_2 过渡段可能在声学语图中看起来相当模糊(特别是在频率显示范围较大时),但它们在听觉表达中会被增强。我们也许会留意,我们在前文讨论过的 F_2 音轨计算是基于声学共振峰轨迹的。可以推测的是,由于听觉频率标度是非线性的,因此听觉 F_2 音轨频率可能会与这些声学估算结果不同。对这种可能性,我不清楚有些什么较为精细的研究,但这的确是可能会影响我们理解"音轨频率"概念的一种思考。

其次,除阻爆发在耳蜗语图上比在声学语图上更加明显。这是周围听觉构造产生的自动增益控制机制造成的(见 4.4 节)。在短暂的无声段之后,听觉系统的反应比在一个持续声音之后更强烈。因此,起始音通常在听觉系统中产生一个很大的反应。在塞音中,这种现象增强了除阻爆发的重要性;但也要注意,即使是元音起始的音节,也可能在听觉系统中产生"除阻爆发"的感觉。这也许可以解释为什么合成的"无爆发"音节听起来像是以一个塞辅音开始的:听觉系统提供了一个爆发段,即便它在声学信号中是缺失的。

8.5 不同元音语境中塞音的感知

软腭塞音[k]在后接元音为[i]时常常变为硬腭塞擦音[ʧ]。这种变化叫作**腭化**,记为:

k→ ʧ /_i

这种变化在许多语言里都会发生。Guion(1998)的论文引用了斯拉夫语、印度-伊朗语、Salish 语[①]、班图语、英语、玛雅语和汉语的

① 萨利什语,是一种使用人口较少的语系,分布在北美洲西北太平洋地区的美国华盛顿州、俄勒冈州、爱达荷州和蒙大拿州以及加拿大的大不列颠哥伦比亚省。

腭化变化案例。

仔细推敲起来，腭化很显然具有发音层面的动机。因为下一个音是前元音[i]，所以[k]的发音部位就变得靠前。在许多语言中，其他前元音如[e]和[æ]也是这种变化的条件，这些观察支持了上述解释。然而，稍显怪异的是，腭化结果[ʧ]的发音部位比发生影响的语境[i]更加靠前。如果腭化是一种纯粹的发音加工，使得[k]变得更像[i]，那么我们可以预期最终的结果会是硬腭塞音[c]。这是怎么回事呢？

这里的问题在于感知在腭化中起了作用。最好的例子之一来自 Guion(1998)的混淆矩阵。图 8.10 显示了若干独立的[k]、[g]、[ʧ]和[ʤ]混淆的 MDS 分析结果，由一组美式英语母语者发音，感知由另一组美式英语母语者完成。这些 CV 音节呈现在噪声背景中(信噪比为 a + 2 dB)，听者将以"k""g""ch"或"j"作为选项来辨认音节起始辅音。

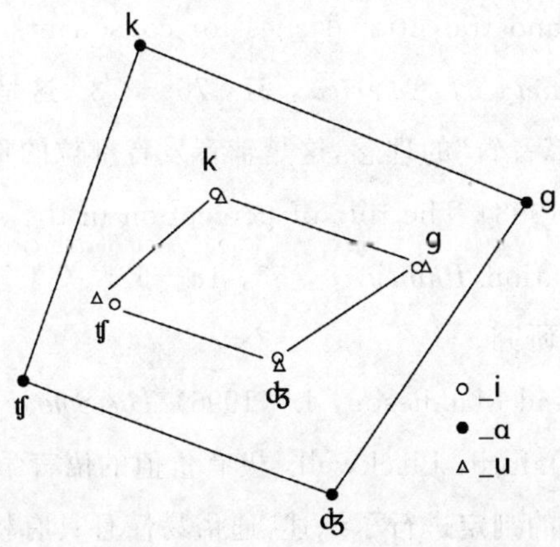

图 8.10　[k]、[g]、[ʧ]和[ʤ]在不同元音语境中的感知地图，使用 Guion (1998)发表的混淆矩阵制作。

图 8.10 中感知空间的组织方式是软腭塞音在顶部而腭龈塞擦音在底部。水平维度的左侧为清辅音，右侧为浊辅音。当后接元音为[ɑ]时这些辅音更容易被听者识别出来。这就是连接实心点的四边形

(_ɑ 语境)比连接 _i 和 _u 语境的点所形成的空间大得多的原因。当塞音后接元音为[i]或[u]时,感知空间会缩小。

那么,这个结果对腭化有何解释?我认为该结果表明,_i 语境中[k]和[ʧ]之间感知距离的缩小,意味着当发音人在该语境下念[ʧ]来取代[k]时,听者不大会注意到。腭化在发音层面的驱动力仍然存在——[i]发挥了前化作用,但我们还有一种感知"许可"效应,所以在_i 语境中允许[k]变成[ʧ],因为这种变化不容易被注意到。

推荐阅读

Bless, D. M. and Abbs, J. H. (1983) *Vocal Fold Physiology: Contemporary research and clinical issues*, San Diego: College Hill Press. 关于嗓音和发声态的一部论文集。

Delattre, P. C., Liberman, A. M., and Cooper, F. S. (1955) Acoustic loci and transitional cues for consonants. *Journal of the Acoustical Society of America*, 27, 769－73. 这是一篇经典论文,介绍了"共振峰音轨"的理念,这是辅音发音部位的重要声学参数。

Guion, S. G. (1998) The role of perception in the sound change of velar palatalization. *Phonetica*, 55, 18－52. 关于塞音发音部位感知的一项重要研究。

Ladefoged, P. and Maddieson, I. (1996) *The Sounds of the World's Languages*, Oxford: Blackwell. 极有价值的语言学语音学概要,对不同发声类型的判定进行了综述,通俗易懂且具有权威性。

Laver, J. (1980) *The Phonetic Description of Voice Quality*, Cambridge: Cambridge University Press. 所提供的发声类型的分类全面且极有见地。

Lindau, M. (1984) Phonetic differences in glottalic consonants. *Journal of Phonetics*, 12, 147－55. 喷塞音声学特性的跨语言比较。

McDonough, J. and Ladefoged, P. (1993) Navajo stops. *UCLA Working Papers in Phonetics*, 84, 151－64. Navajo 语塞音的声学分析，记录了这种语言中较长的 VOT 和喷音 VOT。

习题

【重要术语】

定义下列术语：辅音产生的三个阶段，发声类型，常态嗓音，开商，嘎裂嗓音，气嗓音，送气噪声，前喉化塞音，前送气塞音，内爆发音，前鼻化塞音，浊音横杠，塞音除阻爆发，喷音，口内，声门化塞音，喷音，共振峰过渡段，音轨频率，上升时间。

【简答题】

1. 测量图 8.3 中每幅图的频谱斜度。首先在每一幅频谱图上各画一条直线，让它尽可能拟合谐波峰，然后测量频率每隔 1,000 Hz 振幅的斜度。

2. 从图 8.7 的示意语图中找出[d]的 F_2 音轨频率。要做到这一点，就要像手风琴或收音机天线一样从右向左折叠图形，使所有音节都叠加在[di]上。我用尺子为每个音节标记了两个点，一个是过渡段起始处的 F_2，另一个是过渡段结束处的 F_2，它们的水平间距与原始音节大致相同。将每个音节的这两点连接起来，就可以重现每个 CV 音节的共振峰过渡段。为找到音轨频率，要将这些线在时间轴上倒向延伸，它们应该相交（在频率轴刻度附近），交点就是这些例子中[d]的 F_2 音轨。

3. 如果有太多的语言有[k]而没有[p]（例如阿拉伯语），这些现象与 Ohala 关于软腭喷音稀有性的观点有何关联？

4. 塞擦音是否有除阻爆发？短暂的上升时间会怎样引起塞擦音中除阻爆发的听觉凸显衰减？

5. 很多语言在音节起始（元音之前）而非韵尾位置允许出现塞音

对立。这种现象叫“起始许可”。在韵尾位置你会预测下面哪种对立更受限制:发音部位对立(双唇与齿的对立等),喉部特征的对立(送气与不送气)?一个相关的观察是,音节起始塞音总是有除阻的,而韵尾辅音可以除阻也可以不除阻。

第 9 章

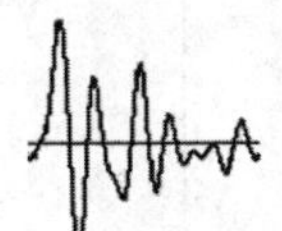

鼻音和边音

在第 8 章中我们看到，塞音和塞擦音比元音和擦音更复杂，因为它们的产生过程不止一个阶段，且具有多种类型的声源。鼻音和边音也比元音和擦音更加复杂，但表现在一个不同的方面，那就是它们的声道滤波特性更复杂。如第 8 章一样，我们也从一个（相关的）题外话开始。

9.1 带宽

鼻音的声道滤波作用与口元音的一个不同之处在于鼻音第一共振峰的宽度（**带宽**）较大。因此，在讨论鼻音的声学特性之前，我们先讨论共振峰的带宽。

图 9.1 显示了一个无阻尼正弦波和两个阻尼正弦波。阻尼正弦波的振幅随着时间逐渐减弱。这就如同推一个孩子荡秋千：你推一下秋千，不久之后它就停止摆动，因为你在推动过程中投入的能量会被秋千运动的自然阻力——秋千（和孩子）在大气中运动时的重力和摩擦力——所耗散。标为“强阻尼”的阻尼正弦波比标为“轻阻尼”的正弦波失去振幅的速度更快。按照我们的类比，阻尼更大的波对应于在地球上的摆动，阻尼较弱的波对应于在月球上的摆动（在月球上，重力更小，大气密度更低）。

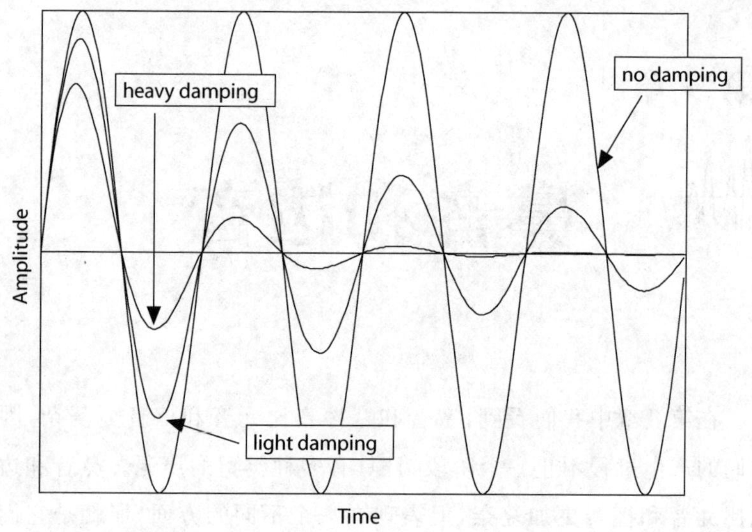

图 9.1 一个无阻尼正弦波与两个阻尼正弦波的对比,它们的频率和相位完全相同。

回想一下,正弦波的频谱是一条线,表示这个波的振幅和频率。正如你可能猜到的那样,考虑到阻尼正弦波并非一个精准的正弦波形式,阻尼正弦波的频谱就会比无阻尼正弦波更复杂。如图 9.2 所示,阻尼正弦波频谱峰值的频率位置与无阻尼正弦波相同,但在峰值频率附近的其他频率上也有能量分布。使正弦波**衰减(发生阻尼)**的频谱结果是向正弦波频率的周边加宽频谱峰。无阻尼正弦波的频谱峰是无限窄的,但随着阻尼的增加,频谱峰会变得越来越宽。再来看图 9.1 中的波形。与在月球上摆动相对应的那个波(弱阻尼)看上去比另一个阻尼波更像纯正弦波。由于“弱阻尼”波形比“强阻尼”波形更接近正弦波,因此“弱阻尼”频谱看上去就更像正弦波频谱。也就是说,它的频谱峰更窄。在波形显示和频谱中,衰减更快的波看上去更不像正弦波。

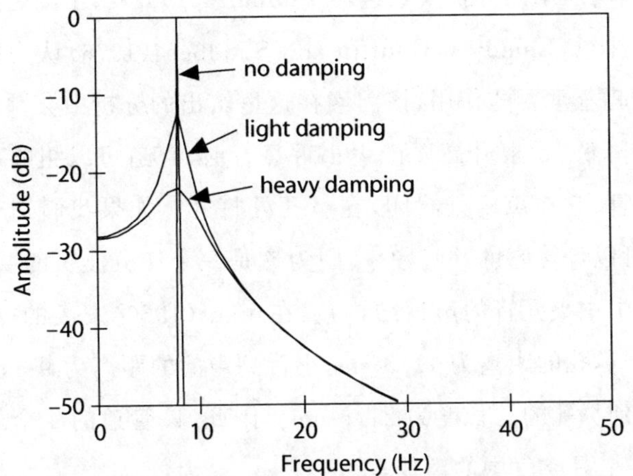

图 9.2　图 9.1 所示波形的功率谱。注意，增大的阻尼对应于更宽的频谱峰带宽。

由于声道壁是柔性的，因此它们吸收了声门振动产生的一些声能。(空气在声道内外的惯性也吸收了一些声能。)声道中共振的声压波可能会无休止地振动下去，但是声能被软壁和空气惯性吸收了，其吸收方式就是推动秋千的过程中摩擦吸收能量的方式。所以，当我们观察声道共振特性(共振峰)时，会看到它们有一定的带宽，这是因为声道的共振频率是衰减的。如果声道壁是刚性的(因此可以反射声能而不会吸收它)，共振峰的带宽就会小得多。

鼻音的共振峰带宽比非鼻音的要宽，这是因为鼻腔打开状态的声道具有更大的表面积和更大的容积。更大的声道表面积意味着声道壁所吸收的声音比非鼻音中的多；更大的空气容积意味着声道内的空气惯性也会吸收更多的声音。然而，正如我们将要看到的，鼻化元音中 F_1 带宽的明显扩大比这个原因复杂得多。

9.2　鼻塞音

我们将以小舌鼻音[N]作为起始，因为这是最容易描写的鼻辅音。

[我在这里所展示的分析大致遵循 Fujimura(1962)给出的更加技术化的描写。注意,Lindqvist-Gauffin and Sundberg(1976)认为**鼻窦**在鼻音声学中起着重要的作用,该因素在这里给出的分析中会顺带讨论。]当悬雍垂降低、舌根升高以产生小舌鼻音时,声道可以粗略地描写为一个均匀管,它在声门处封闭,在鼻孔处打开。如果我们知道管道的长度,就可以计算它的共鸣频率,因为这是一个四分波长的共鸣器(就像第 2 章中中央元音的声道结构)。在 Fant(1960)发表的 X 光照片中,小舌到鼻孔的距离为 12.5 cm,小舌到声门的距离为 9 cm,由此得出从声门到鼻孔的总长度为 21.5 cm。因此,该管道的 4 个最低共鸣频率(其中 c 是空气中的声速,单位为 cm/s)为:

$$F_1 = c/4L = 35{,}000/4\times 21.5 = 35{,}000/86 = 407\ \text{Hz}$$

$$F_2 = 3c/4L = 1{,}221\ \text{Hz}$$

$$F_3 = 5c/4L = 2{,}035\ \text{Hz}$$

$$F_4 = 7c/4L = 2{,}849\ \text{Hz}$$

对[ɴ]的共振峰的这些估计在某些方面并不准确,因为我们认为声道可以模拟为一个均匀管的假设是错误的。我们可以通过假设鼻孔处存在鼻腔收窄(鼻具有永久性的"圆唇"性)来改进估值。根据微扰理论,由于已知每个共振峰在鼻孔处都有一个速度最大值,因此我们预计每一个共鸣频率都会低于上述计算所给出的结果。这只是鼻声道解剖结构异于均匀管的一个方面而已。很难对[ɴ]的共振峰频率做出定量预测,因为鼻声道的形状因人而异——对任何一个人来说,感冒时每天都不一样——但我们可以确定一个基本性质。共振峰值在小舌鼻音中的间隔比在中央元音中的间隔更近;对于男性声道,中央元音共振峰之间的间隔约为 1,000 Hz,而[ɴ]的共振峰之间的间隔约为 800 Hz。图 9.3a 显示了泰语单词[ŋâːɪ](容易)中[ŋ]的频谱。正如预测的那样,这个频谱有 4 个在 3 kHz 以下近似均匀分布的共振峰,它们的频率与我们所计算出的长 21.5 cm 均匀管的频率大致相同。

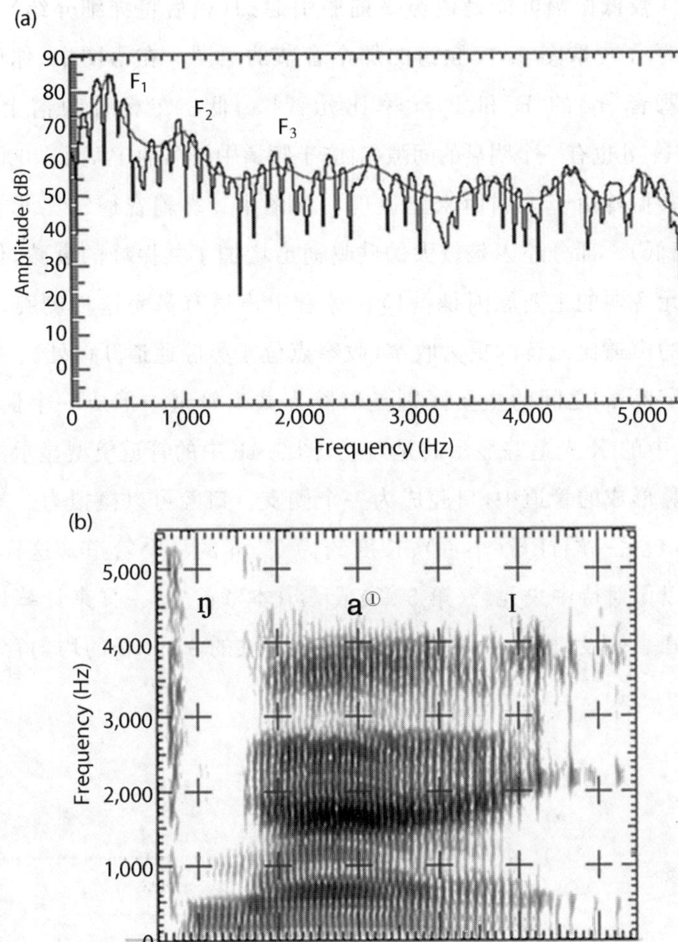

图 9.3　(a) 一位泰语男性发音人所发的图 (b)② 中的鼻音持阻段的 FFT 和 LPC 谱。注意 3,000Hz 以下有 4 个共振峰③。(b)这些频谱的话语源的语图,它们是从鼻音持阻段中点处提取的,位于时间轴上约 0.33 秒④ 处。

---

① 原文的国际音标为"ɑ",但根据正文应为"a"。

② "(b)"原文为"[b]",疑似有误。

③ 原文图中第三个共振峰被标为"F_2",疑似有误,应为"F_3"。

④ 原文为"3.3 秒",疑似有误。

F_3的较低振幅可能是由鼻窦前腔引起的(稍后将详细介绍)。图9.3b显示了提取图9.3a频谱的那个音节的语图。在语图中,你可以看到鼻塞音[ŋ]的 F_1 和 F_2 频率比元音[a]低。在鼻音频谱上,约2,000 Hz处也有一个明显的间隙,对应于频谱中较弱的 F_3,而3,000 Hz以上的共振峰由于太弱而未能显现在语图中。鼻辅音通常比元音弱(即振幅低)。部分原因是较大的共鸣通道增加了共振峰的衰减,但鼻辅音比元音弱的主要原因是:(1)在鼻音中声道有鼻窦这种**侧腔**,(2)鼻音中的声道比元音的更为收窄(收窄点位于鼻腔通道开口处)。

[ɴ]和[m]之间的主要区别是口腔在共鸣管道中形成一个**侧支**。图9.4a中的X光追踪显示的是口腔,图9.4b中的管道模型显示的是在咽和鼻形成的管道中,口腔成为一个侧支。口腔可以模拟为一端闭合(双唇)、另一端打开(小舌)、长度约为8 cm的一个管道。这样,我们就可以像对待中央元音(第5章)或[ɴ](本章前文)一样来计算口腔的共振峰。假设口腔为一端封闭、另一端开放的9 cm长的均匀管,其

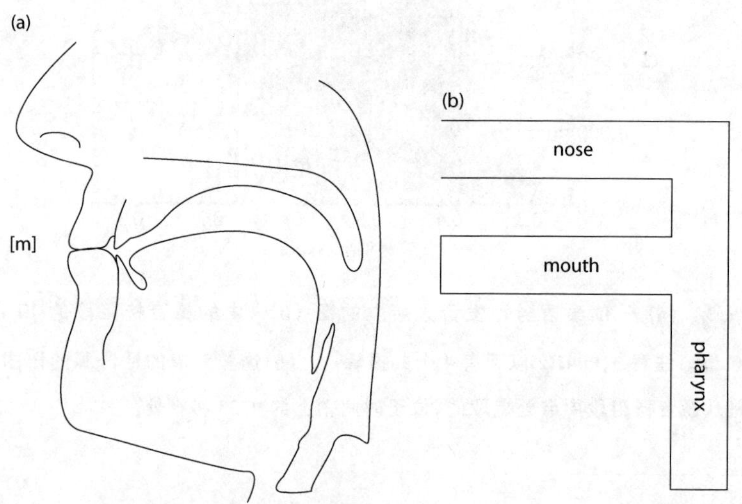

图9.4 (a)对[m]发音过程中发音器官位置的X光追踪,源自Straka (1965:34)。(b)该声道结构的管道模型。

最低共鸣频率为 $c/4L = 35,000/(4 \times 9) = 972$ Hz，第二共鸣频率为 $3c/4L = 2,917$ Hz。

鼻音中的口腔共鸣频率与我们之前所看到的不同，因为此时的口腔是一个更大共鸣管道的侧支。它并不直接向外部空气打开。因此，声源中接近侧腔共鸣频率的频率成分就在侧腔中产生共鸣，而不会在声管系统的声输出中出现。这些频率成分在侧腔中被“吸收”了，因此，[m]中接近口腔共鸣频率的频率成分就被消除，在声输出中成为**反共鸣频率**（也称为**反共振峰**）。共振峰在频谱中显示为声能峰值，而反共振峰显示为明显的低谷。区分主动反共鸣和被动共鸣缺失十分重要。中央元音的频谱中存在低谷，但这些谱谷是共鸣缺失的结果；只是因为一些频率成分的增强程度不如其他频率成分。与此相反，[m]中有些频率成分是从频谱中主动消减的。

频谱中反共振峰的另一个效应是，频率高于它的所有共振峰的振幅都降低了[Fant(1960)估测，所有高于反共振峰的共振峰的振幅每个倍频程约降低 1.6 dB]，因为它们骑跨在反共振峰的“**裙摆**”上。Osamu Fujimura（私下交流）提醒我，这种振幅降低并不是反共振峰的一般特性，而是取决于共鸣和反共鸣的频率分离，共鸣和反共鸣是由侧腔造成的。这里对反共振峰现象的解释掩盖了关于反共振峰如何从侧腔产生的一些细节（与声耦合以及反共鸣总是和共鸣成对出现的情况有关），所以，在未经证明的情况下，每个倍频程降低 1.6 dB 被认为是对一个反共振峰频谱效应的较好的一般估测。这样一来，鼻音就在频谱的低端具有更多的能量。我们在鼻音中看到的带宽增加也导致了共振峰振幅的降低。因此，在语图中鼻音就比附近的口元音要显得弱一些。

反共振峰和反物质

当我在课堂上提到反共振峰现象时，总有人问我这是否像反物质。答案是：“我不知道，也许吧。”如果像在企业号星际飞船[①]

① 企业号星际飞船（starship *Enterprise*）是美国著名科幻影视剧作品 *Star Trek*（先后有电视剧和电影版本）中的宇宙飞船。

上一样,物质和反物质相互抵消掉了,那么说反共振峰有点像反物质也许是有道理的。Rayleigh 勋爵[①](1896)将反共振峰的消声特性归因于“直射波和反射波的干涉”(第 211 页)。在鼻塞音的案例中,直射波是在咽鼻管中穿行的声波,反射波是在口腔中产生共鸣的声波。由于一端闭合的管子在开口端的极性转移(回忆一下第 2 章中的牛鞭例子),口腔共鸣的反射波与咽鼻管中的相同频率成分相位正好相反。因此,当一个波是正的,另一个就是负的,当你把它们加在一起,它们就互相抵消掉了。这样的话,我想反共振峰就像反物质(不管它是什么)。

鉴于上述原因,在鼻塞音的频谱上,一些反共振峰的频率就取决于口腔长度。例如,[n]发音中的口腔长度约为 5.5 cm。一个一端封闭另一端开放的 5.5 cm 长的均匀管的共鸣频率位于 1,591 Hz 和 4,773 Hz。因此我们预测,[n]的频谱在约 1,600 Hz 处有一个反共振峰,约 4,800 Hz 处有另一个反共振峰。如前文所述,[m]发音中的口腔约有 9 cm 长,所以我们预计会在[m]的频谱上看到一个低于 1,000 Hz 的反共振峰,且在约 3,000 Hz 处看到另一个反共振峰。如此,反共振峰的频率就是这些鼻音发音部位的征兆。

图 9.5 显示了一种测定鼻音中反共振峰频率的方法所得到的结果(Marple,1987;Qi,1989)。这种方法被称为自回归/移动平均分析,通过 LPC 分析求得鼻音频谱中的峰值,然后对信号进行滤波以去除共振峰,再通过 LPC 分析求得反共振峰。这张图在上面两个板块中显示了一名说英语的男性发音人所发的[m]和[n]的频谱。在下面的板块中,我们可以看到使用一种叫作“逆滤波”的技术去除了共振峰的信号的频谱,以及显示每个辅音频谱中最低反共振峰的 LPC 谱。此图表明,在[m]和[n]中所测到的第一个反共振峰的频率略低于预测

---

① Lord Rayleigh(1842—1919),原名 John William Strutt,Lord Rayleigh 是英国王室给他的封号,学术文献中他被称为 Rayleigh, J. W. S.。他是英国著名物理学家,1904 年获诺贝尔物理学奖。本章“推荐阅读”中列出的 *The Theory of Sound* 是他的代表作之一。

频率。在[m]中，第一个反共振峰（A_1）约为 750 Hz，而我们预测其位于约 970 Hz 处；在[n]中，A_1 约为 1,400 Hz，而预测值为 1,600 Hz。这就是说，我们一直在使用的简单管模型略有偏差，但是该模型所预测的总体模式得到了证实——A_1 在[m]中比在[n] 中要低。

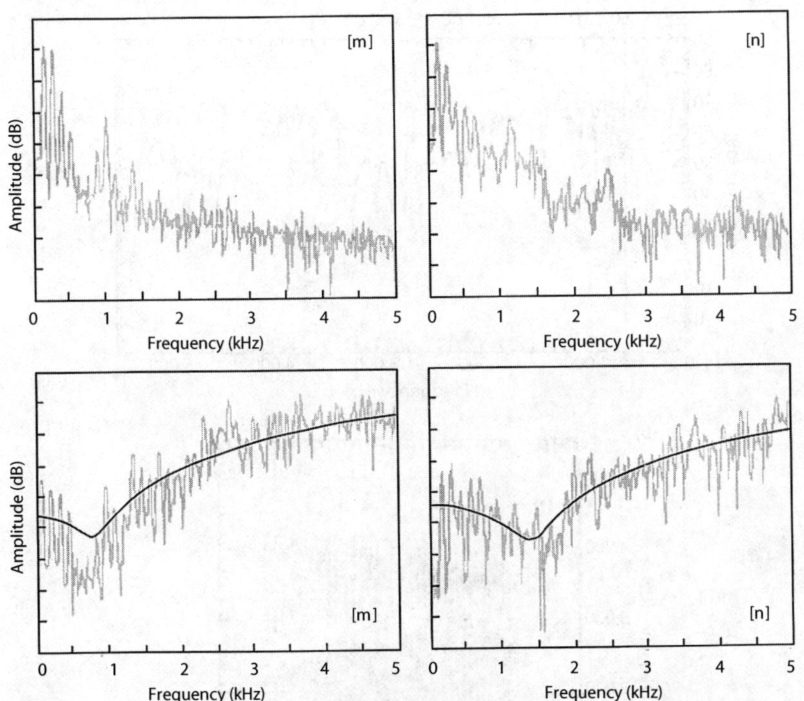

图 9.5　英语[m]和[n]中的反共振峰。左侧板块为[m]，右侧板块为[n]。上面的板块显示鼻音的 FFT 频谱，下面的板块显示 LPC 逆滤波谱和反共振峰的预估滤波效应。垂直刻度上的刻度间隔为 10 dB。源自 Qi(1989，图 24－7)，获允出版。

在讨论了反共振峰如何由声道侧腔产生之后，鼻窦的重要性应该就显而易见了。鼻窦的功能类似于亥姆霍兹共鸣器，因此它们的共鸣频率——它们所产生的频谱反共振峰频率——取决于鼻窦的体积及其开口的尺寸。实际上，鼻窦及其开口的大小有着相当大的个体差异。因此,很难对鼻窦所造成的反共振峰的频率进行确切估算。Lindqvist-Gauffin and Sundberg(1976)发现,某个发音人的上颌窦在约 500 Hz 处产生一个反共振峰,而前额窦在约 1,400 Hz 处产生一个反共振峰。

图 9.6 和 9.7 显示了一位泰语男性发音人在泰语词[mâɪ](不)和[n̪aːɪ](主人)中所发的[m]和[n]的 FFT 谱、LPC 谱以及语图。在这些

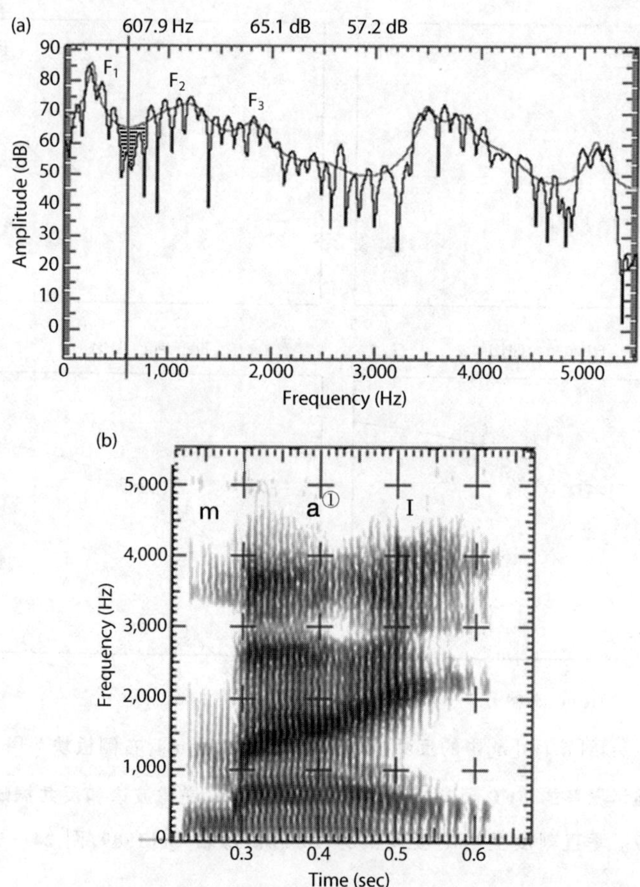

图 9.6　(a)一位泰语男性发音人所发[m]中鼻音持阻段的 FFT 和 LPC 谱。第一个反共振峰的估算频率由垂直光标和阴影表示。(b)提取这些频谱的话语源的语图。频谱从 0.26 秒左右鼻音持阻段的中点提取。

---

① 原文的国际音标为"ɑ",但根据正文应为"a"。

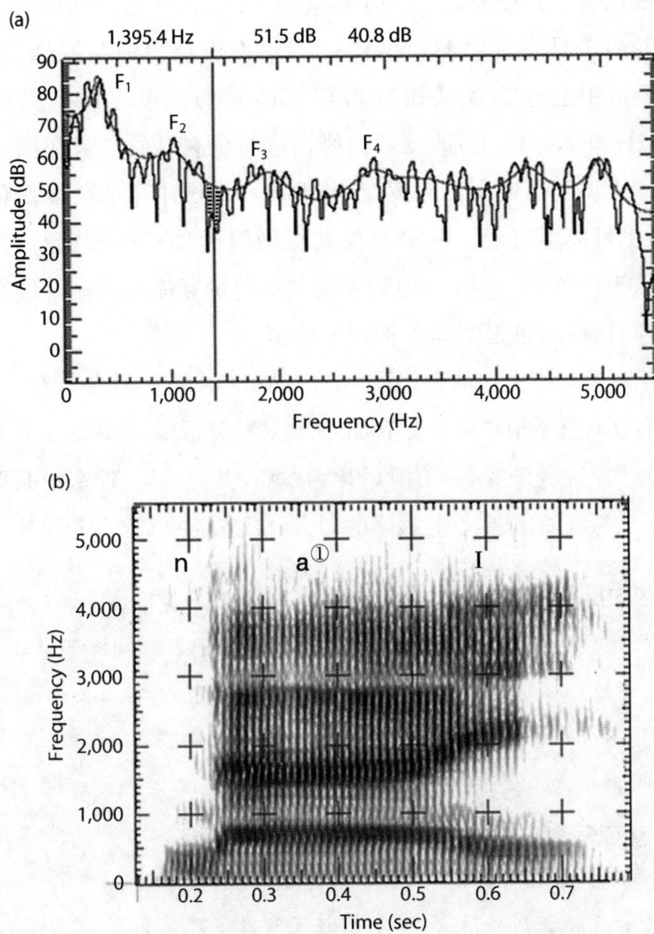

图 9.7　(a)一位泰语男性发音人所发[n]中鼻音持阻段的 FFT 和 LPC 谱。最低反共振峰的估算频率用垂直光标和阴影表示。(b)提取这些频谱的话语源的语图。频谱从约 0.2 秒处鼻音持阻段的中点提取。

频谱中，第一个反共振峰用阴影和垂直光标表示（光标位置印制在频谱上——在 LPC 和 FFT 频谱上，标出了振幅值）。注意，反共振峰在 LPC 谱和傅里叶谱之间产生了不匹配，这是因为 LPC 分析假设声道

① 原文的国际音标为“ɑ”，但根据正文应为“a”。

滤波函数没有反共振峰。早些时候我们注意到,理论上来说[m]发音中的口腔应该具有 972 Hz 和 3,000 Hz 左右位置的共振峰,它们在[m]的频谱中会作为反共振峰出现,而[n]的频谱应该有更高频率(1,600 Hz和 4,800 Hz)的反共振峰。这些预测总的说来在图 9.6 所示的频谱中得到了证实。注意,反共振峰在语图中可能会以白色带形式出现,也可能不出现。如果在反共振峰附近没有共振峰,它在语图中就显示为白色(图 9.6b);但如果反共振峰的频率与共振峰的频率大致相同,则最终结果是削弱共振峰的峰值。

由于对管道模型的简化假设,关于[m]和[n]的这种分析对于[ɴ]来说在某些方面就不很精确。尽管如此,在这种分析中,鼻音的主要特征依然被抓住了——较低的 F_1(有时候称为"鼻音共振峰")、较密的共振峰间距以及反共振峰的出现,反共振峰的频率由鼻塞音的发音部位决定。

感知反共振峰

Repp(1986)发现,在 72%的情况下,听者会正确识别从以[n]和[m]开始的音节中提取的鼻音持阻段。当包含元音共振峰过渡段(见第 8 章)时,超过 95%的反应是正确的,即便鼻音持阻段后只有 10 毫秒的元音,反应正确率也达到 94%。这些结果表明[m]和[n]中的反共振峰频率是这些辅音的重要知觉线索。不过或许并不如此。在猜测会带给你 50%正确率的一项任务中,72%的正确率意味着鼻音持阻段在大多数鼻音中可能没有很高的信息量——要获得这个结果,只需 12.5%的声音有一些发音部位的识别线索。

鼻音持阻段可能不是发音部位理想指标的一个原因是,在正常经验(与大多数实验室的语音感知实验相反)中,交流是在背景噪声中进行的。因此,反共振峰(或者更恰当地说,由反共振峰引起的频谱形状变化)在信号中可能听不到,因为背景噪声填充了反共振峰的谷。也可能是听者不太注意鼻塞音持阻段的频谱形状细节,因为该频谱包含了一些与说话者鼻窦(说话时的)大小和形状有关的特殊信息,对于发音的阻塞部位来说这是一条无关紧要的线索,因为它难以进行跨发音人的预测。

9.3　边音

我们可以用与 9.2 节所述鼻音分析非常相似的方法来分析边音的声学特征，因为边音的产生中也有一个声管侧支，它导致输出的频谱中出现一个反共振峰。图 9.8a 显示了[l]的 X 光追踪。在对边音声学特征的分析中，Fant(1960)认为，舌尖上的一小块空隙作为主声道的侧支发生了作用，主声道围绕舌尖的一侧或两侧而弯曲。边音发音中的舌形超声图像(Stone，1991)显示了美式英语[l]的发音中舌头的双侧来回运动，它表明一侧的开度比另一侧更大。我曾观察过泰米尔语和台湾闽南语[①]中边音的腭位图，这些图表明舌的两侧都有一定程度的降低，但在舌的左右两侧，边音开度的大小可能有一定的不对称性。尽管如此，舌尖上仍留有一小块空隙，它作为侧支用于反共振峰的产生，就像鼻辅音中口腔所起的作用一样。

声道的这种结构可以用一个具有短侧支的均匀管来模拟，侧支为舌尖上方的一小块空隙。管道模型如图 9.8b 所示。Fant(1960)估算，对于某发音人来说，这个小腔的长度为 4 cm，声道的长度为 16 cm(声门到分支处的长度为 10 cm，侧出口的腔长为 6 cm)。这样的话，声道的共鸣频率(与事实相反，假设这是一个均匀管)是 531 Hz、1，594 Hz 和 2，656 Hz。你也许看出来了，这些频率是中央元音的共振频率。舌尖上方的小腔被模拟为一端开放一端闭合的管，它在 2，125 Hz[②]($c/4L$，其中 $c=35,000$ cm/s，$L=4$ cm)处产生共鸣。由于这是一个侧腔，所以这个共鸣频率在唇部的输出中变成反共鸣频率。

① 原文为“Taiwanese”。

② 应为 35，000/16＝2187.5 Hz。

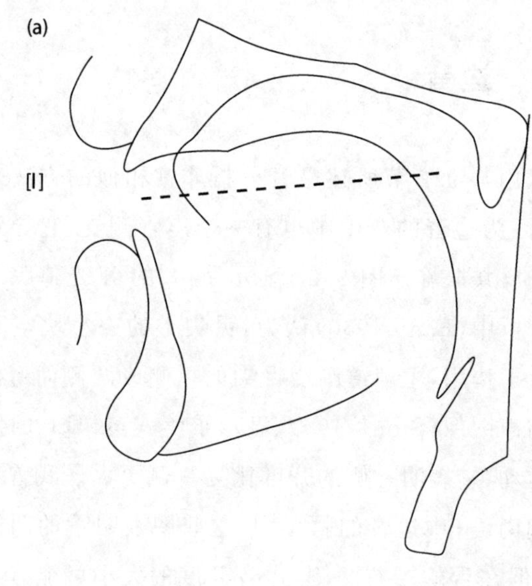

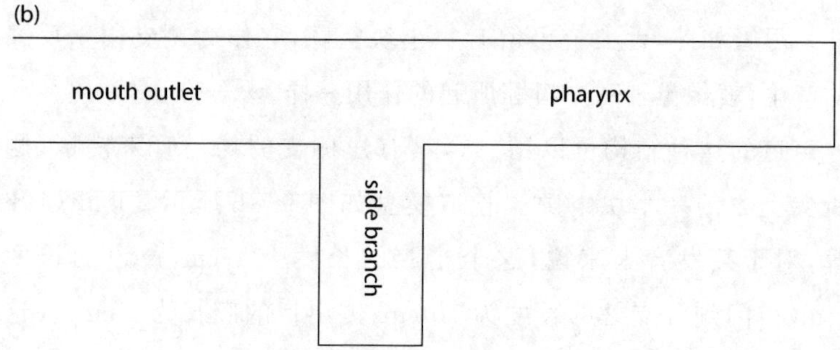

图 9.8 (a)冰岛语[l]的 X 光追踪。虚线表明至少在舌头的一侧周围有侧开口。源自 Petursson(1973:91)。(b) 该声道结构的简化管道模型。侧支通道由舌上的一小块空隙形成,而出口通道围绕舌的一侧或双侧形成。

边音的这个管道模型有些过于简单,因为出口腔的直径比从声门到边音收窄点的管道直径要小。这个情况导致的最重要的声学结果是第一共振峰的频率低于均匀管中的频率。至少在美式英语中,音节尾的[l]也会产生一个舌面后收窄,它会降低第二个共振峰的频率。尽管如此,管道模型的基本预测依然是,边音性的频谱“识别标志”就是 F_3 频率附近的反共振峰。

图 9.9 所示为[l]的 FFT 和 LPC 谱，[l]由图 9.3 和 9.6 所示声音的同一泰语发音人所念。这些频谱是从泰语[laːɪ]（条纹）中边音的中

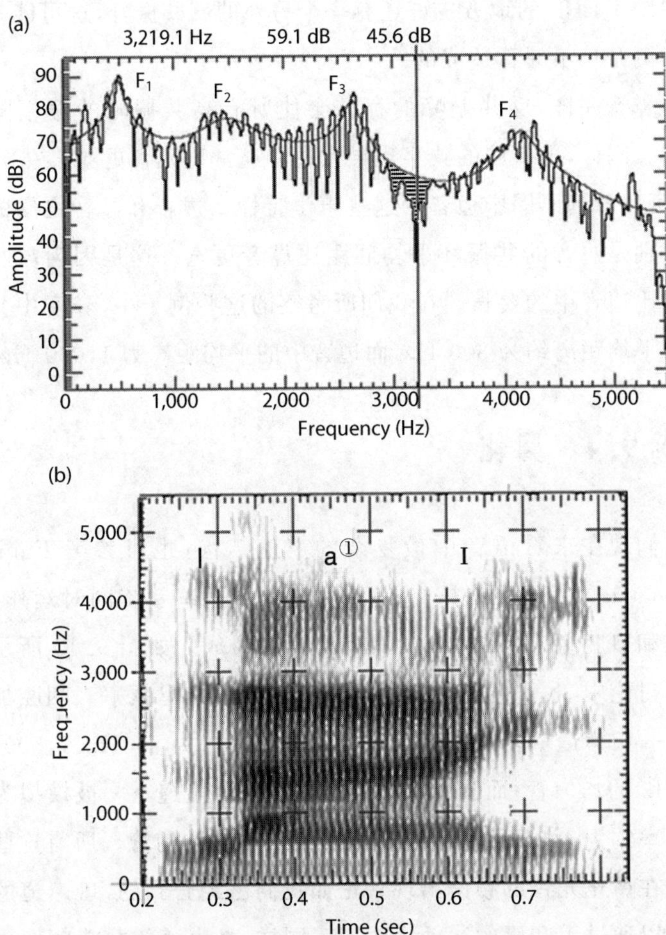

图 9.9　(a)一位泰语男性发音人所发的边通音[l]的 FFT 和 LPC 谱。最低反共振峰的估算频率由垂直光标和阴影表示。(b)提取这些频谱的话语源的语图。频谱从边音的中点处采集，位于 0.27 秒处。

① 原文的国际音标为“ɑ”，但根据正文应为“a”。

点提取的。如阴影和垂直光标所示,紧邻 F_3 的上方有一个反共振峰。还要注意的是,在这个图中共振峰的间隔比前面显示的鼻音中的情况大得多;这里只有 3 个低于 4 kHz 的共振峰,而在鼻音中有 4 个。在频谱中约 1 kHz 的地方也许还有一个另外的反共振峰,这可能是舌头周围的侧开口不对称造成的。

与鼻音一样,反共振峰的存在会使所有高共振峰的振幅降低约 1.6 dB。同样,出口腔的狭窄也导致边音通常比元音更弱。在图 9.9b 中,你可以看到语图中边音的这些声学特性。边音和鼻音之间的一个重要区别是边音的共振峰平均间距比鼻音更宽。这是因为鼻腔的主共鸣管比边音中的要长。在我们所考察的这些例子中,鼻音中共振峰之间的平均距离约为 800 Hz,而边音中的平均距离为 1,000 Hz。

9.4 鼻化

我们现在来看语音中最复杂的声道结构(也可参考 Fujimura, 1962;Maeda,1993)。在鼻化元音中,有两个共鸣系统同时运作,一个由咽腔和口腔组成,另一个由咽腔和鼻腔组成。如图 9.10 所示。在前面的讨论中,我们已经确定了这两个系统的共鸣频率。咽腔加口腔系统——**口声道**——被模拟为一根共鸣频率约为 500Hz、1,500Hz 和 2,500Hz 的均匀管;而咽腔加鼻腔系统——**鼻声道**——被模拟为一根共鸣频率约为 400Hz、1,200Hz 和 2,000Hz 的均匀管。所有这些共振峰都会在鼻化元音的频谱出现。正如我们已经看到的,口声道的共鸣频率可以通过舌和唇的运动来改变。同样,鼻声道的共鸣频率也可以通过咽腔的变化来改变,而且我们预计,由于鼻腔在鼻孔处的收窄,鼻声道的共鸣频率会低于我们从均匀管模型推导出的估算结果。尽管如此,管道模型还是可以预测鼻化元音的频谱会有很多共振峰。

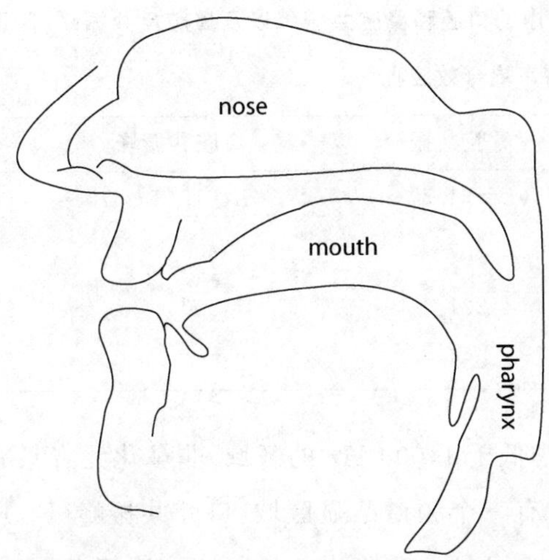

图 9.10　鼻化元音中的声道结构。其中一个声学系统包含咽腔和口腔,另一个同时存在的声学系统包含咽腔和鼻腔。

与我们在前文所见鼻辅音的情况相似,即口腔关闭形成的共鸣频率在鼻辅音的频谱中变成了反共鸣频率(反共振峰)。在鼻化元音中,鼻腔的共鸣频率变成反共振峰,类似于鼻辅音中的反共振峰,只是现在口腔开度比鼻腔大,因此,口腔和大气之间的声耦合大于鼻腔和大气之间的耦合。鼻化元音中反共振峰的频率是鼻腔与咽腔耦合程度的函数。在弱耦合的情况下,反共振峰的频率仅略高于鼻声道的共鸣频率(400 Hz、1,200 Hz、2,000 Hz)。但在较强声耦合情况下——腭咽口敞开——可以假设声管一端开放(腭咽口)而另一端关闭(鼻孔)来计算鼻音的反共振峰频率。由于小舌到鼻孔的距离约为 12.5 cm,因此鼻腔的两个最低共振频率约为($c/4L=$)680 Hz 和($3c/4L=$)2,040 Hz。现在可以总结一下预测到的共振峰和反共振峰频率,如表 9.1 所示。

表 9.1 鼻化元音中的口腔和鼻腔共振峰以及鼻腔反共振峰(假设口腔和鼻腔都是均匀管,并忽略声耦合效应)。

	鼻腔共振峰	口腔共振峰	反共振峰
	(L=21.5 cm)	(L=17.5 cm)	(L=12.5 cm)
F_1	407	500	680
F_2	1,221	1,500	2,040
F_3	2,035	2,500	—

如果仅考虑低于 1,000 Hz 的区域,非鼻化元音只有一个共振峰(F_1),鼻化元音有三个频谱凸显区域:口腔共振峰(F_{1o})、鼻腔共振峰(F_{1n})和反共振峰(A_1)。这些成分的频率取决于若干因素。F_{1o}取决于唇和舌的位置,A_1取决于鼻化程度。在稍有鼻化的情况下,A_1的频率略高于 F_{1n},A_1的频率随鼻腔耦合程度的增加而增加。这一切的结果就是,在轻度鼻化时 A_1可以消除 F_{1n},而在较高鼻化程度时消除 F_{1o}。因此,举例来说,一个鼻化程度很重的[a]在语图上表现为 F_1远低于正常值,这是因为 F_{1n}很低(无论是什么元音,它总是很低)而 A_1很高,足以抵消 F_{1o}的大部分能量。

出现在 F_1区域的这种鼻腔共振峰、口腔共振峰和鼻腔反共振峰之间的复杂相互作用,也会发生在其他频率中。语言中可以互相区别的鼻化元音的数量通常比口元音的数量要少(而且永远不会更多),这种现象也许不足为奇。产生鼻化元音并没有发音层面的困难,但在声学和感知层面,鼻化元音要比口元音来得更复杂。

在语图中你会看到,鼻化元音 F_1区域共振峰和反共振峰之间相互作用的一个结果是,F_1的有效带宽增加了(这是因为这个区域中有两个而不是一个共振峰)。图 9.3b 中的元音在我听来鼻化很重,如果你把这张语图和图 9.9b 中的语图进行对比,你也许会注意到[laːɪ]的 F_1比鼻化元音中的 F_1更容易识别。这些间隔较近的共振峰就像[u]中的 F_1和 F_2一样,在语图上看上去合并成了一个更宽的共振峰。此外,像我们在边辅音和鼻辅音中曾经看到的那样,由于反共振峰的出现，共振峰的振幅也都降低了。

最后，我们可以注意到一些可能是由元音鼻化的声学特性所导致的音系模式。在鼻音环境中，元音的区别有消失或中和的趋势。例如，在一些美式英语方言中，*pen* 和 *pin* 已经合并。Wright(1986)报告说，元音鼻化的效应是元音感知空间的总体收缩；鼻化的高元音在感知空间上比对应的非鼻化元音低，而鼻化的低元音在感知空间上比对应的非鼻化元音高。这一观察引发了对元音移位模式声学起源的推测。包括英语在内的若干种语言中的元音都经历了链式移位，在这种模式中所有的元音都上升了一度，高元音变成双元音。非区别性元音鼻化可能在启动这种链式移位时起到了一定作用，因为低元音往往有一定程度的**被动鼻化**——当舌位降低时，软腭会被腭舌肌拉开(Moll，1962；另见 Lubker，1968)。这种被动鼻化可能导致在知觉上对低元音音质的重新评估，因为在鼻化情况下，低元音获得了一个额外的鼻声道共振峰和反共振峰。这样一来，链式移位可能是因为元音鼻化的声学和感知效应而作为一个推链启动的。

9.5　鼻辅音的感知

图 9.11 显示了 Harnsberger (2001)所调查的三种语言的感知地图。在这项研究中听觉刺激为[i_i]语境中间的重叠鼻音，由一位 Malayalam 语①的发音人所念。听者听到的刺激是连续出现的三个语音，如下所列：

A	X	B
immi	iɲɲi	iŋŋi②

要求听者判断中间刺激(X)更像第一个(A)还是最后一个(B)刺

---

① 马拉雅拉姆语，又译“马来雅拉姆语”，属于达罗毗荼语系(Dravidian)，主要分布在印度境内，是印度的官方语言之一。

② 原文 X 为 iŋŋi，B 为 iɲɲi，根据上下文，X 应为 iɲɲi，B 应为 iŋŋi，译文进行了调整。

激。在这个例子中,听者通常选择(B),因为硬腭鼻音[ɲ]听起来更像软腭鼻音[ŋ]而不是双唇鼻音[m]。我们可以把[ɲ]和[ŋ]被判断为"更像"的次数作为它们在感知空间中彼此接近的标度,并使用这些数据来制作感知地图。

图 9.11 中的感知地图由 Harnsberger(2001)绘制,我将它们旋转了一下,使得[ŋ]和[m]在纵轴上具有相同的值。在我看来,这样更容易比较这些不同语言的感知空间。这些展示(只有 Harnsberger 所测试的七组听者中的三组!)信息量很丰富。我们将仅仅关注这些结果中鼻音感知空间的几个细节。请记住,我们绘制的是*完全相同刺激*的感知空间——不同地图之间的唯一区别是听者说不同的语言。

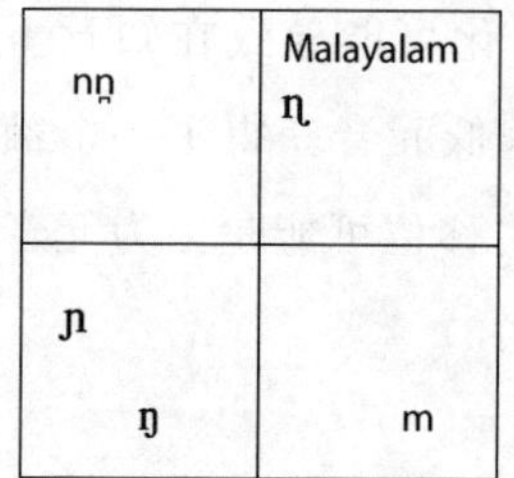

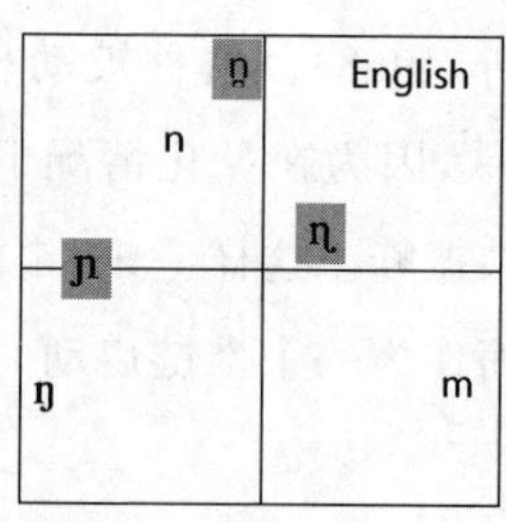

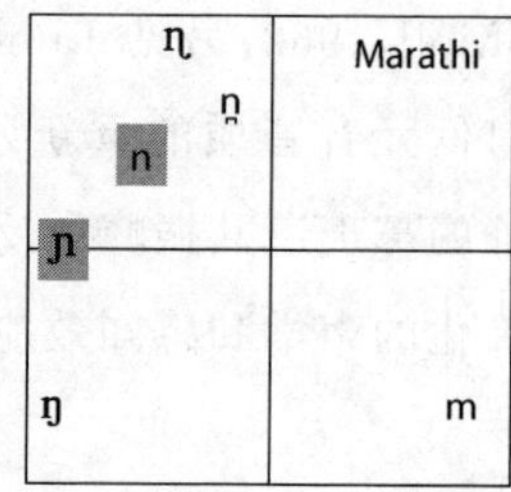

图 9.11　Malayalam 语、英语和 Marathi 语[①]母语者的鼻音感知地图。不在该语言鼻音库中的音段印在灰色背景上。鼻音的 IPA 符号[m, n̪, n, ɳ, ɲ, ŋ]分别为双唇、齿、齿龈、卷舌、硬腭和软腭鼻音。[根据 Harnsberger(2001)的图重新绘制]

Malayalam 语、Marathi 语和英语空间的一些总体特点是相同的(在 Harnsberger 的研究中,其他受试组也是相同的)。例如,舌冠鼻音位于空间的上半部分,双唇鼻音和舌脊鼻音位于下半部分(硬腭鼻音在这个维度上有些模棱两可)。水平轴大致对应于发音部位。对于所有的听者来说,不管母语是什么,[ŋ]和[ɲ]彼此都很接近,就像[n]

① 马拉地语,属于印欧语系,是印度境内的一种印度-雅利安语(Indo-Aryan language),为印度的官方语言之一。

和[n̪]一样。

不过,这些数据中有一些有趣的语言特异性鼻音感知模式。首先,注意卷舌[ɳ]的位置在 Marathi 语中与在英语和 Malayalam 语中有什么不同。对于英语和 Malayalam 语,[ɳ]位于齿鼻音[n̪]和齿龈鼻音[n]与双唇鼻音[m]之间。对于 Marathi 语来说,[ɳ]距离[m]比距离[n]和[n̪]更远。这纯属我的猜测,可能是说英语和 Malayalam 语的人关注了[iɳɳi]刺激中[iɳ]的元辅结构第三共振峰过渡段的下降,并发现这和[im]中元辅结构过渡段的下降有相似之处,而 Marathi 语的听者则注意到[iɳɳi]刺激的辅元结构中辅音除阻的过渡段,这使其更像齿龈鼻音和齿鼻音。

这些图的另一个最明显的语言特异性细节是[n]和[n̪]在 Malayalam 语的感知空间中合并了。Asher and Kumari(1997)注意到,虽然[n]和[n̪]都存在于 Malayalam 语中,但它们几乎是互补分布,且“该对立所承载的功能负荷很小”(第 416 页)。显然,Malayalam 语中[n]和[n̪]对立的较低功能负荷导致这两个音对于 Malayalam 语听者比对其他语言的听者更加接近,其他语言听者的母语使得这两种声学上相似的声音有所区分。

推荐阅读

Asher, R. E. and Kumari, T. C. (1997) *Malayalam*, London: Routledge. 关于 Malayalam 语的背景阅读,用以解释 9.5 节呈现的感知数据。

Diehm, E. and Johnson, K. (1997) Near-merger in Russian palatalization. *OSU Working Papers in Linguistics*, 50, 11－18. 这是接近-合并型感知结果的一个案例,也与 Malayalam 语的例子有关。

Fant, G. (1960) *Acoustic Theory of Speech Production*, The

Hague: Mouton. 对鼻音和边音的开创性分析(如同 Fant 对大多数其他语音的分析一样)。

Fujimura, O. (1962) Analysis of nasal consonants. *Journal of the Acoustical Society of America*, 32, 1865－75. 一篇短文,它所给出的声学分析经受住了时间的考验。

Harnsberger, J. D. (2001) The perception of Malayalam nasal consonants by Marathi, Punjabi, Tamil, Oriya, Bengali, and American English listeners: A multidimensional scaling analysis. *Journal of Phonetics*, 29, 303－27. 提供了非常丰富的并具有挑战性的跨语言语音感知的内容。

Lindqvist-Gauffin, J. and Sundberg, J. (1976) Acoustic properties of the nasal tract. *Phonetica*, 33, 161－8. 测量了鼻窦所导致的反共振峰的频率。

Lubker, J. (1968) An EMG-cinefluorographic investigation of velar function during normal speech production. *Cleft Palate Journal*, 5, 1－18. 数据显示,低元音具有一定程度的被动鼻化。

Maeda, S. (1993) Acoustics of vowel nasalization and articulatory shifts in French nasal vowels. In M. K. Huffman and R. A. Krakow (eds.), *Phonetics and Phonology*, vol. 5: *Nasals, nasalization, and the velum*, New York: Academic Press, 147－67. 对我们理解元音鼻化具有重要的理论和实证贡献。

Marple, L. (1987) *Digital Spectral Analysis with Applications*, Englewood Cliffs, NJ: Prentice Hall. 包含了关于频谱极-零模型的有价值的讨论(所以你可以同时测量共振峰和反共振峰)。

Moll, K. L. (1962) Velopharyngeal closure in vowels. *Journal of Speech and Hearing Research*, 5, 30－7. 对低元音被动鼻化的一个发音学阐释。

Petursson, M. (1973) Quelques remarques sur l'aspect articulatoire et acoustique des constrictives intrabuccales Islandaises. *Travaux de l'Institut de Phonétique de Strasbourg*, 5, 79－99. 给出了冰岛语辅音的 X 光追踪。

Qi, Y. (1989) Acoustic features of nasal consonants. Unpublished Ph. D. diss., Ohio State University. 演示了用极-零模型确定鼻辅音中的反共振峰频率。

Rayleigh, J. W. S. (1896) *The Theory of Sound*, London: Macmillan; repr. 1945, New York: Dover. 一部声学概论,其中含有早期对声学反共鸣的讨论。

Repp, B. (1986) Perception of the [m]－[n] distinction in CV syllables. *Journal of the Acoustical Society of America*, 79, 1987－99. 关于鼻音发音部位感知的研究——尤其表明了共振峰过渡段至关重要。

Stone, M. (1991) Toward a model of three-dimensional tongue movement. *Journal of Phonetics*, 19, 309－20. 使用超声波记录了边音中舌头的两侧运动。

Straka, G. (1965) *Album phonétique*, Laval: Les Presses de l'Université Laval. 一系列有价值的显示各种语音发音的 X 光追踪。

Wright, J. T. (1986) The behavior of nasalized vowels in the perceptual vowel space. In J. J. Ohala and J. J. Jaeger (eds.), *Experimental Phonology*, New York: Academic Press, 45－67. 关于鼻化元音中元音高度演变的语音/感知来源的最重要的参考文献之一。

习题

【重要术语】

定义下列术语:带宽,衰减(发生阻尼),声道的侧腔或分支,反共鸣,反共振峰,共鸣“裙摆”,鼻窦,口声道,鼻声道,腭咽口,被动鼻化。

【简答题】

1. 图 9.2 中的哪一种情况具有更陡峭的“裙摆”:声波的强阻尼还是弱阻尼?

2. 假设咽腔长 8 cm,鼻腔长 12 cm,估算鼻声道的共鸣频率。

3. 估算一个硬腭鼻塞音的 A_1。

4. 根据本章关于齿龈边音的讨论推测硬腭边音和软腭边音的声学特征。你预计这些边音会有反共振峰吗?

5. 试解释声门开度大于常规状况的元音(气嗓音元音或者元音与擦音这种具有强气流的音段相邻的部分)可能会以何种方式受到“自然鼻化”的影响。自然鼻化现象的一个例子:法语 *rosse*(带复数词缀-*ed*)(马)被借入中世纪 Breton 语[①]中变成 *roncet*。提示:考虑一下声门振动中开相大于常规状况的声学效应与打开鼻腔有何种相似之处。

---

① 原文为“Middle Breton”。Breton 语(布列塔尼语)属于印欧语系凯尔特语族(Celtic language),是法国 Brettany 地区的一种语言,已处于严重濒危状态。语言史上 Middle Breton 的历史时代为公元 12—17 世纪。法语中并没有-*ed* 的名词复数形式,但在 Breton 语中,生命名词的复数形式为名词之后加 -*ed*,这里的 *roncet* 除了第一个音节中的元音发生了“自然鼻化”进而导致新增了一个鼻音,还发生了韵尾辅音的清化。

部分简答题答案

第 1 章　基础声学和声滤波器

2. 1,000 ms＝1 sec

   200 ms＝0.2 sec

   10 ms＝0.01 sec

   1,210 ms＝1.21 sec

7. 这个双带通滤波器的通带和阻带如图 A1 所示。

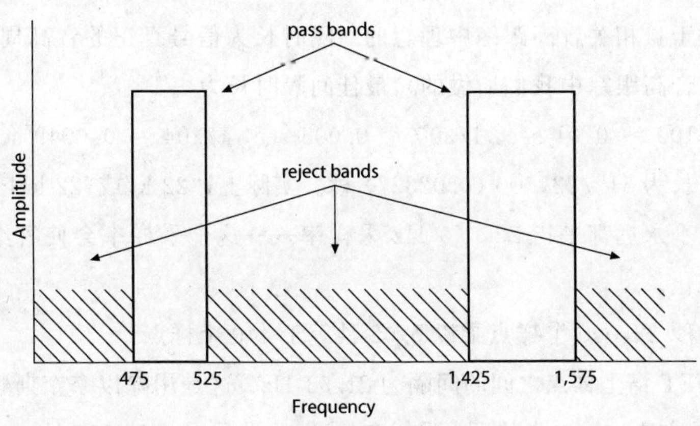

图 A1　第 1 章问题 7 中所描述的滤波器的通带和阻带。

第 2 章　语音产生的声学理论

1. 振幅位于1 kHz＝－38 dB

2 kHz ＝－41dB

－3dB

这个频谱似乎是以每频率区间振幅下降 3 dB 的幅度倾斜。

3. 运用方法：

表 A1　长度为 12 cm、15 cm 和 18 cm 的声道中的共振峰频率(Hz)。末端修正共振峰 $L = L + 1.2$ 的结果显示在括号中。

	n	$(2n-1)c$	$L = 12$	15	18
F_1	1	35,000	729(663)	583(540)	486(456)
F_2	2	105,000	2,188(1,989)	1,750(1,620)	1,458(1,367)
F_3	3	175,000	3,646(3,314)	2,917(2,701)	2,431(2,279)①

第 3 章　数字信号处理

2. 奈奎斯特频率为：8,000 Hz，5501.25 Hz，10 Hz。

5. 由于自相关音高跟踪中理想的间隔时长为信号真正的音高周期(即在音高跟踪中我们所做的)，最佳间隔时长为 $1/F_0$。

   1/100 ＝ 0.01 sec，1/200 ＝ 0.005 sec，1/204 ＝ 0.0049 sec。

8. 窗长为 512/22,000 (0.02327) 秒。实际上，“22 k”或“22 kHz”采样几乎永远都是指 22,050 Hz 采样率——这个采样率会使答案稍有变化。

9. 每秒 22,000 个样点乘以 0.02 秒等于 440 个样点。

10. FFT 谱上样点之间的间隔为 21.53 Hz。这是用除以奈奎斯特频率的方法推导出来的，即，采样率(我们假设是 11,025 Hz)的一半除以 256(FFT 窗长的 1/2——另一半对频谱的“虚构”部分进行编码)。

① 此处答案原文的 F_3 为 24,331 Hz，疑似有错，译文进行了修正。

第 4 章 听觉基础

1. 6 宋＝50,000 μPa。主观上响度的双倍是 12 宋，等于 137,000 μPa。这个声音的主观响度是原来的两倍，其声压级几乎是原来的三倍大。

3. 7 kHz＝22 Bark　　　　1 kHz＝ 8.5 Bark
   8 kHz＝22.5 Bark　　　　2 kHz＝13 Bark
   　　0.5 Bark　　　　　　4.5 Bark

第 5 章 语音感知

4. 根据 [d] 和 [ð]的子矩阵[①]：

	d	ð
d	0.727	0
ð	0.015	0.515

我们可以计算出相似性 (*S*)：

$S_{dð}$＝ (0.0 ＋ 0.015)/(0.727 ＋ 0.515) ＝ 0.0121[②]

然后计算距离 (*d*)：

$d_{dð}$＝－ln($S_{dð}$)

＝－ln(0.0124)

＝4.41[③]

这个距离大于 [z] 和 [ð] 的距离[④]。

$d_{zð}$＝－ln($S_{zð}$)

---

① 注意，答案中矩阵排列横行和纵列与表 5.2 正好相反。例如，根据表 5.2，[d](左列)被听成“dh”(顶行)的比率为 0.015；而在答案中，左列中的 ð 表示表 5.2 顶行的“dh”，顶行的 ð 表示表 5.2 中左列的 ð，因此原本应该出现在右上角的 0.015 现在出现在左下角，余者以此类推。这里没有对原文答案进行修改。

② 原文为 0.0124，根据原文数值验算应为 0.0121。

③ 原文算式中少了负号，且 $d_{dð}$ 为 4.39。根据 $S_{dð}$＝0.0121，$d_{dð}$ 应为 4.41。

④ 原文答案的计算过程为：$d_{zð}$ ＝ ln($S_{zð}$) ＝ ln(0.081) ＝ 2.51，算式显然丢掉了负号，且 $S_{zð}$ 的计算也有误。这里的答案为译者按照表 5.2 中的数据重新计算的结果。

$=-\ln(0.168)$

$=1.78$

5. 听觉和视觉感知空间如何结合的数据让我们可以预测听觉/视觉麦格克效应,这些数据显然与听者感知语音音姿的看法相容——这些音姿由听觉和视觉表达。当然,“相容性”并不等于证据,但是科学家的确倾向于认可在最大范围内与可获得证据相容的理论。

第 6 章　元音

2. 使用公式(6.2),当 $A_b=3, l_b=4, l_c=2$,那么就有 $A_b l_b l_c=24, c/2\pi=5,570.4$。因此,对于 0.05 到 2 之间的 A_c 值,就有:

A_c	0.05	0.1	0.15	0.2
F_1	254	360	440	509

当 A_c 等于 0,F_1 也为 0。

6. 在 Mazatec 语的中元音和低元音中我们可以看到 F_0(第一谐波)和 F_1 峰之间第二个谐波的尖峰。图 6.10a 的 LPC 谱中,最低的峰总是 F_1,与之不同的是,在图 6.10b 的听觉谱中,最低声道共鸣频率(F_1)可能是频谱中的第二或第三个峰。对于一个音高较高的声音,我们甚至可能会发现 F_0 和 F_1 形成了听觉谱上的单个高峰。因此,如果 F_1 是第一、第二或第三个峰,那么就似乎很难为 F_1 设置一个听觉谱上的自动共振峰跟踪器。

第 7 章　擦音

2. 当发音器官在擦音起始处彼此靠近、收窄处在擦音结束处松开时,认为前后声腔不产生声耦合的假设很可能是错的。这是因为在这些时间点上收窄处不那么狭窄。所以,在擦音起始处和结束处我们可以预期能看到后腔共鸣频率的频谱峰。

4. 对一些学生来说这道题令人困惑。声耦合是解决问题的关键。当前后声腔为强耦合时(像在元音中那样),它们的共鸣频率合并在一起构成稳定区域。但是当前后声腔不是强耦合的关系(像在擦音中一样)，前腔的共鸣频率就会“越过”后腔共鸣频率(图 7.6)。因此，如果量子区域决定了区别特征，并且，像这些图所暗示的那样，假如擦音和元音发音部位的量子区域不同，那么元音和擦音的部位特征就一定是不同的。这属于一个普遍性的观察，即，声学考量倾向于让我们得到元音和辅音具有不同特征的结论，而发音层面的考量让我们得到元音和辅音可以用相同的特征来描写的结论。

第 8 章　塞音和塞擦音

2. 图 A2 是从图 8.7 中测量到的共振峰过渡图。纵向排列的点是图 8.7 中每一个 dV 音节元音稳定状态的起始点。粗线显示的是共振峰过渡段，细线显示了这些过渡段向回延伸因而彼此相交。选择音轨频率时我对更长且更容易测量的 [u] 和 [i] 的过渡段给了更高的权重。

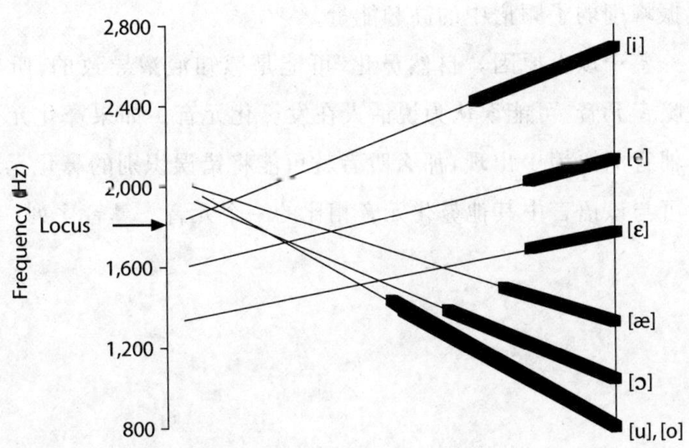

图 A2　[d] 的 F_2 音轨频率。

4. 是的，塞擦音有除阻爆发，因为它们有一个塞音成分。可以推理，我们在非塞擦音的塞音中所看到的相同的气压积聚和释放在塞擦音中也会呈现。但是，塞擦音除阻爆发可能会在听觉上被塞音除阻之后立刻出现的擦音的突然起始所掩蔽。

第 9 章　鼻音和边音

1. 图 9.2 中的弱阻尼峰“裙摆”更陡峭。能量在强阻尼峰中比在弱阻尼峰中下降得更为缓慢。

3. 假设一个硬腭鼻音的口腔长度为 4 cm,其最低反共振峰为:

$$A_1 = \frac{c}{4L}$$

$$= \frac{35,000}{16}$$

$$= 2,188$$

5. 气嗓音元音和鼻化元音的共同之处在于,和非鼻化的常态元音频谱相比,它们都在低频区域增加了能量。气嗓音元音的嗓音频谱具有更为陡峭的斜率,因此低频区域相对来说能量更大。在鼻化元音中有两个低频共振(“鼻”和“口”的第一共振峰),并且鼻化元音中的反共振峰削弱了频谱中的高频能量。

鉴于以上原因,“自然鼻化”可能是感知混淆导致的,听者听到气嗓音元音,可能误认为说话人在发鼻化元音。如果鼻化元音仅在鼻辅音的语境中出现,那么听者就可能将错误识别的鼻化元音解析为可与该语言中其他鼻化元音相比的一个元音－鼻音序列。

参考文献

Asher, R. E. and Kumari, T. C. (1997) *Malayalam*, London: Routledge.

Best, C. T. (1995) A direct realist perspective on cross-language speech perception. In W. Strange (ed.), *Speech Perception and Linguistic Experience: Theoretical and methodological issues in cross-language speech research*, Timonium, MD: York Press, 167—200.

Bladon, A. and Lindblom, B. (1981) Modeling the judgment of vowel quality differences. *Journal of the Acoustical Society of America*, 69, 1414—22.

Bless, D. M. and Abbs, J. H. (1983) *Vocal Fold Physiology: Contemporary research and clinical issues*, San Diego: College Hill Press.

Bond, Z. S. (1999) *Slips of the Ear: Errors in the perception of casual conversation*, San Diego: Academic Press.

Bregman, A. S. (1990). *Auditory Scene Analysis: The Perceptual Organization of Sound*, Cambridge, MA: MIT Press.

Brödel, M. (1946) *Three Unpublished Drawings of the Anatomy of the Human Ear*, Philadelphia: Saunders.

Campbell, R. (1994) Audiovisual speech: Where, what, when, how? *Current Psychology of Cognition*, 13, 76—80.

Catford, J. C. (1977) *Fundamental Problems in Phonetics*, Bloomington: Indiana University Press.

Chiba, T. and Kajiyama, M. (1941) *The Vowel: Its nature and structure*, Tokyo: Kaiseikan.

Cole, R. A. (1973) Listening for mispronunciations: A measure of what we hear during speech. *Perception & Psychophysics*, 13, 153—6.

Cooley, J. W., Lewis, P. A. W., and Welch, P. D. (1969) The fast Fourier transform and its applications. *IEEE Transactions on Education*, 12, 27—34.

Cooper, F. S., Liberman, A. M., and Borst, J. M. (1951) The interconversion of audible and visible patterns as a basis for research in the perception of speech. *Proceedings of the National Academy of Science*, 37, 318—25.

Davis, S. and Mermelstein, P. (1980) Comparison of parametric representations for monosyllabic word recognition in continuously spoken sentences. *IEEE Transactions on Acoustics, Speech, and Signal Processing*, ASSP 28, 357—66.

Delattre, P. C., Liberman, A. M., and Cooper, F. S. (1955) Acoustic loci and transitional cues for consonants. *Journal of the Acoustical Society of America*, 27, 769—73.

Egan, J. P. and Hake, H. W. (1950) On the masking pattern of a simple auditory stimulus. *Journal of the Acoustical Society of America*, 22, 622—30.

Elman, J. L. and McClelland, J. L. (1988) Cognitive penetration of the mechanisms of perception: Compensation for coarticulation of lexically restored phonemes. *Journal of Memory and Language*, 27, 143—65.

Fant, G. (1960) *Acoustic Theory of Speech Production*, The Hague: Mouton.

Flanagan, J. L. (1965) *Speech Analysis Synthesis and Perception*, Berlin: Springer-Verlag.

Flege, J. E. (1995) Second language speech learning: Theory, findings, and problems. In W. Strange (ed.), *Speech Perception and Linguistic Experience: Theoretical and methodological issues in cross-language speech research*, Timonium, MD: York Press, 167—200.

Forrest, K., Weismer, G., Milenkovic, P., and Dougall, R. N. (1988) Statistical analysis of word-initial voiceless obstruents: Preliminary data. *Journal of the Acoustical Society of America*, 84, 115—23.

Fry, D. B. (1979) *The Physics of Speech*, Cambridge: Cambridge University Press.

Fujimura, O. (1962) Analysis of nasal consonants. *Journal of the Acoustical*

Society of America, 32, 1865—75.

Ganong, W. F. (1980) Phonetic categorization in auditory word recognition. *Journal of Experimental Psychology: Human Perception and Performance*, 6, 110—25.

Green, K. P., Kuhl, P. K., Meltzoff, A. N., and Stevens, E. B. (1991) Integrating speech information across talkers, gender, and sensory modality: Female faces and male voices in the McGurk effect. *Perception & Psychophysics*, 50, 524—36.

Guion, S. G. (1998) The role of perception in the sound change of velar palatalization. *Phonetica*, 55, 18—52.

Hagiwara, R. (1995) Acoustic realizations of American /r/ as produced by women and men. *UCLA Working Papers in Phonetics*, 90, 1—187.

Halle, M. and Stevens, K. N. (1969) On the feature "advanced tongue root". *Quarterly Progress Report*, 94, 209—15. Research Laboratory of Electronics, MIT.

Harnsberger, J. D. (2001) The perception of Malayalam nasal consonants by Marathi, Punjabi, Tamil, Oriya, Bengali, and American English listeners: A multidimensional scaling analysis. *Journal of Phonetics*, 29, 303—27.

Heinz, J. M. and Stevens, K. N. (1961) On the properties of voiceless fricative consonants. *Journal of the Acoustical Society of America*, 33, 589—96.

Jakobson, R., Fant, G., and Halle, M. (1952) *Preliminaries to Speech Analysis*, Cambridge, MA: MIT Press.

Jassem, W. (1979) Classification of fricative spectra using statistical discriminant functions. In B. Lindblom and S. Öhman (eds.), *Frontiers of Speech Communication Research*, New York: Academic Press, 77—91.

Johnson, K. (1989) Contrast and normalization in vowel perception. *Journal of Phonetics*, 18, 229—54.

Johnson, K. (1992) Acoustic and auditory analysis of Xhosa clicks and pulmonics. *UCLA Working Papers in Phonetics*, 83, 33—47.

Johnson, K. (2008) *Quantitative Methods in Linguistics*, Oxford: Wiley-Blackwell.

Johnson, K. and Ralston, J. V. (1994) Automaticity in speech perception: Some speech/nonspeech comparisons. *Phonetica*, 51(4), 195—209.

Johnson, K. ,Ladefoged, P. , and Lindau, M. (1993) Individual differences in vowel production. *Journal of the Acoustical Society of America*, 94, 701—14.

Joos, M. (1948) Acoustic phonetics. *Language*, 23, suppl. 1.

Klatt, D. H. and Klatt, L. (1990) Analysis, synthesis, and perception of voice quality variations among female and male talkers. *Journal of the Acoustical Society of America*, 87, 820—57.

Kuhl, P. K. , Williams, K. A. ,Lacerda, F. , Stevens, K. N. , and Lindblom, B. (1992) Linguistic experiences alter phonetic perception in infants by 6 months of age. *Science*, 255, 606—8.

Ladefoged, P. (1996) *Elements of Acoustic Phonetics*, 2nd edn. , Chicago: University of Chicago Press.

Ladefoged, P. and Maddieson, I. (1996) *The Sounds of the World's Languages*, Oxford: Blackwell.

Ladefoged, P. , DeClerk, J. , Lindau, M. , and Papcun, G. (1972) An auditory-motor theory of speech production. *UCLA Working Papers in Phonetics*, 22, 48—75.

Lambacher, S. , Martens, W. , Nelson, B. , and Berman, J. (2001) Identification of English voiceless fricatives by Japanese listeners: The influence of vowel context on sensitivity and response bias. *Acoustic Science & Technology*, 22, 334—43.

Laver, J. (1980) *The Phonetic Description of Voice Quality*, Cambridge: Cambridge University Press.

Liberman, A. M. , Harris, K. S. , Hoffman H. S. , and Griffith, B. C. (1957) The discrimination of speech sounds within and across phoneme boundaries. *Journal of Experimental Psychology*, 54, 358—68.

Liljencrants, J. and Lindblom, B. (1972) Numerical simulation of vowel quality systems: The role of perceptual contrast. *Language*, 48, 839—62.

Lindau, M. (1978) Vowel features. *Language*, 54, 541—63.

Lindau, M. (1979) The feature "expanded". *Journal of Phonetics*, 7, 163—76.

Lindau, M. (1984) Phonetic differences in glottalic consonants. *Journal of Phonetics*, 12, 147—55.

Lindau, M. (1985) The story of /r/. In V. Fromkin (ed.), *Phonetic Linguistics: Essays in honor of Peter Ladefoged*, Orlando, FL: Academic Press.

Lindblom, B. (1990) Explaining phonetic variation: A sketch of the H&H theory. In W. J. Hardcastle and A. Marchal (eds.), *Speech Production and Speech Modeling*, Dordrecht: Kluwer, 403—39.

Lindqvist-Gauffin, J. and Sundberg, J. (1976) Acoustic properties of the nasal tract. *Phonetica*, 33, 161—8.

Lotto, A. J. and Kluender, K. R. (1998) General contrast effects in speech perception: Effect of preceding liquid on stop consonant identification. *Perception & Psychophysics*, 60, 602—19.

Lubker, J. (1968) An EMG-cinefluorographic investigation of velar function during normal speech production. *Cleft Palate Journal*, 5, 1—18.

Lyons, R. F. (1982) A computational model of filtering, detection and compression in the cochlea. *Proceedings of the IEEE International Conference on Acoustics, Speech and Signal Processing*, 1282—5.

Lyons, R. F. (1997) *Understanding Digital Signal Processing*, Reading, MA: Addison-Wesley.

Maddieson, I. (1984) *Patterns of Sounds*, Cambridge: Cambridge University Press.

Maeda, S. (1993) Acoustics of vowel nasalization and articulatory shifts in French nasal vowels. In M. K. Huffman and R. A. Krakow (eds.), *Phonetics and Phonology*, vol. 5: *Nasals, nasalization, and the velum*, New York: Academic Press, 147—67.

Mann, V. A. (1980) Influence of preceding liquid on stop-consonant perception. *Perception & Psychophysics*, 28, 407—12.

Marple, L. (1987) *Digital Spectral Analysis with Applications*, Englewood Cliffs, NJ: Prentice Hall.

McGurk, H. and MacDonald, J. (1976) Hearing lips and seeing voices. *Nature*, 264, 746－8.

McDonough, J. (1993) The phonological representation of laterals. *UCLA Working Papers in Phonetics*, 83, 19－32.

McDonough, J. and Ladefoged, P. (1993) Navajo stops. *UCLA Working Papers in Phonetics*, 84, 151－64.

Miller, G. A. and Nicely, P. E. (1955) An analysis of perceptual confusions among some English consonants. *Journal of the Acoustical Society of America*, 27, 338－52.

Miller, J. D. (1989) Auditory-perceptual interpretation of the vowel. *Journal of the Acoustical Society of America*, 85, 2114－34.

Moll, K. L. (1962) Velopharyngeal closure in vowels. *Journal of Speech and Hearing Research*, 5, 30－7.

Moore, B. C. J. (1982) *An Introduction to the Psychology of Hearing*, 2nd edn., New York: Academic Press.

Moore, B. C. J. and Glasberg, B. R. (1983) Suggested formulae for calculating auditory-filter bandwidths and excitation patterns. *Journal of the Acoustical Society of America*, 74, 750－3.

Mrayati, M., Carré, R., and Guérin, B. (1988) Distinctive regions and modes: A new theory of speech production. *Speech Communication*, 7, 257－86.

O' Shaughnessy, D. (1987) *Speech Communication: Human and machine*, Reading, MA: Addison-Wesley.

Parzen, E. (1962) On estimation of a probability density function and mode. *Annals of Mathematical Statistics*, 33, 1065－76.

Pastore, R. E. and Farrington, S. M. (1996) Measuring the difference limen for identification of order of onset for complex auditory stimuli. *Perception & Psychophysics*, 58(4), 510－26.

Patterson, R. D. (1976) Auditory filter shapes derived from noise stimuli. *Journal of the Acoustical Society of America*, 59, 640－54.

Perkell, J. (1971) Physiology of speech production: A preliminary study of two suggested revisions of the features specifying vowels. *Quarterly Progress*

Report, 102, 123—39. Research Institute of Electronics, MIT.

Petursson, M. (1973) Quelques remarques sur l'aspect articulatoire et acoustique des constrictives intrabuccales Islandaises. *Travaux de l'Institut de Phonétique de Strasbourg*, 5, 79—99.

Pickles, J. O. (1988) *An Introduction to the Physiology of Hearing*, 2nd edn., New York: Academic Press.

Pisoni, D. B. (1977) Identification and discrimination of the relative onset time of two-component tones: Implications for voicing perception in stops. *Journal of the Acoustical Society of America*, 61, 1352—61.

Potter, R. K., Kopp, G. A., and Green, H. (1947) *Visible Speech*, Dordrecht: Van Nostrand.

Qi, Y. (1989) Acoustic features of nasal consonants. Unpublished Ph. D. diss., Ohio State University.

Rand, T. C. (1974) Dichotic release from masking for speech. *Journal of the Acoustical Society of America*, 55(3), 678—80.

Raphael, L. J. and Bell-Berti, F. (1975) Tongue musculature and the feature of tension in English vowels. *Phonetica*, 32, 61—73.

Rayleigh, J. W. S. (1896) *The Theory of Sound*, London: Macmillan; repr. 1945, New York: Dover.

Remez, R. E., Rubin, P. E., Pisoni, D. B., and Carrell, T. D. (1981) Speech perception without traditional speech cues. *Science*, 212, 947—50.

Repp, B. (1986) Perception of the [m]—[n] distinction in CV syllables. *Journal of the Acoustical Society of America*, 79, 1987—99.

Rosenblum, L. D., Schmuckler, M. A., and Johnson, J. A. (1997) The McGurk effect in infants. *Perception & Psychophysics*, 59, 347—57.

Samuel, A. G. (1991) A further examination of the role of attention in the phonemic restoration illusion. *Quarterly Journal of Experimental Psychology*, 43A, 679—99.

Schroeder, M. R., Atal, B. S., and Hall, J. L. (1979) Objective measure of certain speech signal degradations based on masking properties of human auditory perception. In B. Lindblom and S. Öhman (eds.), *Frontiers of*

Speech Communication Research, London: Academic Press, 217—29.

Sekiyama, K. and Tohkura, Y. (1993) Inter-language differences in the influence of visual cues in speech perception. *Journal of Phonetics*, 21, 427—44.

Seneff, S. (1988) A joint synchrony/mean-rate model of auditory speech processing. *Journal of Phonetics*, 16, 55—76.

Shadle, C. (1985) The acoustics of fricative consonants. *RLE Technical Report*, 506, MIT.

Shadle, C. (1991) The effect of geometry on source mechanisms of fricative consonants. *Journal of Phonetics*, 19, 409—24.

Shannon, C. E. and Weaver, W. (1949) *The Mathematical Theory of Communication*, Urbana: University of Illinois.

Shepard, R. N. (1972) Psychological representation of speech sounds. In E. E. David and P. B. Denes (eds.), *Human Communication: A unified view*. New York: McGraw-Hill, 67—113.

Slaney, M. (1988) Lyons' cochlear model. *Apple Technical Report*, 13. Apple Corporate Library, Cupertino, CA.

Stevens, K. N. (1972) The quantal nature of speech: Evidence from articulatory-acoustic data. In E. E. David, Jr. and P. B. Denes (eds.), *Human Communication: A unified view*, New York: McGraw-Hill, 51—66.

Stevens, K. N. (1987) Interaction between acoustic sources and vocal-tract configurations for consonants. *Proceedings of the Eleventh International Conference on Phonetic Sciences*, 3, 385—9.

Stevens, K. N. (1989) On the quantal nature of speech. *Journal of Phonetics*, 17, 3—45.

Stevens, K. N. (1999) *Acoustic Phonetics*, Cambridge, MA: MIT Press.

Stevens, S. S. (1957) Concerning the form of the loudness function. *Journal of the Acoustical Society of America*, 29, 603—6.

Stockwell, R. P. (1973) Problems in the interpretation of the Great English Vowel Shift. In M. E. Smith (ed.), *Studies in Linguistics in Honor of George L. Trager*, The Hague: Mouton, 344—62.

Stone, M. (1991) Toward a model of three-dimensional tongue movement.

Journal of Phonetics, 19, 309—20.

Straka, G. (1965) *Album phonétique*, Laval: Les Presses de l'Université Laval.

Syrdal, A. K. and Gophal, H. S. (1986) A perceptual model of vowel recognition based on the auditory representation of American English vowels. *Journal of the Acoustical Society of America*, 79, 1086—1100.

Terbeek, D. (1977) A cross-language multidimensional scaling study of vowel perception. *UCLA Working Papers in Phonetics*, 37, 1—271.

Traunmüller, H. (1981) Perceptual dimension of openness in vowels. *Journal of the Acoustical Society of America*, 69, 1465—75.

Walker, S., Bruce, V., and O'Malley, C. (1995) Facial identity and facial speech processing: Familiar faces and voices in the McGurk effect. *Perception & Psychophysics*, 57, 1124—33.

Warren, R. M. (1970) Perceptual restoration of missing speech sounds. *Science*, 167, 392—3.

Wright, J. T. (1986) The behavior of nasalized vowels in the perceptual vowel space. In J. J. Ohala and J. J. Jaeger (eds.), *Experimental Phonology*, New York: Academic Press, 45—67.

Zwicker, E. (1961) Subdivision of the audible frequency range into critical bands (*Frequenzgruppen*). *Journal of the Acoustical Society of America*, 33, 248.

Zwicker, E. (1975) Scaling. In W. D. Keidel and W. D. Neff (eds.), *Auditory System: Physiology (CNS), behavioral studies, psychoacoustics*, Berlin: Springer-Verlag.

索　引①

① 对原文索引体例和译文体例的说明:(1)一个术语之后冒号后的内容表示该术语出现的语境,如 acoustic spectrum 后面出现的 click, fricative. glottal, lateral, nasal vowel,分别表示 acoustic spectrum 用于描述这些辅音或者元音的频谱。(2)一个术语分号后的其他术语表示该术语除了出现在分号前可能出现的页码中,还出现在阐述分号后所有术语的相关内容中。例如 auditory spectra 后面首先出现了专门阐释这个概念的内容的页码,分号之后出现的 fricatives, stops, vowels,分别表示在擦音、塞音和元音的章节中也出现了听觉频谱。(3)*X* see *Y*,表示术语 *X* 和术语 *Y* 同义;*X*…; see also *Y*,表示介绍术语 *Y* 时也出现了与术语 *X* 相关的内容。为方便读者对照,译文给出了原文,并依照原文方式给出译文页码。索引中出现的人名一律不翻译,在原文页码下方给出译文页码。一个术语在不同的上下文中有不同翻译时,译文一并给出这些翻译。

---

① 根据索引体例,词条后的逗号应为冒号。

② 原书202页并未出现这个术语,但是该页9.5节开头引用的鼻辅音感知研究的实验范式就是AXB相似性范式,即要求听音人判断一个AXB声音刺激序列中的X是与A更相似还是与B更相似。

③ 原书95页为豪萨语三个喷音的功率谱,并未出现与Cantonese相关的内容。译文页码对应于原书96页。

① 原书中这个术语首次出现于116页,且以黑体字呈现。译文索引的起始页码对应于原书的116页。

① 原书中这个术语首次出现于 105 页。译文索引页码对应于原书的 105 页。

① 该词条的 in fricative 语境页码后应为分号,原书标点可能有误。

② 原书中这个姓氏首次出现于 187 页,所引文献为 Fujimura(1962);第二次出现在 190 页,相关内容为作者阐述与 Fujimura 私人交流的观点。译文索引的两个页码分别对应于这两处。

① 原书45页使用的术语为“lip protrusion”;93页和97页均未出现与该术语相关的内容。正文出现该术语的页码为140,142,159,164,188,此处给出的译文页码对应于原书的上述页码。

① 原文为“neutralized”。

---

① “place of articulation”这个术语一般不用于元音,这里索引指向的内容讨论的是发元音时声道收窄的部位,这些内容中并未出现 place of articulation 这个术语,但是与这个术语有一定关联。

① 原书第一次出现这个姓氏是在119页,这个姓氏在119—121页的内容中反复出现,译文索引页码对应于原书119—121页。

① 按照索引体例,词条后的逗号应为冒号。

② 该术语并未直接出现在本书原文中,146—147页关于三个元音之间哪两个更加相似的比较就是一种 triadic comparison。

---

① 该术语没有直接出现于本书原文中，原文 110－111 页关于麦格克效应的阐释说明了在同时呈现视觉和听觉刺激时视觉对语音感知的作用。

② 按照索引体例，词条后的逗号应为冒号。

③ 这个术语没有直接出现在本书原文中，原文 156 页解释了两种来源的湍流，其中一种是一股气流撞击声腔壁所导致的，这就是 wall turbulence。

① 原书与 [i] 相关的内容出现于 137 页，译文页码对应于原书 137 页。
② 原文没有给出发音部位。

① 疑为159页之误,译文页码与原书159页对应。